全国高等职业教育规划教材

# 工程机械

# （挖掘机）使用与维护

罗江红 主　编　莫建章 张正华 副主编
马秀成 主　审

U0300699

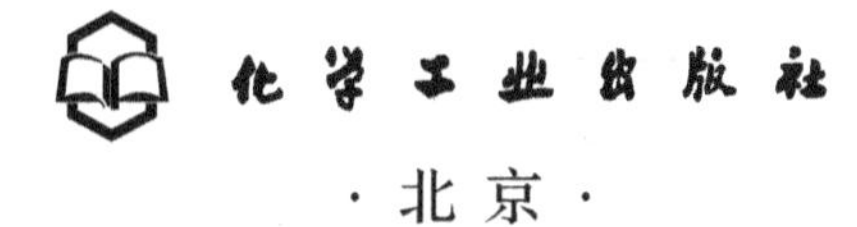

化学工业出版社
·北京·

本书为校企合作教材，全书共7个学习项目，34个学习任务，授课教师可根据上课情况有选择地进行教学。内容包括工程机械使用与维护基本认识、工程机械运行材料的使用、工程机械维护常用工具的使用、新机交付维护、工程机械的合理使用、挖掘机系统维护、工程机械技术状态检测与挖掘机性能检测等。

本书是高职高专院校工程机械运用与维护、工程机械控制技术等专业教学用书，也可供其他相关专业教学使用，还可供从事工程机械方面工作的工程技术人员学习参考。

**图书在版编目（CIP）数据**

工程机械（挖掘机）使用与维护/罗江红主编. —北京：化学工业出版社，2016.4（2024.6重印）
全国高等职业教育规划教材
ISBN 978-7-122-26410-7

Ⅰ.①工… Ⅱ.①罗… Ⅲ.①工程机械-使用-高等职业教育-教材②工程机械-机械维修-高等职业教育-教材③挖掘机-使用-高等职业教育-教材④挖掘机-机械维修-高等职业教育-教材 Ⅳ.①TU6

中国版本图书馆CIP数据核字（2016）第040491号

责任编辑：韩庆利　　文字编辑：张绪瑞
责任校对：宋　玮　　装帧设计：孙远博

出版发行：化学工业出版社（北京市东城区青年湖南街13号　邮政编码100011）
印　　装：北京虎彩文化传播有限公司
787mm×1092mm　1/16　印张12¾　字数321千字　2024年6月北京第1版第5次印刷

购书咨询：010-64518888　　售后服务：010-64518899
网　　址：http://www.cip.com.cn
凡购买本书，如有缺损质量问题，本社销售中心负责调换。

定　　价：29.00元　版权所有　违者必究

# 前　言

《工程机械（挖掘机）使用与维护》教材为校企合作教材，将企业的真实内容融入教材，使教材更贴近本专业的发展和实际需要。本书按照学习目标、相关知识、技能操作、知识与能力拓展、思考题等几部分进行编写，围绕工作任务，让学生在行动中学习，使学生不仅能够掌握必要的专业理论知识，同时又能达到相应的技术要求。本书结构合理，内容具体，内容体现了一定实用性，并具有可操作性。完全符合当前职业教育教学改革的理念和要求。

本书是高职高专院校工程机械运用与维护、工程机械控制技术等专业教学用书，也可供其他相关专业教学使用，还可供从事工程机械方面工作的工程技术人员学习参考。本书包括7个学习项目、34个学习任务，授课教师可根据上课情况有选择地进行教学。

本书由新疆交通职业技术学院罗江红担任主编，广东交通职业技术学院的莫建章、河南交通职业技术学院的张正华担任副主编，湖北交通职业技术学院的张鹏、新疆交通职业技术学院的魏娜也参与了教材的编写工作，由沃尔沃建筑设备（中国）有限公司马秀成主审。教材在编写过程中还得到了联合办学企业——沃尔沃建筑设备（中国）有限公司、新疆星沃商贸有限公司的大力支持，在此表示衷心的感谢。

由于编者水平有限，而且时间仓促，书中难免存在不妥和疏漏之处，敬请广大师生、业内专家及读者给予批评和指正，便于今后逐步完善。

编　者

# 目　录

# 项目一　工程机械使用与维护基本认识

## 任务1　工程机械使用与维护的要求认识

### 学习目标

**知识目标：**

1. 理解用好、维护好机械的必要性；
2. 知道合理使用机械的要点；
3. 熟悉机械维护的作业内容。

**能力目标：**

1. 学会合理使用机械；
2. 能完成各项简单的机械维护作业。

### 相关知识

工程机械在现代化施工中起着举足轻重的作用，并在很大程度上影响着工程项目的进度、质量和成本。因此要用好、维护好机械，保证工程机械在施工生产中充分发挥效能。只有合理使用机械，才能保证机械在工程施工中正常运行；只有维修保养好机械，才能保证机械设备的完好率、使用率和利用率。

#### 一、工程机械的合理使用

工程机械的合理使用直接影响着机械的使用寿命，精度、性能的保持，进而影响机械产出的数量、质量、成本和企业的经济效益。正确、合理地使用机械，可以减轻机械的磨损，较长时间内保持机械应有的性能和精度，并能充分发挥其应有的效率。

1. 机械使用前的准备工作

① 机械投入使用前应编制技术资料，这些技术资料是机械使用的依据和指导文件，它包括机械操作维护规程、润滑卡片、日常检查和定期检查卡片。

② 全面检查机械的安装、精度、性能及安全装置，向操作者点交机械附件，配备必需的各种检查及维护仪器工具。

③ 对操作工人进行教育与技术培训，帮助操作者掌握机械的结构性能、使用维护的常规检查内容，安全操作等方面的知识，并明确各自的岗位技术经济责任，达到应知应会。

2. 机械使用中的管理工作

机械使用中的管理主要是对操作工人的管理，严格执行机械操作五项纪律要求。

① 实行定人定机，凭操作证操作机械。

② 经常保持机械整洁，按规定加（换）润滑油。

③ 遵守安全操作规程和交接班制度。

④ 管好工具和附件，不损坏、不丢失。

⑤ 发现故障应停机检查，自己不能处理的应通知检查人员。

3. 工程机械的合理运用

机械设备在运用过程中，由于受到各种力的作用和环境条件、使用方法、工作规范、工作持续时间长短等的影响，其技术状况发生变化而逐渐降低工作能力。要延缓机械技术状态变化、工作能力下降的进程，最重要的措施就是正确合理地运用机械。

（1）合理安排施工任务　安排施工生产任务时，要使工程项目与机械设备的使用规范相适应。切勿大机小用，这不仅浪费能源，还难以达到施工工艺的要求。同时还要防止“精机粗作”，影响机械的寿命。更要反对“小马拉大车”，超载使用。否则，不但会损坏机械，甚至还会造成机械事故。

（2）建立机械使用责任制

① 贯彻人机固定的原则。

② 大型机械设备和多班作业的机械，必须建立机长责任制，认真执行交接班制度。

③ 机动车辆、专业机械以及其他国家规定持证上岗工种的人员，必须持有权威机构核发的驾驶证和“机械操作证”，方可操作准驾机械和从事相应的工种工作。无“操作证”人员，不准操作。

（3）严格执行“机械操作规程”　严格按规定使用，能充分发挥机械效率，减少机械的磨损，延长使用寿命，降低使用费。否则就会造成早期损坏，缩短使用寿命，造成极大浪费。

机械驾驶操作人员必须严格遵守机械操作规程，正确操作，保证作业质量。不按规定使用机械设备，盲目蛮干，使机械设备受到损伤，往往不是当时就会暴露的。对违反操作规程的指挥调度和要求，驾驶、操作人员有权拒绝执行。

（4）凡投入使用的机械设备，应符合使用技术条件

① 机械设备外观整洁、装置齐全，各部连接、紧固件完整可靠。

② 发动机动力性能良好，运转正常，无漏油、漏水、漏电、漏气等现象，燃料消耗正常。

③ 运转机构及工作装置等应符合技术要求，性能良好，无异响，各润滑部位不缺油。

④ 液压控制阀及安全阀等应灵敏可靠；调整元件齐全有效；液压泵、液压马达应工作正常，无异响、不过热及渗漏现象。

⑤ 安全部件可靠、灵敏，性能良好，制动效能符合有关规定；安全装置，消烟、除尘设施和电气设备齐全可靠。

（5）机械设备的合理运用　机械设备不得带病运行或超负荷作业，遇有特殊情况需超负荷工作时，必须有可靠的计算论证资料，并采取有效措施，经机械管理部门同意报单位主管领导批准后，方可投入运转；作业中遇有意外情况，应排除不安全因素后，方可继续作业。

凡新机或经大修、改造、重新安装的机械设备，在投入使用前，均应按规定进行试运转，并填写运转记录和保养记录。

## 二、工程机械的维护保养

1. 必要性

机械的维护保养是零件没有达到极限磨损前进行的一种预防性技术作业，具有强制性。

一般是消除机械设备在生产中不可避免的零件松动、干摩擦、异常响声等不正常技术状态的作业过程。实践证明，机械设备中的零部件，除少数属于偶然情况发生损坏外，绝大部分是由于正常磨损而逐渐丧失作用的。因此，做好机械的维护保养工作，及时消除上述不正常现象，能够使机械保持良好的技术状态，充分提高机械的工作效率，延长大、中修间隔期；同时还可防止其过早磨损，消除机械隐患，减少或消除事故，从而延长机械设备的使用寿命，提高生产率。

（1）提高经济利益　对工程机械进行维护保养，可有效地保证机械良好运作，预防和消除运行过程中可能发生的故障和事故，延长机械的使用寿命，降低机械运行和维修成本，从而提高其使用的经济利益。

（2）机械设备技术特点的要求　每一种机械设备由于它本身的性能和结构等性质，都具有一定的使用技术要求。如果能够严格地遵循它的技术要求合理地使用机械设备，就会最大限度地发挥机械的效率，并降低使用成本。

（3）提高机械使用效率　在合理运用的条件下，对工程机械进行维护保养，不致因中途损坏机件而停歇，使工程机械经常保持完好状态，以便随时可以启动运转或出车，提高机械的完好率和利用率。在各项目的机械调配问题上，要做到提前及时地了解各个施工项目的工作进度和机械设备的需求信息，然后安排好机械设备的定期维护和保养，化解好工作使用和维修保养之间的矛盾冲突。

2. 工程机械维护的要求

（1）整齐。工具、工件、附件放置整齐，安全防护装置齐全，线路管道完整。

（2）清洁。机械内外清洁，各滑动面、丝杠、齿轮、齿条无油污和碰伤，无泄漏，渣物除净。

（3）润滑。按时加（换）油，油质正确，油具、油杯、油毡、油线清洁齐全，油标明亮。

（4）安全。实行定人定机和交接班制度，熟悉设备结构，遵守操作规程，精心维护，防止事故。对于大型、精密设备，还应“四定”，即定使用人、定检修人、定操作规程和定维护细则。

3. 工程机械维护的作业内容

机械维护的作业内容主要是清洁、紧固、调整、润滑和防腐以及更换一些不能再用的磨损零件等工作，此外，还有检查、添加等辅助作业。目的是减缓机械的磨损，及时发现和处理机械运行中出现的异常现象。

（1）清洁　机械在工作中，必然引起机械内外及各系统、各部位的脏污，有些关键部位脏污将使机械不能正常工作。为此，进行清洁作业不仅是保持机容整洁卫生的需要，更重要的是保证机械安全和正常工作的需要。

① 空气滤清器的清洁　空气滤清器的作用主要是滤清进入汽缸的空气中的尘土。因为尘土进入汽缸不仅使汽缸壁、活塞、活塞环加速磨损，而且被机油清洗下来进入机油，使受机油润滑的部位都加速磨损，因此必须及时清洁。

工程机械用发动机（包括车用发动机）大多采用干式纸质滤芯。清洁空气滤清器时，打开空气滤清器后，仔细观察并记住滤芯的安装位置、方向和密封方式。将滤芯取出，放倒在木板上轻磕，并不断转动滤芯，使灰尘脱落。然后用压缩空气由内向外喷吹滤芯，清除未脱落的灰尘。装配空气滤清器时，先将空气滤清器壳体擦拭干净，检查密封装置是否齐全可靠，再将滤芯按原来的位置和方向安装牢固。滤芯若脏污严重，应更换。有些机械、车辆的发动机进气有多级空气滤清，应一并将其清洁。

② 机油滤清器的清洁　机油在使用过程中，不可避免地被磨损产生的金属屑、自然界落入的尘土、杂质和燃烧物所污染。同时，机油本身由于受热氧化也会产生酸性物质和胶状沉积物。如不加以滤清，就会加速发动机零件的磨损、堵塞油路，甚至使活塞与活塞环、气门与气门导管等零件之间发生粘接，使发动机不能正常运转，并使机油的使用期缩短。机油滤清器的作用就是及时滤清机油中的机械杂质和胶状物质，保证机油和发动机润滑系正常地工作。

机油滤清器使用一定时间后，滤芯表面脏污越来越多，尽管滤清质量有所提高，但滤清阻力增大，油压下降，循环量减少，供油不足，不能保证发动机正常工作而加速磨损，甚至会有一部分机油通过旁通阀，不经滤清就进入发动机，形成磨料性磨损。为此，必须及时更换机油滤清器，以恢复机油滤清器的正常工作。

柴油机一般有机油粗滤器和机油细滤器。粗滤器一般为过滤式，细滤器一般为离心式。孔隙式粗滤器滤芯一般为一次性的，脏污后只能更换。缝隙式粗滤器和离心式细滤器滤芯脏污后可清洗重复使用。

③ 燃油滤清器的清洁　柴油发动机供油系统主要零件的加工精度很高，配合间隙非常精密，供油系统是否可靠耐用，主要取决于柴油的纯净程度。使用清洁的柴油可使精密零件的寿命延长30%～40%。柴油中含有杂质还可能加速汽缸的磨损。为此，除在加油时必须保持清洁外，还要定期放出柴油箱内沉淀的杂质，特别是要定期更换柴油滤清器。

④ 冷却系的清洁　发动机水温经常过高时，应查明原因，如确系冷却系中生成水垢，就必须清洗冷却系并除垢。否则，发动机水温过高，功率下降，磨损加剧。因水道形状复杂，无法用机械的方法清除水垢，只能用化学方法进行清洗。清洗冷却系的工作通常结合进入夏季使用的维护一起进行。

⑤ 电气设备的清洁　为保证电气设备正常工作，应经常保持发电机、启动机、蓄电池、调节器以及电气操作和电气控制部分等电气设备的清洁，定期清除整流子和炭刷上的炭粉，并按规定擦拭整流子，保持各电气触点的清洁。这对机械的安全正常工作是十分重要的。

⑥ 机械外部的清洁　这项工作不仅体现了操作人员责任心和卫生习惯，而且能通过机械外部的清洁、擦拭及时观察，发现螺纹连接的松动、脱落，机件的裂纹、变形，局部磨蹭、渗漏，皮带松弛、断裂等。

(2) 紧固　机械上有很多用螺钉固定的部位，由于机械工作时不断振动和交变负荷等影响，有些螺栓可能松动，必须及时检查，予以紧固。如不及时紧固不仅可能发生漏油、漏气、漏水、漏电等现象，有些关键部位的螺栓松动，还可能改变该部位设计的受力分布情况，轻者造成零件变形，重者造成断裂。螺栓松动还可能导致操纵失灵，零件或总成移动或掉落，甚至造成机械事故损坏。

在内燃机为动力的机械上，有些关键部位的螺栓必须经常检查，定期紧固。如发动机机座固定螺栓、风扇固定螺栓和各连接件的螺栓、传动轴连接螺栓、轮胎钢圈固定螺栓等，以及其他需紧固的各部位都应按规定进行检查和紧固。

有些用铆钉连接的部位，也应定期进行检查，发现松动及时处理。

(3) 调整　机械上有很多零件的相对关系和工作参数需要及时进行检查调整，才能保证机械正常工作。如不及时调整，轻者造成工作不经济，重者导致机械工作不安全，甚至发生事故。调整的内容和部位有以下几方面：

① 间隙方面。如各齿轮间隙、气门间隙、制动带间隙等。

② 行程方面。如离合器踏板、制动踏板行程等。

③ 角度方面。如柴油机的供油提前角等。

④ 压力方面。如燃料喷油压力、机油压力、空压机压力、液压装置工作压力、蒸汽压力等。

⑤ 流量方面。如供油量等。

⑥ 松紧方面。如风扇皮带、履带松紧等。

⑦ 其他方面。如轮胎换位，还有电压电流、发动机怠速等。

(4) 润滑　机械上凡活动的部位，绝大部分需要保持良好的润滑，才能保证机械正常工作。机械在使用过程中，技术状况变化的主要原因是磨损，而润滑是减轻磨损最有效的措施。

① 发动机的润滑。发动机上有很多相对运动零件，大部分属于滑动摩擦，少部分属于滚动摩擦。其中最重要的是曲轴、凸轮轴和轴承的润滑。

② 传动系统的润滑。为了减少磨损，提高传动效率，必须对传动齿轮、支承轴承和传动轴进行润滑。

③ 工程机械上各种滚动轴承、拉杆、滚轮、销轴等相对运动部位都需要润滑。进行维护作业时，必须按规定进行检查，加添和更换润滑脂。

(5) 防腐　防腐主要是指防止机械上的金属零件锈蚀和橡胶制品的老化变质等。

① 防金属零件锈蚀　机械的零部件和总成，长期与空气接触，表面失去光泽，出现斑点或粉状氧化物，这种现象叫锈蚀（生锈）。生锈的零件断面缩小，其强度、尤其是疲劳强度降低，缩短了使用寿命，甚至完全失效。金属零件产生锈蚀的原因是空气中的 $CO_2$、$SO_2$、$O_2$ 等气体或酸、碱、盐的水溶液作用于金属零件的结果。防止金属零件生锈的最常用办法是涂油、喷漆，使油或漆在金属表面形成一层保护膜。

② 防橡胶制品老化变质　轮胎、液压油管、风扇皮带、防尘套等橡胶制品，在空气中氧气的作用下产生过氧化合物，使橡胶制品性能减退，即产生老化。另外，加速橡胶制品老化的因素还有高温和阳光。一般气温每升高 7～15℃，老化速度将增快 1.5 倍。防止橡胶老化变质的方法是：尽量避免阳光照射、高温和沾上油污，防止和腐蚀性气体接触以及解除停驶轮胎的负荷等。

## 知识与能力拓展

# 工程机械修理

## 一、分类

修理指机械设备达到极限磨损后，修正出现的故障或失去工作能力的零件总成，为恢复机械设备良好技术状态而采取的技术作业。工程机械根据修理的内容、性质不同，划分为大修、中修、小修和项修。

(1) 大修：是指全面恢复整机技术状况的修理。大修时要对工程机械进行全面的解体、清洗、检验、修理或更换损坏及磨损超限的零件，重点在于基础件、重要零件的修复与更换，并对外观进行整修。大修后的工程机械应达到新机械出厂时的技术性能指标，大修应根据工程机械的工作时间及技术检验结果有计划地安排进行，大修工作一般在修理厂内完成。

(2) 中修：是指工程机械在两次大修之间，对一个或几个总成有计划进行的平衡性修理。工程机械经过一定时间的使用之后，有的总成磨损较慢，有的总成磨损较快，使工程机械不能协调一致地正常工作。为此，对工程机械部分总成进行中修，以调整各总成之间的不平衡状态，恢复工程机械技术性能。中修一般需有计划地安排在修理厂或工地修配车间进行。

（3）小修：是指工程机械使用过程中所进行的一般零星修理作业。排除由偶然因素引起的突发性故障。其目的在于消除工程机械在使用过程中，由于操作、使用、维护不良或个别零件损坏而造成的临时故障和局部损伤，以维持工程机械的正常运行。小修属于事后修理，一般在修理车间或施工现场完成。

（4）项修：是指工程机械在进行二级、三级维护或转移前维护过程中，根据维护前对工程机械运行情况或技术状态检测的基础上，针对即将发生故障的零件或技术项目而进行的事前单项修理作业。其目的是消除工程机械存在的故障隐患，更换损伤严重的零部件，平衡零部件的使用寿命，使工程机械在两次维护之间或转入新工地之后能维持正常的技术状态。项修的作业内容视修理项目不同而有较大区别，一般结合维护计划同时安排进行。

## 二、工程机械总成及整机大修标志

在工程机械运行过程中，应不断定期对工程机械技术状况进行检测，当发现其技术状况明显劣化，达到了工程机械总成或整机的大修标志时，需及时安排对工程机械进行大修。

1. 发动机大修的标志

发动机大修标志为下列四项之一：

① 动力性显著降低，经调整后无明显提高。发动机功率较额定功率降低25%以上或移动式工程机械较正常情况下需降低一个挡位工作。

② 汽缸磨损超限，汽缸压缩压力达不到额定压力的75%。

③ 机油消耗量显著增加，压力下降，燃油消耗量显著增加。

④ 发动机运转中连续发生敲缸、轴承响、活塞销响等异响。

2. 轮式机械底盘总成大修标志

① 机架总成。主梁断裂、锈蚀、弯曲或扭曲变形超限，大部分铆钉松动或磨损，主要焊缝开裂，必须拆卸其他总成后才能进行校正、修理或重新铆接方能修复者。

② 变速器总成。壳体破裂、轴承座孔磨损超限，齿轮或轴出现严重磨损需彻底解体修理者。

③ 驱动桥总成。桥壳破裂、变形，半轴套管座孔磨损超限，主减速齿轮严重磨损，需要校正或彻底修理者。

④ 转向桥总成。桥梁裂纹、变形，主销孔磨损超限，需要校正或彻底修理者。

⑤ 工作装置总成。主要零部件裂纹、变形，铰接销孔磨损超限，需要校正或彻底修理者。

3. 履带式机械底盘总成大修标志

① 机架总成大修标志同轮式底盘。

② 变速器总成（包括分动箱）。壳体破裂，轴承座孔磨损超限，齿轮及轴磨损严重，运转中有脱挡现象及不正常响声，锥齿轮磨损超限需修换者。

③ 转向离合器总成（包括制动器及液压助力器）。离合器外壳、压盘及分离杆破损、磨损、翘曲超限，摩擦片磨损、硬化、龟裂，制动带需重新铆接，液压助力器壳体、柱塞、油泵轴头、齿轮等磨损松旷致使操纵力增大至80N以上，离合器、制动器、助力器操纵机构

零件磨损超限而无法使其正常结合需修理者。

④ 驱动机构总成。最终减速器壳体、主动接盘、驱动轮体破裂，各轴承座孔磨损超限，大部分花键轴、驱动轮、半轴磨损或变形断裂，减速器齿轮磨损松旷运转时有异响，各轴承、弹簧、护油圈磨损漏油有50%以上需修换者。

⑤ 行走机构总成。八字架变形、断裂，各轮组轮缘工作面磨损严重，轴套、轴、挡板松旷有30 %以上需修换者。

⑥ 工作装置总成大修标志同轮式底盘。

4. 液压系统大修标志

液压泵、马达壳体破裂，轴头磨损超限，内部零件磨损严重致容积效率下降超过25%或运转时产生异响必须解体修理，液压缸密封失效或磨损严重致外泄漏明显或液压缸沉降量显著增大，液压缸动作效率及作用力明显下降，液压系统管路及橡胶密封件老化破裂使系统多处泄漏无法正常工作，系统各阀类元件损伤超限致使系统压力、流量、方向控制准确性显著下降且调整无效需拆修或更换。

5. 电动机、发电机大修标志

① 在额定荷载下测量线圈温度超过规定值。

② 线圈烧损、断路、短路。

③ 转子轴弯曲、松动、裂纹轴头磨损超限，滑环整流子烧损、磨蚀到极限，绝缘不良，铁芯嵌线槽内绝缘有枯焦现象，炭刷架破损变形。

6. 空气压缩机大修标志

① 风量、风压显著降低，对阀及调节器调整后仍达不到额定参数，排气量比额定参数减少25%。

② 在没有外漏的情况下，机油消耗量增大，排气口有严重喷油现象。最后运转30h内的机油添加量超过定额100%。

③ 在运转时，产生严重的异常响声。

④ 主要零部件磨损超限。

7. 整机大修标志

工程机械整机大修标志为下列两条之一：

① 发动机和机架总成同时达到大修条件。

② 发动机和其他1/3～1/2总成同时达到大修条件。

# 任务2 机械技术状况的变化认识

## 学习目标

**知识目标：**

1. 了解机械设备技术状况的概念；
2. 知道机械设备技术状况变化的表现；
3. 熟悉引起机械设备技术状况变化的原因；

4. 熟悉机械磨损规律。

**能力目标：**

能分析机械技术状况变化的原因。

## 相关知识

机械设备的技术状况就是机械设备在使用过程中的技术性能以及工作能力，它决定着机械设备的使用质量以及使用寿命，直接影响到工程进度和质量。

工程机械大都在泥沙、砾石、雨水和风雪等恶劣环境中作业，其技术状况必然较其他机械下降得快，零件间的配合将出现不同程度的松动、磨损、锈蚀及结垢等现象，各连接件配合性质、零件间相互位置关系和机构工作协调性等都将受到不同程度的影响，致使其动力性、经济性、安全性等性能指标下降，甚至引起机器事故。因而在机器维护过程中技术状况的变化是一项检验机器水平的重要指标。

### 一、工程机械技术状况变化的表现

现代工程机械的作业环境恶劣更加重了机械使用寿命的缩短，因此掌握工程机械技术状况变化的目的在于及时给机器提供得当的维护保养，使其性能保持在原有水平上，保证工程的顺利完成，同时延长机械的使用寿命。要全面了解机械性能，一般可以通过相继出现的种种外观症状来判断其技术状况的变化。

1. 工程机械使用性能评价技术状况的变化

（1）机械动力性能的变化　动力性能的主要表现如下：

① 作业性能：它反映了机械的作业能力和作业效率，它的主要指标是机器的生产率，亦即在单位时间内所完成的作业量，例如每小时完成的土方量（$m^3/h$）。

② 牵引性能：反映了机械的驱动能力，常用满载和空载最大行驶速度、满载和空载最大爬坡度、牵引力来表征。

③ 制动性能：反映了机械行驶中迅速减速和停车的能力，这也决定了机械的安全性。

④ 机动性能：反映了机械在狭小空间行驶的灵活性，此项指标关系到机械的利用率，保证机械使用的普及率。

（2）经济性的变化　设备的经济性是指对设备采取不同维护策略的费用进行对比分析，以及失效引起的生产损失、安全事故进行评估分析。经济性下降的表现为：柴油耗油量增加、维修费用和运输成本的增加、润滑油消耗量增加、排烟增多和异味等。

（3）安全性能的变化　故障和健康历来都是对立的词语，但是无故障状况下不一定意味着完全健康，对于机械设备的安全舒适指标要全面评价各个因素。主要外在表现为制动距离增加，制动能力降低，甚至出现制动失灵的状况；机械抗倾翻能力降低，横向及纵向稳定性降低；操作手柄、踏板和操纵力超出体能范围等。

（4）可靠性的变化　可靠性是指设备或零部件在规定的条件和时间内完成规定功能的能力，也就是表示设备或零部件不容易发生故障的能力。常描述可靠性的参数指标有：可靠度、平均无故障运行时间、故障率等。可靠性作为机械设备主要健康指标之一，它能很好地反映机械设备统计期间的长期运行状况。可靠性的降低表现在机械零件抗弯、抗压、抗磨损能力下降，并且随着使用时间的增加，维修的频率和维修时间也会增长。

以上四种机械设备的性能指标变化是通过外在症状来评定的。如有条件，可以通过检测内在指标更精确地掌握机械设备的技术状况。

2. 工程机械参数指标评价技术状况的变化

工程机械普遍的技术指标包括：发动机、传动系、行驶系、转向系、制动系、施工装置、电气、电控等几大部分。这几大部分又可以细化成好几个具体内容，结合每种机型的具体参数来分析对比机械设备的技术状况。

（1）评价发动机技术状况的技术参数　发动机的动力性能主要是以发动机的外特性来体现的。所谓发动机外特性，是指发动机油量调节拉杆固定在额定功率循环供油位置（喷油泵最大供油量）时，发动机的性能指标（主要指输出功率 $P_e$、输出扭矩 $T_e$、比油耗 $g_e$ 等）随转速 $n_e$ 的变化关系。如图 1-2-1 所示。

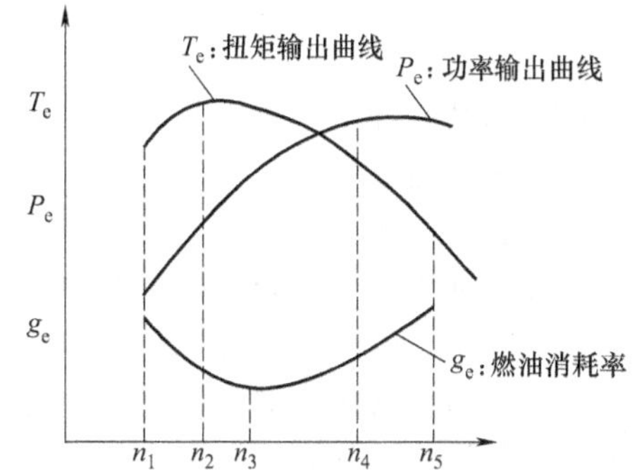


图 1-2-1　发动机外特性曲线

评价发动机的主要技术参数有发动机的输出功率、输出扭矩、燃油消耗量、最大供油量、发动机转动速度、最低燃料消耗量、升功率、比质量、排放量等。在诊断发动机性能时，将以上参数与发动机升扭矩和升功率这两方面参数进行对比。升扭矩可用来比较各种不同类型、排量的发动机，而升功率只能用来评比同样排量的发动机。

（2）评价底盘技术状况的技术参数　机械性能中的传动系、行驶系、转向系、制动系均属于底盘技术范畴内，主要的评价参数有驱动力、制动距离、制动减速度、最大转角、转向轮定位等。将上述参数和相应的额定参数对比可得到底盘的技术状况的变化。目前的检测方法有多种，例如通过测功机反拖的方法，测量指定转速状况下底盘损耗的功率。轮式工程机械功率传输过程中，发动机到驱动轮之间的液力变矩器、变速箱、万向节和传动轴、主减速器、差速器和半轴等装置构成了工程机械的动力传动系统。用轮式底盘测功机检测工程机械驱动轮输出功率时，动力传递路线为工程机械底盘传动系、驱动轮、滚筒、齿轮变速箱，最后传递至测功机，如图 1-2-2 所示。

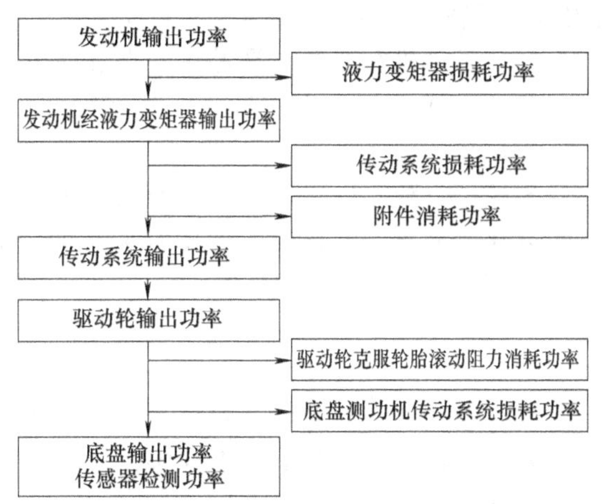


图 1-2-2　发动机输出功率的传递路线

（3）评价电控技术状况的技术参数　电控系统由电控单元（电脑）、各类传感器和执行器等组成。各类传感器将相应的工况转换成电信号传输给电脑，电脑计算和处理后向执行器发出指令。因此电控系统检测主要技术参数为各传感器自身的性能指标、供电电压、吸收电流、一定工作温度的电阻、响应时间等。将以上参数与相应参数对比即可得出当前条件下电控技术状况。

## 二、工程机械技术状况变化的原因

导致工程机械设备技术状况变化的原因很多，大致分为以下几类：

1. 操作人员的技术水平

随着新技术新材料的不断开发，工程机械设备的种类和功能更加齐全和完善，这就要求操作人员不但要具有专业机械基础知识，更要在机械出状况下能及时处理、修理。专业知识的欠缺和不合理的使用会造成设备不必要的寿命减少。操作人员的素质体现在以下方面：

(1) 对专业基础知识掌握全面　不按照规定的操作程序使用；缺水缺油、驾驶不当等情况会导致机件的损坏，变速箱和散热器的破坏或者是工作装置的断裂等事故，影响机械的正常使用，由于上述类似情况都会造成机械设备不必要的提前磨损，寿命减少，对此类情况应从源头上避免。

(2) 对驾驶操作一丝不苟　操作过程中行驶平稳，正确换挡，合理安全都要求操作人员对驾驶水平精益求精。

(3) 保持积极的态度和高度的责任感　爱惜机械设备，对其保持责任感和高尚的荣誉感，保持职业素养，热爱本职工作。

2. 工程机械的工作场地

工程机械设备绝大部分是在露天场地进行施工，作业地点经常变换，所以其受到作业场地的环境、温度、气候等因素的影响很大。

(1) 道路因素　软地基、坡道、无路或路况极差的情况也是时有发生。机械在不平整或路况较差的道路上行驶时，阻力增大，动力要求增高，各零件由于受到猛烈冲击会在连接处发生较大磨损甚至错位，润滑油和柴油的消耗量也较平坦路面有所增加。多数路况不好的路面都会伴有尘土、沙粒，这些杂质会随着机器的运转进入底盘系统、发动机系统，机械在灰尘多的恶劣环境中工作时，会导致柱塞副、喷油器、曲轴瓦、履带、轮胎行走机构造成严重的磨损或者是加剧磨损的程度，缩短使用寿命。

(2) 温度、湿度因素　长期的露天行驶操作不可避免会遇到高温酷暑、寒冷难耐、雨雪天气等。这些外在的不可抗力长期存在逐渐磨损机械设备各项性能。

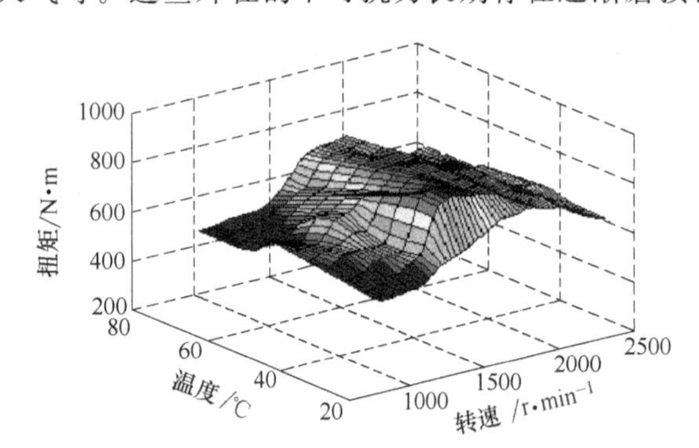


图 1-2-3　进气温度对发动机动力性能影响

发动机在高温中易过热，当发动机工作温度到达 70～75℃时，空气密度减小，发动机动力性低下（见图 1-2-3），在同一转速下，随着进气口温度的升高，扭矩下降比较明显，并且温度过高加速机油氧化速度以及发动机磨损加剧。

① 阳光的照射、高温、与矿物油的接触等原因会导致橡胶制品的老化变质，使元件硬化、弹性和强度降低、出现裂缝和小洞，使橡胶元件的寿命减少，造成密封性降低。

② 当气温过高时，润滑油会变稀，机油的压力也会降低使油性变差，加剧机件的磨损；高温还可能导致制动器和离合器等机件因强烈的摩擦而烧坏的情况发生。

③ 温度过低时，燃油的蒸发受到影响，热量的损失增大，润滑油的黏度也会增大，对机件的润滑作用降低，导致机件的磨损加剧。

④ 露天的雨水、雪水进入机械设备造成零件腐蚀生锈，还会形成水垢堆积在水箱和水套里，这些对零件的伤害程度极大。

3. 物料的供应

燃料、润滑油、液压油和相应配件是机械设备使用和维护过程中必不可少的物料。

① 发火性能较差的柴油会引起发动机工作粗暴，产生强烈的冲击现象，加剧零件磨损；挥发性较差的燃油使柴油机启动性能差，燃烧不充分，易与润滑液混合，造成磨损加剧；含

杂质的燃油容易造成积炭，堵塞燃供系统，卡死发动机。

② 劣质润滑油和放置时间过久的润滑油，其质量难以保证，在机件内不能有效地形成油膜，也难以发挥润滑作用；润滑油的使用不分牌号、不分机型，这种情况容易造成变质、结胶，导致发动机烧坏，变速箱齿轮的严重磨损。

③ 液压油的性能和正确使用直接决定了液压系统工作的可靠性和使用寿命。工作中保持其不可压缩性和良好的流体状态是对液压油的基本要求。

④ 配件在机械设备的日常维护中不可或缺，这些配件的不及时更换会造成隐患以及增长修复机器的时间。例如保养不及时，对各种滤芯的更换不及时，甚至是将滤芯完全卸去，对机械的使用安全带来威胁。

4. 机械事故

机械事故的发生对机械设备的性能影响也是巨大的，从而减少机械的使用寿命。以下为事故发生原因的简要总结：

① 质检原因。修理质量没有保证，未经专业的检验就出厂使用；磨合不合理造成烧瓦；装配不牢、螺栓松动、各部件分离、总成损坏。

② 外力损坏。当遇到不可避免的山体崩塌、道路洼陷、车祸撞击等突发状况造成机械设备的损坏，直接减少了工作寿命。

## 三、工程机械技术状况变化的基本规律

如上所述，引起机械设备故障和技术状况变化的因素有很多。在正常使用的情况下，零件磨损是导致机械设备技术状况变坏、故障乃至失去工作能力的主要因素。掌握零件磨损规律，及时进行检修就能降低零件的损坏速度，延长设备使用寿命。

图 1-2-4 所示为机械零件的典型磨损曲线。

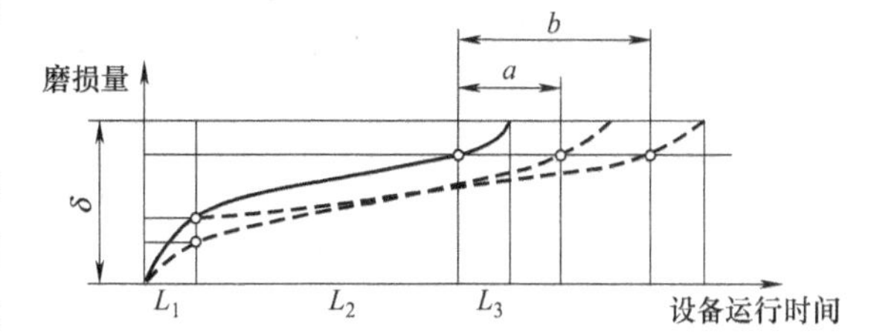


图 1-2-4　机械零件的典型磨损曲线

$L_1$—初期磨损阶段；$L_2$—正常工作阶段；$L_3$—逐渐加剧磨损阶段；δ—极限磨损量

从图中可以看出，磨损过程分为三个阶段：

$L_1$：初期磨损阶段，在这个阶段中零件由于生产制作原因表面有微观不平、几何形状偏差和装配误差，使得该阶段的磨损量较大。

$L_2$：正常工作阶段磨损，此阶段已经度过了走合期，零件之间基本配合得当，发生磨损的情况相对较少。

$L_3$：加剧磨损阶段，在这个阶段里总磨损量已经达到了极限值，如果机械设备继续使用将造成机械磨损急剧增加。

通过对零件磨损曲线图的分析，可以看出机械设备的使用寿命与走合期和正常使用时期的维护有很大的关系。因此，必须合理使用设备、定期做好设备的检测和维护，使机械设备在使用过程中能经常保持其完好的技术状况，延长机械的使用寿命，达到提高机械生产率、不断降低施工成本，保证施工质量的目的。

## 知识与能力拓展

**案例分析：**

某公司对当年的 312 件厂房内机械设备进行了故障分析统计，如表 1-2-1，试分析造成

表 1-2-1　故障分析统计

| 序号 | 项目 | 内容 | 频数 | 累计频数 | 频率/% | 累计频率/% |
|---|---|---|---|---|---|---|
| 1 | A | 设备润滑不良磨损 | 242 | 242 | 78 | 78 |
| 2 | B | 设备失修 | 29 | 271 | 9 | 87 |
| 3 | C | 检修质量 | 15 | 286 | 5 | 92 |
| 4 | D | 备件质量 | 11 | 297 | 4 | 96 |
| 5 | E | 过负荷运行 | 9 | 306 | 3 | 99 |
| 6 | F | 其他 | 6 | 312 | 2 | 100 |
| 合计 | | | 312 | | 100 | |

这种情况的原因。

**分析：**

由表 1-2-1 可以看出，润滑油的使用不当是造成机械损坏的很大的原因。润滑油是设备的血液，润滑系统是设备的重要部件，润滑不良失效能导致设备所有零部件的失效、磨损和劣化，直接导致设备故障的发生。针对通用机械设备的润滑系统的运行、维护检修等状况，对主要存在的质量问题，从人、机、料、法、测、环几个方面进行因果分析，寻找产生问题原因，见因果分析图（图 1-2-5）。

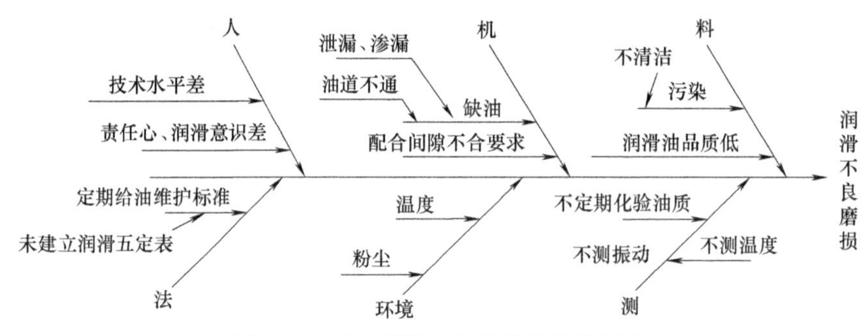


图 1-2-5　设备润滑不良磨损因果分析图

原因可以归结为以下几点：

（1）员工的责任心及润滑意识不强是要因　现场大部分设备润滑油室、油路、油标（镜）积灰、油污，渗漏、泄漏，加油口、排气口敞开等现象普遍存在，现场储存的润滑油及器具污染严重，导致设备润滑油污染变质、缺油等。操作人员对此习以为常，对设备合理润滑意识缺乏，专职点检人员对操作人员的巡检维护缺乏监督和引导，专职点检人员设备润滑知识掌握不够。

（2）润滑油泄漏、渗漏是要因　现场设备润滑油室、油路、油标均不同程度地存在破损、渗漏、泄漏现象。润滑油泄漏将直接导致设备缺油引发故障事故，同时增加生产运行成本，污染设备和周边环境，影响现场文明生产管理，并给设备诊断检查带来困难。

（3）润滑油品质低是要因　润滑材料随着机械装备和制造业的发展而日新月异，性能大幅提升，品种细分。一种机械油打天下的时代已成为历史。而现场调查的因润滑不良引起故障的通用机械设备使用的油品基本均为普通的矿物质润滑油（机械油），普通的矿物质润滑油的黏温性能、抗氧化性能、抗磨性能等均较差，难以跟上设备的发展。

（4）环境是次因　粉尘较大会对润滑油质及润滑油渗漏的检查判断有一定的影响。

# 任务3　机械维护的制度与组织实施

## 学习目标

**知识目标：**

1. 熟悉机械维护的分类和原则；
2. 掌握机械维护保养的中心作业内容和作业范围；
3. 了解机械维护制度的组织实施。

**能力目标：**

能按照维护要求完成基本维护作业。

## 相关知识

为保证机械设备经常处于良好的技术状态，随时可以投放运行，减小故障停机，提高机械完好率、利用率，减少机械磨损，延长机械使用寿命，降低机械运行和维修成本，确保安全生产，必须强化对机械设备的维护保养工作。

### 一、机械维护的分类和原则

机械维护按照维护工作的深度和广度，分为日常维护、定期维护和特殊维护等。

1. 日常维护

日常维护是机械维护的基础，是操作人员每天必须进行的例行维护。日常维护的项目较少，大多涉及机械外部，作业内容概括如下：

(1) 润滑　按润滑图表加油，并检查油标油位。

(2) 清洁　擦拭机械的外表面与滑动位。

(3) 紧固　拧紧松动的螺栓螺母。

(4) 调整　如保险装置的调整、皮带松紧的调整等。

(5) 检查　如检查操作手柄、电气开关手柄、安全装置、搭铁线和紧固线的位置；检查操作是否灵活、低速空转声音是否正常、显示器是否灵敏等。

2. 定期维护

定期维护指在用的机械使用到规定的台班、工作小时或里程后所要求进行的维护。定期维护按间隔时间长短、工作内容和要求不同，可分为：一级维护、二级维护和三级维护等各级维护。

(1) 一级维护　主要以润滑、紧固为中心，保证在两次一级维护之间，各机构、总成能正常工作。

主要作业内容：①检查、紧固机械外部螺纹件；②按规定加注润滑脂，检查各总成内润滑油平面，并加添润滑油；③清洗各种滤清器；④排除所发现的故障。

(2) 二级维护　主要以检查、调整为中心，保证在两次二级维护之间，各机构正常运行。

主要作业内容：①一级维护作业项目；②检查、调整发动机及电气设备；③拆洗机油盘及机油滤清器；④清洗柴油滤清器；⑤检查、调整转向、制动机构；⑥拆洗前、后轮毂轴承，加添润滑脂（油）；⑦拆检轮胎并进行换位。

（3）三级维护　主要以总成解体清洗、检查、调整、换件为中心，发现和消除隐患，确保机械在两次三级维护之间能正常工作。

主要作业内容：①二级维护作业项目；②拆检发动机，清除积炭、结胶及冷却系污垢；③视需要对底盘各总成进行解体清洗、检查、调整，清除隐患；④对机架、机身进行检查，视需要进行除锈、补漆。

一般，大型工程机械实行三级维护制；中小型机械实行二级维护制。

3. 特殊维护

特殊维护包括磨合期维护、换季维护、停驶维护、封存维护和转移前维护等，是在特定情况下进行的维护。

（1）磨合期维护　凡新机械或经过大修的机械，在正式使用前或磨合期结束后进行的维护，磨合期一般为100h左右。磨合期维护包括使用前的维护和磨合后的维护。使用前的维护包括外部检查、清洁、润滑和充油、充水、充气、充电等；磨合后的维护包括解除最大供油的限制，清洗润滑系和更换发动机润滑系的润滑油，并对各连接部位进行一次全面检查与紧固。

（2）换季维护　凡冬季最低气温在零摄氏度以下的地区，在入夏和入冬前进行的维护称为换季维护。主要内容包括检查节温器，更换润滑油、燃油（柴油），调整蓄电池电解液密度等。

（3）停驶维护　停驶维护主要指停用机械的维护。其内容包括每周外部清洁一次，每半月摇动发动机曲轴10转以上，每月将发动机发动一次。停用的机械应使钢板弹簧卸载，履带式机械应停放在枕木上或水泥地面上。

（4）封存维护　封存维护指对长期不用的机械封存前进行的维护。其内容包括排除气缸中的废气，向每个气缸注入30～50g脱水机油，摇动曲轴数转，使润滑油均匀地涂在缸壁上；封闭通向外部的通道；清除锈蚀、并对可能锈蚀的部位涂抹防锈脂。封存机械每半年发动一次并重新封存。

（5）转移前维护　转移前维护主要是指流动性比较大的施工单位，在一项工程使用完设备后，机械虽未到规定的维护周期，但为使机械能实现从一个施工点的顺利调运并迅速投入新的施工生产而进行的维护。其内容除按二级或三级维护进行检查、紧固、调整等工作外，并可根据需要增加防腐、喷漆等项目。

机械维护必须贯彻“养修并重，预防为主”的原则，做到定期维护、强制进行，正确处理使用、维护和修理的关系，不允许只用不养，只修不养。

① 必须按机械维护规程、维护类别做好各类机械的维护工作，不得无故拖延，特殊情况需经分管专业人员批准后方可延期维护，但一般不得超过规定维护间隔期的一半。

② 维护机械要保证质量，按规定项目和要求逐项进行，不得漏保或不保。维护项目、维护质量和维护中发现的问题应作好记录，报本部门专业负责人。

③ 维护人员和维护部门应做到“三检一交”（自检、互检、专职检查和一次交接合格手续）。

④ 不断总结维护经验，提高维护质量。

## 二、机械维护制度的组织实施

1. 机械维护制度的制定原则

机械设备的有效维护需要建立健全的维护制度。制度的制定必须具有可行性、规范性、强制性。

维护制度需要制定维护保养的规范，规定各级维护人员的保养规程，制定维护保养作业指导书，并严格按各级保养规程执行。规范化就是使维护内容统一，哪些部位该清洗、哪些零件该调整、哪些装置该检查，要根据各企业情况按设备实际运转小时、行驶里程和使用说明加以统一考虑和规定。

维护制度需要建立和健全相应的机构，明确制定各级机构、人员的职责，这是机械设备维护工作顺利进行的可行性保证。建立并完善机械设备维护机构，实行统一规划，专人负责，进行全面的综合管理。订立贯彻执行定机、定人、定岗位责任的“三定”制度，让每台机械都有专人负责保管、检修、操作。

维护制度需要各级维护人员强制执行，并检查保养质量，做到奖罚分明，实现维护保养制度的有效性。准确及时地进行保养、维护，这样可以有效地减少机械设备所出现的故障，保证设备一直处于良好的运行状态中，从而发挥出巨大的效能作用。

2. 机械维护保养规程的制定

机械维护规程是机械维护工作唯一遵循的准则，是企业搞好机械维护工作的基础。企业所有生产工人、维修工人、生产维护管理及指挥人员都必须认真贯彻执行。机械维护规程，根据生产发展、工艺改进及设备装置水平的不断提高，应相应修订和完善。

机械维护规程，应包括如下内容：

① 机械的主要技术性能参数表。

② 简要的传动示意图，液压、动力、电气等原理图，便于掌握设备的工作原理。

③ 润滑控制点管理图表，明确机械的润滑点及选用油脂牌号。

④ 当班操作人员检查维护部位，维护人员巡回检查的周期、检查点、每点检查的标准，机械在运行中出现的常见故障排除方法。

⑤ 机械运行中的安全注意事项。

⑥ 机械易损件更换周期和报废标准。

⑦ 明确机械和机械作业区域的文明卫生要求。

3. 机械维护的质量检验

在机械维护过程的各个阶段，必须安排相应的质量检验。检验是依据机械正常使用的技术标准，对零件、部件、整机的维护质量进行鉴定验收。它是保证维护质量的重要手段，也是机械维护制度得以认真执行、落实的重要保证。没有检验，机械的维护质量就没有保障。

保证机械的维护质量需积极健全制度的检验机制，明确质量检验的责任部门。可采取日常抽查和专项排查等方式，随时掌握制度落实情况，发现问题及时解决。

检验质量记录必须完整，应具有科学性和追踪性。同时应当对机械的维护质量信息进行存档管理，机械维护质量信息包括与其有关的各种原始记录。如故障记录（故障类别，原因分析，修复方法，更换件清单）；维护记录（维护内容、状况、技术问题）；定期检查记录；修前预检记录；修理内容；试车验收记录等等。有了这些信息就能够主动有效地指导机械的维护保养工作，监督维护保养的质量。

4. 岗位职责

设备维护制度的实施需要各个岗位的人共同执行，每类人员都有自己的任务。现在介绍各类人员岗位责任：

（1）设备主管领导　负责所有设备设施的全面管理工作，负责设备采购。审核修改设备设施管理文书，监督各类人员设备制度实施情况，审批设备制度奖罚。

（2）设备员　设备管理的主要执行人，负责设备程序文件编拟，设备及备件月状况调查统计，设备状态数据库、设备档案、设备台账以及其他设施管理，制定设备大中修计划，负责实施。根据周、月检查结果，给出对设备相关管理人员及责任人的奖罚内容，并予以公示。

（3）各厂（科）长　按设备管理规程负责本部门设备管理工作，负责部门设备维护保养实施情况，做好本部门设备安全管理。

（4）设备维保员　负责检查设备的日常维护和保养、使用及其记录，检查各设备的线路机械连接及布置的合理性，及时发现并解决，对于违规操作设备的行为及时制止，协助设备员做好关于设备的各项工作。

（5）班组长　负责本班组（工位）设备、安全、卫生、备品备件及设备使用前后位置就绪情况。

（6）设备负责人　负责设备的日常维护及保养，填写设备运行、维护及保养记录，掌握设备使用性能，配合设备维保员搞好设备检修。

## 知识与能力拓展

### 各类设备维护保养细则

（1）车床类　设备负责人每月检查变速箱油油位，不够时及时添油。每三个月更换一次变速箱油。每天工作完成后清理机床（包括清除积屑，擦拭机床表面、丝杠、光杆和离合器拉杆）。

（2）钻、铣、刨床类　设备负责人每月检查一次变速箱油和液压油，每三个月换一次油。每天工作完成后清理床身。刨边机每月检查一次液压油，每半年换油一次，每周至少2次卫生全面清理，部件连接紧固。

（3）焊接设备类　设备负责人每天清理焊机、水箱表面，使用完后将备品备件妥善收放，电缆线盘放整齐，电焊机、氩弧焊机放置位置不可超过端电源（配电柜）1.5m。每月进行一次内部积灰清理。

（4）卷板机　设备负责人每三个月给滑动及滚动轴承加注一次润滑脂，每月检查液压油油压，不足时及时检查油路或加油，每周至少2次卫生全面清理，部件连接紧固。

（5）剪板机　设备负责人每月检查一次、每季度更换一次液压油，每周至少2次卫生全面清理，部件连接紧固。

（6）天车　设备员、设备维保员每月检查一次天车线路、部件的连接情况，发现松动，及时与设备负责人共同处理，并按起重行业标准进行例检、周检、月检、年检及巡检保证设备使用安全。

（7）滚轮架　设备负责人每月检查减速器油油位，不够时及时添加；每半年更换一次减速器油；每周至少2次卫生全面清理。

（8）焊条、焊剂烘干箱　设备负责人每天保证设备表面干净，每周末对设备内部焊剂渣及废焊条进行清理。

（9）水、电、气　设备使用完或人离开工作现场，必须切除水、电、气，做好节能降耗。

(10) 其他主辅设备设施　责任人应妥善收放，定期对设备设施进行除尘、紧固、防锈等处理，保证设备设施正常、安全使用。事业部所有设备、设施等管理维护工作，明确分工后，负责人应按相应规范执行，没有列入的参照设备三级保养规范等进行。

## 思考题

1. 如何做到合理使用机械?
2. 说一说为什么要对机械进行维护保养，机械维护保养有哪些主要作业内容?
3. 机械技术状况的变化体现在哪些方面? 说明引起机械技术状况变化的原因。
4. 假如在高温条件下没有给设备使用专用机油，会产生什么后果?
5. 说一说如何对机械机械日常维护。
6. 说一说我国机械维护的类型。

# 项目二　工程机械运行材料的使用

## 任务 1　柴油的使用

### 学习目标

知识目标：

1. 了解柴油的性能指标和柴油牌号的分类；
2. 掌握柴油的选择和使用方法。

能力目标：

1. 能根据发动机的使用场合选择合适牌号的柴油；
2. 能根据柴油的性能指标初步判断柴油的优劣。

### 相关知识

柴油是工程机械发动机的主要燃料，可分为轻柴油、重柴油等品种。

轻柴油用于高速柴油机，是汽车、工程机械、农用机械的柴油机燃料；重柴油用于中、低速柴油机，只有大型柴油机和一些大功率船用柴油机烧重油，烧重油还必须用一些辅助设施，比如加热，还要分离油中的杂质等。重柴油和轻柴油的主要区别是重柴油含有蜡质多、沸点高、闪点高、碳链长，轻质柴油沸点低、闪点低、碳链短、含蜡量低、燃烧燃点低。本课程内容主要讲述轻柴油（简称为柴油）。

### 一、柴油的性能指标

挖掘机对柴油的基本要求是：具有良好的流动性，能保证在各种使用条件下燃料顺利地供给；容易喷散、蒸发，形成良好的混合气，使发动机容易启动；混合气能平稳地燃烧，保证柴油机工作柔和；喷油器不结焦，燃烧室内无积炭；对发动机零件无腐蚀作用，不含机械杂质和水分，以及对环境的污染少等。这些要求靠一系列性能指标来保证。

1. 低温流动性

柴油的低温流动性是指在低温条件下，柴油具有一定的流动状态的性能。柴油的低温流动性直接影响柴油能否可靠地供给汽缸，发动机能否正常工作。评定低温流动性的指标有凝点、浊点和冷滤点。

① 凝点，又称凝固点，是指油料在一定的试验条件下，遇冷开始凝固而失去流动性的最高温度。我国柴油是按凝点划分牌号的。柴油的低温使用、运输和储存都要求其凝固点低于当地最低气温 3～6℃。

② 浊点，是指柴油中析出石蜡开始出现浑浊的最高温度。柴油达到浊点后虽未失去流动性，但易造成油路堵塞。

③ 冷滤点，是指在规定条件下，1min内通过过滤器的柴油不足20mL的最高温度。冷滤点与柴油实际使用的最低温度有良好的对应关系，可作为根据气温选用轻柴油的依据。一般冷滤点要高于凝点3～6℃，比浊点略低。在美国和欧洲一些国家，轻柴油是按冷滤点划分牌号的。

2. 发火性

柴油的发火性又称柴油的燃烧性，是指其自燃能力。如果柴油发火性差，会引起柴油机工作粗暴。

柴油的发火性可用十六烷值评定，是用两种发火性差异很大的烃作为基准物对比得出的数值。一种为正十六烷，发火性好，规定其十六烷值为100；另一种是$\alpha$-甲基萘，发火性差，规定其十六烷值为0。按不同比例将它们混合在一起，可获得十六烷值0～100的标准燃料。

柴油机的转速越高，燃烧速度越快，对十六烷值要求就越高。一般1000r/min以下的柴油机，应使用十六烷值35～40的柴油；1000～1500r/min的柴油机，应使用十六烷值40～45的柴油；1500r/min以上的柴油机，应使用十六烷值45～60的柴油。另外，十六烷值越高，车辆越易启动。但十六烷值不宜过高，否则柴油的低温流动性、雾化和蒸发性等均受到影响，致使燃烧不完全而降低发动机功率，增加油耗。

3. 蒸发性

柴油的蒸发性是指以液态转化为气态的性能。蒸发性好，柴油机启动性能就好，燃烧完全，不易稀释润滑油，油耗较低，积炭少，排烟较少；如果蒸发性过强，会影响储存及使用安全性，易使发动机产生工作粗暴现象。

4. 安定性

柴油的安定性包括储存安定性和热安定性。储存安定性是指柴油在运输、储存中保持其外观颜色、组成和使用性能不变的能力。热安定性是指在高温及溶解氧的作用下，柴油发生变质的倾向。

5. 黏度

柴油的黏度是表示柴油稀稠程度的一项指标。它可以用来表示油品流动性能的好坏。柴油的黏度一般是温度升高黏度变小，温度降低黏度变大。柴油的黏度大，雾化质量差，燃烧不完全，排气冒黑烟，油耗增大。但柴油黏度也不宜过小，否则会降低高压喷油泵中套筒和柱塞精密偶件间的润滑效果，使磨损加剧。

6. 抗腐性

柴油的抗腐性是指柴油阻止其相接触的金属被腐蚀的能力。柴油中含有硫及硫化物、水分及酸性物质，既对零件产生腐蚀作用，又促进柴油机沉积物的生成。评定柴油的抗腐性指标有硫含量、硫醇硫含量、酸度、水溶性酸和水溶性碱等。

7. 清洁性

柴油的清洁性用灰分、水分和机械杂质等指标评定。灰分是油中不能燃烧的矿物质，呈粒状，坚硬，是造成汽缸壁和活塞环磨损的重要原因之一。柴油中的机械杂质会造成供油系偶件的卡死，喷油器喷孔的堵塞。水分会降低柴油的发热量，冬季结冰堵塞油路，并增加硫化物对零件的腐蚀作用，还能溶解可溶性盐类，使灰分增大。

## 二、柴油的牌号与选择原则

GB/T 19147—2003《车用柴油》按凝点将我国车用柴油分为10号、5号、0号、−10号、−20号、−35号和−50号7种牌号。

柴油的选用依据主要是气温。选择原则是：

① 根据柴油使用地区风险率10%的最低气温选用柴油牌号。

风险率10%的最低气温应高于柴油的冷滤点。由于柴油的冷滤点一般高于凝点3～6℃，所以，也可以说，风险率10%的最低气温在数值上高于其牌号3～6个数即可满足选用要求。

② 在气温允许的情况下尽量选用高牌号柴油。

有些使用者认为选用的牌号越低越安全，对车越有利。其实不然，首先由于低牌号柴油凝点低，其炼制工艺复杂、生产成本高；其次由于柴油中凝点越低的成分燃烧性越差，使用时燃烧滞后期长，越容易发生工作粗暴现象，所以在气温允许的情况下应尽量选用高牌号柴油。

③ 注意季节气温变化对用油的影响。

对于那些季节气温变化较大的地区，如黑龙江、内蒙古、新疆等，应特别注意季节气温变化对用油的影响，及时改变用油牌号。

## 三、柴油的使用注意事项

1. 柴油的使用注意事项

① 不同牌号的柴油可以掺兑使用，以降低高凝点柴油的凝点。但应注意凝点的调整无严格的加成关系。例如−10号和−20号各50%掺兑后，其凝点不是−15℃，而是在−14～−13℃之间；也可在轻柴油中掺入10%～40%裂化煤油以降低凝点，掺兑后应注意搅拌均匀。

② 不能在柴油中掺入汽油，因为汽油发火性很差，掺进汽油会导致启动困难，甚至不能启动。

③ 低温启动时可采取预热措施，对进气管、机油及蓄电池等预热有利于启动；也可采用蒸发性好、自燃点低，又有一定十六烷值的低温启动液。低温启动液不能加入油箱与柴油混用，否则会造成气阻。

④ 要做好柴油净化工作。使用柴油前要经沉淀和过滤，沉淀时间不少于48h，以除去杂质。

2. 燃油加注时注意事项

① 加燃油时要停下机器。

② 加燃油时发动机加热器不可打开。否则会有火灾和爆炸的危险，可能导致人员受伤的结果。

③ 加注前，仔细清洁燃油箱上的加注口盖周围。

④ 加注燃油时，应同时观察燃油液位计。

⑤ 在寒冷季节期间，保持油箱装满，以防止水在油箱中冷凝。

## 知识与能力拓展

故障现象：燃油消耗量过高故障。

故障原因：

① 挖掘机油门机构故障，发动机经常在较大油门下工作。

② 怠速或空转时间过长。

③ 驾驶方法不正确，经常在低速挡行驶。

④ 发动机故障，自身消耗功率过大，导成挖掘机燃油消耗量过高故障。

⑤ 配气机构调整不当，气门间隙不正确，气门漏气。

⑥ 活塞环密封性差；活塞环磨损。

⑦ 燃烧室积炭；进气门积炭。

⑧ 汽缸磨损，配缸间隙过大，造成挖掘机燃油消耗量过高故障。

⑨ 空气滤清器堵塞，进气不畅。

⑩ 机油量不足，机油失效。

⑪ 离合器磨损，离合器间隙过小。

⑫ 轮胎磨损，轮胎气压不足。

⑬ 喷油泵额定供油量失调，造成挖掘机燃油消耗量过高故障。

⑭ 喷油泵柱塞磨损，喷油量和喷油压力失调。

⑮ 喷油器针阀开启压力不正确。

⑯ 喷油提前角不对。

要改善挖掘机燃料消耗过高的问题，提高其经济性确实是较难做到的，要细心检查原因，使挖掘机在最佳工作状况下工作。要从以下几方面作检查：检修油门控制机构，使控制机构灵活，控制自如；提高驾驶技术，使挖掘机在节油状态行驶；减少停车时间，维修和保养好挖掘机，在最佳状态下工作；调整配气机构，气门间隙不能过小，过小时可能使汽缸密封不严，也不能过大；定期更换空气滤清器滤芯，添加和更换好的机油；加注合格燃油，定期维修调整喷油泵，调好额定供油量；检查喷油泵喷油压力和喷油量，调整各喷油器针阀开启压力，检查喷油雾化情况，喷柱形状应符合规定；调整供油正时，保证喷油正时准确。

# 任务 2　机油的使用

## 学习目标

**知识目标：**

1. 掌握机油的作用；
2. 了解机油的性能指标和分类方法；
3. 掌握机油的选择和使用方法。

**能力目标：**

1. 能根据发动机的性能选择合适牌号的机油；
2. 能根据机油的性能指标初步判断机油的优劣。

## 相关知识

柴油机、汽油机都是内燃机，所用的润滑油叫内燃机润滑油，又称发动机润滑油（简称机油），是润滑系统的液态工作介质。

### 一、机油的作用

机油具有润滑、冷却、洗涤、密封、防蚀和缓冲的作用。

润滑作用：润滑运动零件表面，减小摩擦阻力和磨损，减小发动机的功率消耗。

冷却作用：机油在润滑系内循环带走摩擦产生的热量，起到冷却作用。

洗涤作用：机油在润滑系内不断循环，清洗摩擦表面，带走磨屑和其他异物。

密封作用：在运动零件之间形成油膜，提高它们的密封性，有利于防止漏气或漏油。

防锈蚀作用：在零件表面形成油膜，对零件表面起保护作用，防止腐蚀生锈。

减震缓冲作用：在运动零件表面形成油膜，吸收冲击并减小震动，起减震缓冲作用。

### 二、机油的性能指标

机油是润滑系统的工作介质，在十分苛刻的条件下（高速、高温、高压等）工作。机油极易变质，导致发动机零件摩擦表面难以形成理想的润滑状态，最终产生异常磨损。为保证内燃机油发挥正常功效，必须对其提出必要的要求。对机油的基本要求是：在工作期间必须能及时可靠地输送到各摩擦表面；在各种工况下都能形成足够牢固的油膜；及时导出热量，使机件维持正常温度；可靠地密封所有的间隙；从摩擦面带走磨屑和杂质；本身不具有腐蚀性，且能保护发动机零件不受外界腐蚀介质的作用，以免发生腐蚀和腐蚀性磨损；在零件表面形成的沉积物要少；理化性质稳定，在发动机工作过程中油的性质变化缓慢，适宜运输和储存。这些要求主要取决于机油的黏度、黏温性、抗腐性、抗氧性、抗磨性、抗泡性和清净分散性等性能指标。

1. 黏度

黏度就是液体流动时内摩擦力的量度，即液体的稀稠程度。黏度是机油的重要性能指标，对发动机零件在不同润滑状态的润滑作用有重要影响。它是发动机润滑油分类的依据，也是选用机油的主要依据。

黏度过小就不能形成润滑油膜，失去润滑功能；黏度过大则阻力太大，增加功率损失。因此，内燃机油的黏度要适当。

2. 黏温性

油品黏度随温度变化的特性称为黏温性。机油的黏度受温度影响较大，温度升高，黏度变小；温度降低，黏度变大。良好的黏温性是指油品的黏度随温度的变化程度小。

由于机油在发动机不同润滑部位的工作温度差别很大，因此，要求机油在高温工作时，能保持一定的黏度，以形成足够厚度的油膜，确保润滑效果；在低温工作时，黏度又不致变得太大，以维持一定的流动性，使发动机低温时容易启动。

只能适应较窄温度范围使用要求的机油称为单级油，为得到在宽温度范围都保持适当黏度的机油，必须在基础油中加入黏度指数改进剂（增稠剂）。这种机油具有良好的黏温性，能同时满足低、高温使用要求，被称为多级油。

评定机油黏温性的指标是黏度指数。黏度指数越大，黏度受温度的影响越小。

3. 抗腐性

机油抵抗腐蚀性物质腐蚀金属的能力，称为抗腐性。机油应具有良好的抗腐性。

由于机油在使用中，被氧化成有机酸，对金属产生腐蚀作用，使轴承表面出现斑点、麻坑，甚至成块剥落。所以机油对抗腐性指标有严格要求。提高抗腐性，要靠润滑油的精制程度，减少酸值，同时加入适量的抗腐添加剂（硫磷化的无机盐），它能在轴承表面形成防腐蚀保护膜，同时减少油料在使用中生成的氧化物，从而保护轴承不受腐蚀。

评定机油抗腐性的指标是中和值或酸值。

4. 抗氧性

在正常储存和使用条件下，石油产品抵抗氧化变质的能力，称为抗氧性。机油应具有良好的抗氧性。

机油在一定条件下便会发生化学反应，使机油的颜色变深、黏度增加、酸性增大，并析出沉积物。机油氧化是机油变质的前提，抗氧性是机油的重要性质。它是决定机油使用期限的重要因素，减缓机油氧化变质的主要途径有：选择合适的馏分，合理精制，添加抗氧剂或抗氧抗腐剂。

机油的抗氧性通过相应的发动机试验来评定。

5. 抗磨性

机油能够有效阻止或延缓发动机部件摩擦现象发生的特性，称为抗磨性。机油应具有良好的抗磨性。

如果发动机负荷增大时油膜被破坏，就会造成各部件之间干摩擦，引起摩擦表面磨损，甚至出现烧结。在机油中加入适量抗磨添加剂后，机油便具有了很强的抗磨性能，能够避免或减少机件磨损。

常见的抗磨添加剂包括油性剂、减摩剂和极压添加剂。油性剂的作用是增加吸附油膜的强度，减小摩擦因数，提高抗磨损能力；减摩剂（摩擦改进剂）可以改善运动机械的润滑状况，减小摩擦功率损失，达到节油目的；极压添加剂则能在高温下和金属表面起化学反应，形成一层高熔点的无机薄膜，这层化学薄膜的机械强度比原来的金属低，接触时容易被切断，以防止在高负荷下金属表面发生熔结、卡咬、划痕和刮伤。许多含硫磷的有机化合物对金属表面的吸附性很强，既是极压剂也是油性剂。聚四氯乙烯的减摩润滑性能优于二硫化钼和石墨，已制成多种类的减摩剂。

6. 抗泡性

机油消除泡沫的性质，称为抗泡性，机油应具有良好的抗泡性。

内燃机由于快速循环和飞溅，必然会产生泡沫。如果泡沫太多或泡沫不能迅速消除，将会造成摩擦表面供油不足，以致破坏正常润滑。控制抗泡性的方法是加入抗泡添加剂。

评定抗泡性的指标是生成泡沫的倾向和泡沫的稳定性。

7. 清净分散性

机油能抑制积炭、漆膜和油泥生成或将这些沉积物消除的性能，称为清净分散性。机油应具有良好的清净分散性。

积炭是指覆盖在汽缸盖、喷油嘴、活塞顶等高温区域，厚度较大的固体炭状物。漆膜主要产生在活塞环区和活塞裙部，是一种坚固的、有光泽的漆状薄膜，主要是烃类在高温和金属的催化作用下，经氧化、聚合生成胶质、沥青质等高分子聚合物。油泥是一种比较稳定的油水乳状体与多种杂质的凝聚物，属于低温沉积物。

清净分散性能良好的机油能使这些氧化物悬浮在油中，通过机油滤清器将其过滤掉，从而减少发动机汽缸壁、活塞和活塞环等部位上的沉积物，防止由于机件过热烧坏活塞环而引起汽缸密封不严、发动机功率下降、油耗增加等故障。

为了使机油具有良好的清净分散性，须在润滑油中加入清净分散添加剂。清净剂是一种具有表面活性的物质，能吸附油中固体污染物颗粒，并把它悬浮在油的表面，以保证参加循环的是清净的机油，减少高温沉积物和漆膜的形成；分散剂则能将油泥分子分散在油中，以便在机油循环过程中，将其滤掉。清净分散添加剂是它们的总称，还兼有洗涤、抗氧及抗腐等作用，被称为多效添加剂。

## 三、机油的分类、牌号及规格

机油的分类多采用黏度分类法和性能分类法，国际上广泛采用美国汽车工程师协会（SAE）的黏度分类法和美国石油协会（API）的使用性能分类法。

1. SAE 黏度分类

1911 年，美国汽车工程师协会（Society of Automotive Engineers，简称 SAE）制订了发动机润滑油黏度分类法，中间曾几次修改，目前执行的是 SAE J300—2000《发动机润滑油黏度分类》。

该标准采用含字母 W 和不含字母 W 两组系列黏度等级号划分，前者以最大低温黏度、最大低温泵送温度下的黏度和 100℃时的最小运动黏度划分；后者仅以 100℃时的运动黏度划分。

按美国汽车工程师协会（SAE）的黏度分类体系，发动机润滑油还有单黏度级和多黏度级（稠化机油）之分。

单黏度级发动机润滑油——只能满足低温或高温一种黏度级别要求的发动机润滑油。

多黏度级发动机润滑油——既能满足低温工作时黏度级别要求，又能满足高温工作时黏度级别要求的发动机润滑油。

多级油是由一些经黏度指数改进剂调配，具有多黏度等级的内燃机油，其低温黏度小，100℃运动黏度较高。

多级油用低温黏度级号与高温黏度级号组合来表示。主要有 5W/20、5W/30、10W/30、15W/40、20W/40 等牌号，牌号标记的分子 5W、10W、15W、20W 等表示低温黏度等级，牌号标记的分母 20、30、40 等表示 100℃时的运动黏度等级。

例如 5W/30，其含义为一种多黏度级发动机润滑油，这种油在低温使用时符合 SAE5W 黏度级；在 100℃时运动黏度符合 SAE30 黏度级。可见多级油可以四季通用。

2. API 使用性能分类

发动机机油的使用性能分类，是根据在发动机机油试验评定中所表现的抗磨性、清净分散性和抗氧化腐蚀性等确定其等级。

1970 年，美国石油协会（American Petroleum Institute，简称 API）、美国汽车工程师协会（SAE）和美国材料试验协会（American Society for Testing and Materials，简称 ASTM），共同提出了发动机机油的使用性能必须通过规定的发动机试验来确定，即 API 使用性能分类法。

API 使用性能分类法将汽油发动机润滑油规定为 S 系列（SERVICE STATION CLASSIFICATION，即加油站分类），包括 SA、SB、SC、SD、SE、SF、SG 和 SH 8 个级别。柴油发动机润滑油规定为 C 系列（COMMERCIAL CLASSIFICATION，即工商业分类），包括 CA、CB、CC、CD、CD-Ⅱ、CE 和 CF-4 7 个级别。

其宗旨是按发动机润滑油强化程度和工作条件的苛刻程度来划分发动机润滑油的等级，

以保证润滑油的使用性能。

3. 其他分类方法

(1) 润滑油的级别　美国石油协会的标准：API (1. CA，CB…CG；2. SL，SJ)。VOLVO 标准：VDS，VDS-2，VDS-3，…。欧洲汽车工业协会标准：ACEA (E2，E3，…)。

(2) 润滑油的黏度　美国汽车工程师协会黏度标准：SAE (5W，10W，30，50)，W 表示冷天气用油。

(3) 润滑油的总碱度 TBN　指润滑油中的含碱值，表示润滑油中和酸的能力。

润滑油中 TBN 值取决于燃油中含硫量，润滑油的最低总碱值应是燃油含硫量的 10 倍，新的润滑油的最低总碱值为 5。当使用过程中润滑油 TBN 降低到新加润滑油 TBN 的一半时，更换润滑油。燃油硫含量与润滑油的适宜 TBN 值如下：燃油中的硫低于 0.5%，TBN>5；燃油中的硫为 0.5%～1.0%，TBN<14；燃油中的硫高于 1.0%，TBN=14～20。

4. 国内常见的机油牌号及规格（见表 2-2-1）

**表 2-2-1　国内生产的机油种类**

| 分类方法 | 类(级)别 | 品　　种 |
|---|---|---|
| 黏度分类 | 单级油 | 20、30、40、50、60、0W、5W、10W、15W、20W、25W |
| | 多级油 | 5W/30、5W/40、10W/30、10W/40、15W/40、20W/40 |
| 性能分类 | 汽油机油 | SC、SD、SE、SF、SG、SH、SJ |
| | 柴油机油 | CC、CD、CD-Ⅱ、CE、CF-4、CG-4 |
| | 汽、柴油机通用油 | SD/CC、SE/CC、SF/CD、SH/CF-4 |
| | 船用柴油机油 | 船用汽缸油　10TBN、40TBN、70TBN<br>中速机油　12TBN、25TBN |
| | 铁路内燃机车机油 | 3 代油、4 代油 |
| | 二冲程汽油机油 | ERA、ERB、ERC、ERD |

## 四、机油的选择

选择合适的发动机机油是保证发动机正常工作、延长其使用寿命的重要条件。

机油的选择主要依据机械使用说明书，在没有使用说明书时，也可按柴油机的强化程度等进行选用。即应兼顾使用性能级别和黏度级别两个方面。

1. 使用性能级别的选择

机油使用性能级别的选择主要依据发动机润滑油的平均有效压力、活塞平均速度、机油负荷、使用条件和柴油含硫量等因素。发动机的平均有效压力、活塞平均速度等反映发动机的强化程度，用强化系数表示，见表 2-2-2。

**表 2-2-2　强化系数与柴油发动机润滑油使用性能级别的关系**

| 柴油机的强化程度 | 强化系数 | 要求的柴油发动机润滑油使用性能级别 |
|---|---|---|
| 高强化 | 大于 50 | CD 或 CE |
| 中强化 | 30～50 | CC |
| 低强化 | 小于 30 | CA（废除）或 CB(废除) |

2. 黏度级别的选择

选择发动机机油的黏度级别主要是根据气温、工况和发动机润滑油的技术状况。

① 应根据工作地区的环境温度、发动机负荷、转速选用适宜黏度等级的发动机润滑油，以保证零件正常润滑。

② 应尽量选用黏温特性好、黏度指数高的多级油。多级油使用温度范围比单级油宽，

具有低温黏度油和高温黏度油的双重特性。

如 5W/30 多级油同时具有 5W、30 两种单级油的特性，其使用温度区间由 5W 级油的 −30～10℃和 30 级油的 0～40℃组合成 −30～40℃。

与单级油相比，多级油极大地扩大了使用范围。这样不仅可以减少因气温变化带来更换发动机油的麻烦，而且可以减少发动机油的浪费。

一般我国南方夏季气温较高，对重负荷、长距离运输、工况恶劣的汽车应选用黏度较大的发动机润滑油。我国北方地区冬季气温低，应选用低黏度发动机润滑油，以保证发动机易于启动，减少零部件磨损。

发动机机油黏度级别的选择，还与发动机的技术状况有关。

新发动机应选择黏度较小的发动机机油；磨损严重的发动机应选择黏度较大的发动机机油。发动机机油的黏度要保证发动机润滑油低温易于启动，而走热后又能维持足够黏度保证正常润滑。从工况方面考虑，重载低速和高温下应选择黏度较大的发动机机油；轻载高速应选择黏度较小的发动机机油。

## 技能操作

### 一、机油的更换

机油的更换间隔根据机油的等级和燃油的含硫量可以在 50～600h 之间变化。但最长不允许超过 12 个月。

如果想使用比原来更长的时间，则必须通过润滑油厂家的正规油品检测并确定后才能继续使用。沃尔沃挖掘机采用专用机油，见图 2-2-1。

图 2-2-1　VOLVO 专用机油

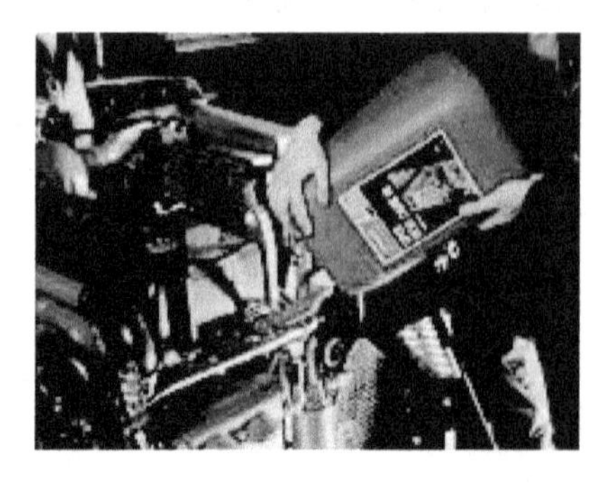

图 2-2-2　机油的更换

机油的更换（见图 2-2-2）步骤为：

① 把本机器放在维修保养位置。

② 在发动机机油盘底部的保护帽下放一个大小合适的容器。

③ 打开加注口帽。

④ 拆下底部保护帽并附加一根排油软管。

⑤ 将机油排到一个容器中。

⑥ 断开软管并安装保护帽。

⑦ 从机油加注口盖加注机油。

⑧ 检查油尺上的机油液位。

⑨ 再次关闭加注口盖。

⚠注意！润滑油过滤器必须跟润滑油一起更换。

## 二、机油使用注意事项

1. 机油的正确使用

机油的错误使用可导致发动机运动部件磨损加速，缩短发动机的使用寿命；降低发动机运动部件的冷却效果，严重的可导致发动机急剧损坏；缩短机油的更换时间，浪费资源。故在使用时应注意以下问题。

① 要注意使用中润滑油颜色、气味的变化，有条件者可以定期检查润滑油的各项性能指标，一旦发现颜色、气味以及性能指标有较大变化，应及时更换，不应教条地照搬换油期限。

② 换油时应采用热机放油方法。

③ 加注发动机润滑油要注意适量。

④ 要定期检查清洗发动机润滑油滤清器，清理油底壳中的脏杂物。

⑤ 要避免不同牌号的发动机润滑油混用，以免相互起化学反应。

⑥ 选购时，应尽可能地购买有影响、有知名度的正规厂家的发动机润滑油，要特别注意辨别真假，确保润滑油的品质。

2. 机油使用八忌

① 忌选用黏度偏高的润滑油。

② 忌随意选择代用油品。

③ 忌使用中只添不换。

④ 忌把润滑油颜色变黑作为更换润滑油的主要依据。

⑤ 忌润滑油加注量过多。

⑥ 忌不了解发动机的结构特点选择润滑油。

⑦ 忌储存、使用中混入水分。

⑧ 忌选用劣质冒牌润滑油。

## 知识与能力拓展

### 挖掘机烧机油故障的常见成因及解决方法

① 有可能是空气滤清器变脏，不经常清洁和更换，导致空气中的粉尘微粒进入发动机磨损了缸筒活塞，导致挖掘机烧机油。

② 挖掘机在使用过程中注意发动机的下窜气是否厉害，如果发动机的下窜气厉害的话

就会导致修发动机故障从而造成挖掘机烧机油。

③ 挖掘机发生烧机油故障后检查涡轮增压器、进气门，如果没法发现问题就需要检查是否是发动机故障引起的挖掘机烧机油故障。

④ 再有就是挖掘机机油未按正常更换和使用了非正品挖掘机机油。

润滑油品质及燃油含硫量对润滑油更换周期的影响见表 2-2-3。

表 2-2-3 润滑油品质及燃油含硫量对润滑油更换周期的影响

| 机油质量级别 | 燃油中的硫含量 | | |
|---|---|---|---|
| | <0.3% | 0.3%～0.5% | >0.5% |
| | 润滑油更换周期，以先到为准 | | |
| | 机油更换间隔 | | |
| 沃尔沃 Ultra 柴油发动机机油或 VDS-3 或者 VDS-2＋ACEA-E7 或者 VDS-2＋API CI-4 或 VDS-2＋EO-N Premium plus | 500h | 250h | 125h |
| VDS-2 | 250h | 125h | 75h |
| VDS＋ACEA-E3 或 ACEA：E7，E5，E4，或 API：CI-4，CH-4，CG-4 | 125h | 75h | 50h |

注：1. 矿物油、完全或部分的合成油只要符合上面的等级要求都可以被使用。

2. 如果硫含量所占质量比>1.0% 时则润滑油的 TBN>15。

3. 润滑油必须符合两者的要求。注意 API：CG-4 或 CH-4 在欧洲以外的市场是适用的（代替 ACEA A3)。

VDS ＝ Volvo 专用　　ACEA ＝ 欧洲汽车工业协会

API ＝ 美国石油协会　　TBN ＝ 总碱值

# 任务 3　润滑脂的使用

## 学习目标

**知识目标：**

1. 了解润滑脂的组成、性能指标和分类；
2. 掌握润滑脂的选择和使用方法。

**能力目标：**

1. 能根据用脂部位的工作条件选择合适牌号的润滑脂；
2. 能根据润滑脂的性能指标初步判断润滑脂的优劣。

## 相关知识

采用润滑油润滑，一般需要相对密闭的空间，否则会造成润滑油的流失，同时需要相应的润滑系统保证润滑油到达润滑部位。但是，在机械设备上，有些场合不具备上述条件，比如挖掘机的履带。

那么怎么办呢？人们自然考虑：有润滑，但是不能流失。

有润滑——需要润滑油；

不流失——需要稠化剂。

这样，润滑脂就应运而生。

## 一、润滑脂的组成、分类

润滑脂（俗称黄油、黄干油或黄黏油）是将稠化剂分散于液体润滑剂中所形成的一种稳定的固体或半固体产品，其中可以加入旨在改善润滑脂某种特性的添加剂及填料。

润滑脂在常温下可附着于垂直表面不流失，并能在敞开或密封不良的摩擦部位工作，具有其他润滑剂所不可替代的特点。

因此，在工程机械和汽车上的许多部位都使用润滑脂作为润滑材料。

1. 润滑脂的组成

润滑脂主要由稠化剂、基础油、添加剂三部分组成。基础油的质量分数为75%～90%，稠化剂的质量分数为10%～20%，添加剂及填料的质量分数在5%以下。

（1）基础油　基础油是润滑脂分散体系中的分散介质，它对润滑脂的性能有较大影响。一般润滑脂多采用中等黏度及高黏度的石油润滑油作为基础油，也有一些为适应在苛刻条件下工作的机械润滑及密封的需要，采用合成润滑油作为基础油，如酯类油、硅油、聚α-烯烃油等。

（2）稠化剂　稠化剂是润滑脂的重要组分，分散在基础油中并形成润滑脂的结构骨架，使基础油被吸附和固定在结构骨架中。

润滑脂的抗水性及耐热性主要由稠化剂所决定。用于制备润滑脂的稠化剂有两大类：皂基稠化剂（即脂肪酸金属盐）；非皂基稠化剂（烃类、无机类和有机类）。

皂基稠化剂分为单皂基（如钙基脂）、混合皂基（如钙钠基脂）、复合皂基（如复合钙基脂）三种。90%的润滑脂是用皂基稠化剂制成的。

（3）添加剂与填料　一类添加剂是润滑脂所特有的，叫胶溶剂，它使油皂结合更加稳定，如甘油与水等。钙基润滑脂中一旦失去水，其结构就完全被破坏，不能成脂，如甘油在钠基润滑脂中可以调节脂的稠度。

另一类添加剂和润滑油中的一样，如抗氧、抗磨和防锈剂等，但用量一般比润滑油中多。

有时，为了提高润滑脂抵抗流动和增强润滑的能力，常添加一些石墨、二硫化钼和炭黑等作为填料。

2. 润滑脂的分类

润滑脂品种复杂，牌号繁多，可按组成和用途来进行分类。

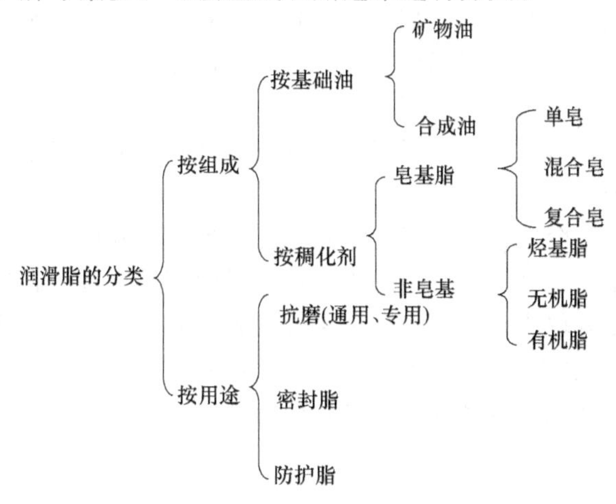

## 二、润滑脂的性能指标

1. 稠度

在规定的剪力或剪速下，测定润滑脂结构体系变形程度以表达体系的结构性，即为稠度的概念。

稠度是一个与润滑脂在所润滑部位上的保持能力和密封性能，以及与润滑脂的泵送和加注方式有关的重要性能指标。

2. 高温性能

温度对于润滑脂的流动性具有很大影响，温度升高，润滑脂变软，使得润滑脂附着性能降低而易于流失。另外，在较高温度条件下还易使润滑脂的蒸发损失增大，氧化变质与凝缩分油现象严重。

润滑脂失效的主要原因，大多是由于凝胶的萎缩和基础油的蒸发损失所致，即润滑脂失效过程的快慢与其使用温度有关。

高温性能好的润滑脂可以在较高的使用温度下保持其附着性能，其变质失效过程也较缓慢。

3. 低温性能

由于润滑油的黏度随温度的升高而减小，所以同一种润滑油，由于温度不同，黏度也不同，这种特性称之为黏温特性。

润滑脂的黏温特性则要比润滑油复杂，因为润滑脂结构体系的黏温特性还要随剪力的变化而改变。润滑脂在一定温度条件下的黏度是随着剪切速率而变化的变量，这种黏度称之为相似黏度，单位为 Pa·s。润滑脂中相似黏度随着剪切速率的增高而降低。但当剪切速率继续增加，润滑脂的相似黏度接近其基础油的黏度后便不再变化。

4. 极压性与抗磨性

涂在相互接触的金属表面间的润滑脂所形成的脂膜，能承受来自轴向与径向的负荷，脂膜具有的承受负荷的特性就称为润滑脂的极压性。

一般而言，在基础油中添加了皂基稠化剂后，润滑脂的极压性就增强了。在苛刻条件下使用的润滑脂，常添加有极压剂，以增强其极压性。

润滑脂通过保持在运动部件表面间的油膜，防止金属对金属相接触而磨损的能力称为抗磨性。

润滑脂的稠化剂本身就是油性剂，具有较好的抗磨性。

在苛刻条件下使用的润滑脂，添加有二硫化钼、石墨等减摩剂和极压剂，因而具有比普通润滑脂更强的抗磨性，这种润滑脂被称为极压型润滑脂。

5. 抗水性

润滑脂的抗水性表示润滑脂在大气湿度条件下的吸水性能，要求润滑脂在储存和使用中不具有吸收水分的能力。

润滑脂吸收水分后，会使稠化剂溶解而致滴点降低，引起腐蚀，从而降低保护作用。有些润滑脂，如复合钙基脂，吸收大气中的水分还会导致变硬，逐步丧失润滑能力。

润滑脂的抗水性主要取决于稠化剂的抗水性与乳化性。汽车与工程机械在使用过程中，底盘各摩擦点可能与水接触，这就要求润滑脂具有良好的抗水性。抗水性差的润滑脂吸收大气中水分或遇水后往往造成稠度降低甚至乳化而流失。

6. 防腐性

防腐性是润滑脂阻止与其相接触金属被腐蚀的能力。

润滑脂的稠化剂和基础油本身是不会腐蚀金属的。使润滑脂产生腐蚀性的原因很多，主要是由于氧化产生酸性物质所致。一般而言，过多的游离有机酸、碱都会引起腐蚀。

7. 胶体安定性

胶体安定性是指润滑脂在储存和使用时避免胶体分解，防止液体润滑油析出的能力。

润滑脂发生皂油分离的倾向性大则说明其胶体安定性不好，将直接导致润滑脂稠度改变。

8. 氧化安定性

润滑脂在储存与使用时抵抗大气的作用而保持其性质不发生永久变化的能力称为氧化安定性。

润滑脂的氧化与其组分，也即稠化剂、添加剂及基础油有关。润滑脂中的稠化剂和基础油，在储存或长期处于高温的情况下很容易被氧化。

氧化的结果是产生腐蚀性产物、胶质和破坏润滑结构的物质，这些物质均易引起金属部件的腐蚀和降低润滑脂的使用寿命。

由于润滑脂中的金属（特别是锂皂）或其他化合物对基础油的氧化具有促进作用，所以，润滑脂的氧化安定性很大程度上取决于基础油的氧化安定性，且其氧化安定性要比其基础油差，因此润滑脂中普遍加入抗氧剂。

9. 机械安定性

机械安定性是指润滑脂在机械工作条件下抵抗稠度变化的能力。

机械安定性差的润滑脂，使用中容易变稀甚至流失，影响脂的寿命。

## 三、润滑脂的选择

润滑脂的选择应根据车辆和机械设备使用说明书的规定，选用与用脂部位工作条件相适应的润滑脂品种和稠度牌号。

所谓按工作条件选用，主要指以下几项：

1. 最低操作温度和最高操作温度

被润滑部位的最低操作温度应高于选用润滑脂第二个字母A、B、C、D、E所对应的0℃、−20℃、−30℃、−40℃、<−40℃的低温界限，否则在启动和运转时，将会造成摩擦和磨损增加；被润滑部位的最高操作温度应低于第三个字母A、B、C、D、E、F、G所对应的60℃、90℃、120℃、140℃、160℃、180℃、>180℃的高温界限。

高温界限要比滴点低20～30℃或更低。操作温度若达到滴点会因脂流失而失去润滑作用。也不能离滴点太近，否则因基础油蒸发，氧化加剧，造成寿命缩短。如轮毂轴承，若工作温度范围为−30～120℃，对应的第二、三个字母应为C、C。

2. 水污染

包括环境条件和防锈性。

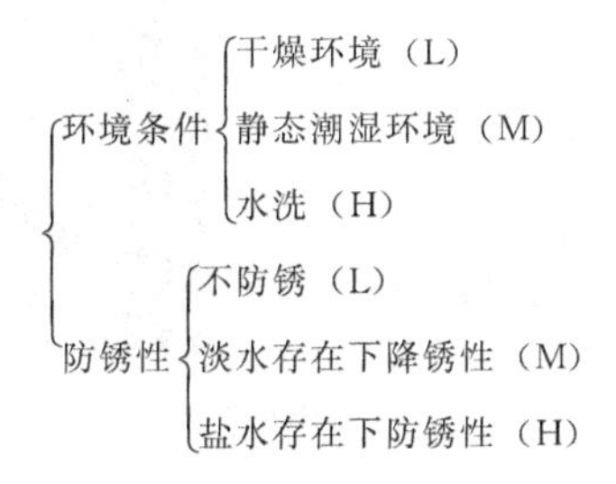

3. 负荷

负荷是指摩擦面单位面积所受的压力。根据高负荷和低负荷的工作条件分别选用极压型润滑脂（B）或非极压型润滑脂（A）。

4. 稠度牌号

稠度牌号与环境温度及转速、负荷等因素有关。一般高速低负荷的部位，应选用稠度牌号低的润滑脂。若环境温度较高时，稠度牌号可提高一级。

## 四、润滑脂的使用应注意事项

① 轮毂轴承是主要用脂部位，宜全年使用 2 号脂（南方），或冬用 1 号夏用 2 号脂（北方）。

② 轮毂轴承润滑脂使用到严重断油、分层或软化流失前必须更换。

③ 按使用说明书规定及时向各润滑点注脂。

④ 石墨钙基润滑脂因其中有鳞片状石墨（固体），不能用于高速轴承上，否则会导致轴承损坏。而钢板弹簧等负荷大、滑动速度低的部位，则必须使用石墨钙基润滑脂，石墨作为固体润滑剂不易从摩擦面挤出，可起到持久的润滑作用。

⑤ 各种稠化剂制成的润滑脂不能互相混用，否则可能破坏其胶体结构而失去原有的性能。

⑥ 润滑脂一旦混入杂质便难以除去，在保存、分装和使用过程中，严格防止灰、砂和水分等外界杂质污染，容器和注脂工具必须干燥清洁；尽可能减少脂与空气接触；作业场所要清洁无风沙；轴承及注脂口在加脂前必须洗干净；作业完毕，盛脂容器和加注器管口应立即加盖或封帽。

⑦ 润滑脂一次加入的量不能过多，否则会使机件的运转阻力增加，工作温度升高。

⑧ 润滑脂一般不能和润滑油混用。

## 技能操作

### 润滑脂的加注方法及设备

在给各个用脂部位（润滑点）加注润滑脂时，使用专用的润滑脂加注设备（见图 2-3-1）可以收到事半功倍的效果，而且润滑脂损失量小，经济性好。

手动黄油枪适用于润滑点数量少，分布不集中的场合使用。

气动黄油加注机适用于换油中心、车间生产线、冶金、工程机械、汽车、机械设备、轮船、农用车辆等场合黄油脂的润滑输送和加注。也广泛用于车辆零部件行业中门锁、制动器、雨刷器、座椅导轨等部位加脂，轴承行业中压盖前加脂。

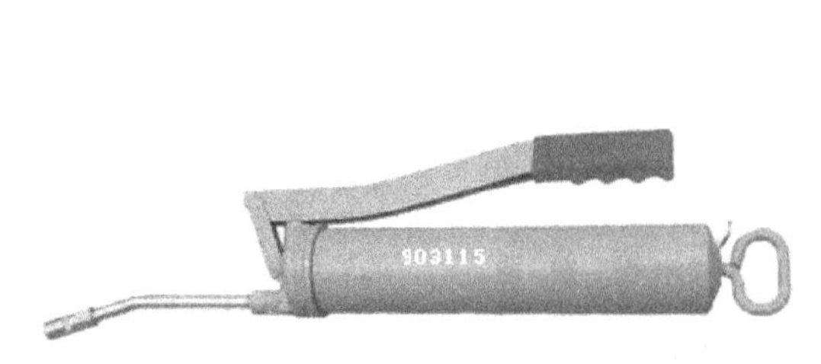

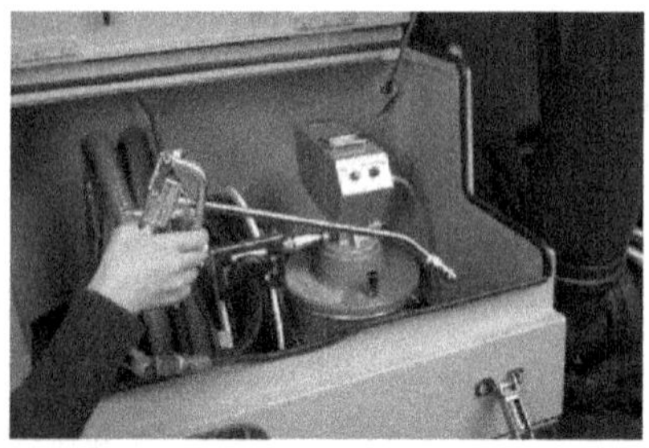

图 2-3-1　润滑脂加注设备

# 任务4 齿轮油的使用

## 学习目标

**知识目标:**

1. 了解齿轮油的性能指标和分类;
2. 掌握齿轮油的选择和使用方法。

**能力目标:**

1. 能根据齿轮的工作条件选择合适牌号的齿轮油;
2. 能根据齿轮油的性能指标初步判断齿轮油的优劣。

## 相关知识

齿轮油用于机械式变速器、驱动桥、转向器的齿轮、轴承和轴等零件的润滑，具有减摩、冷却、清洗、密封、防锈、降噪等作用，但其工作条件与发动机润滑油不同，因而对齿轮油的性能要求也不同。

### 一、齿轮油的工作条件

① 齿轮油相对发动机机油的工作条件，它的工作环境较为密闭，工作温度不高，油温升高由传动部件摩擦产生的热量引起，以及长时间连续工作，或怠速运行，受发动机热量辐射影响较大。

② 承受压力大。齿轮在啮合过程中，齿与齿之间的接触为线接触，接触面小，因而啮合部位单位面积的接触压力达2000～3000MPa，而双曲面齿轮相对滑动速度大，单位面积的接触压力达3000～4000MPa。

### 二、齿轮油的性能要求

1. 具有良好抗磨性

抗磨性是指齿轮油在运动部件间摩擦表面形成和保持油膜，防止金属之间相互接触，减少磨损的能力。

齿轮油的抗磨性主要取决于油性和极压性（承载能力）。油性是指齿轮油能吸附在零件的摩擦表面上形成油膜以减少摩擦和磨损的性能。极压性是指在摩擦表面接触压力非常高，油膜容易产生破裂的极高压力润滑条件下，防止对摩擦表面产生烧结、胶合等损伤的性能，也叫承载能力。

2. 黏度和黏温性

齿轮油与发动机机油一样必须有适宜的黏度和良好的黏温性。

一般来说，使用高黏度齿轮油对防止机件损伤、减少噪声有利，而传动效率、冷却作用及油的传送性等方面，却是低黏度齿轮油较好。

3. 氧化安定性

齿轮油受齿轮运动时的搅拌，以及和氧气的不断接触，在金属的催化作用下形成各种氧化物，使齿轮油的黏度增加，颜色变深，酸值升高，沉淀物增多、颜色变深，并引起对机件的腐蚀，致使齿轮油的抗泡沫性和抗氧化性变差，从而不得不更换齿轮油。

氧化安定性好的齿轮油，使用周期就长。因此，通常在齿轮油中都加有抗氧化剂，以改善氧化安定性。

4. 防锈性和防腐性

防锈性是指齿轮油防止金属产生锈蚀的性能。防腐性是指齿轮油防止金属腐蚀的性能。

金属件的生锈主要是齿轮油中有氧和水的存在而引起的。而腐蚀则是油中的酸性物和硫化物引起的。通常在齿轮油中都加有防锈添加剂和防腐添加剂来改善。

5. 抗泡沫性

齿轮油在齿轮运动时激烈的搅拌下会产生许多小气泡。小气泡若很快消失，则不影响使用。若形成安定的泡沫不再消失而产生乳化变质，便会在齿面上发生溢流，破坏润滑油膜，加剧磨损。

## 三、齿轮油的分类

同机油相似，齿轮油国际上分类主要有黏度和性能两种分类方法。

1. SAE 车辆齿轮油黏度分类

如 70W、75W、80W、85W、90、140、250，其中后缀加 W，表示冬季用油。齿轮油也有多级油，例如 80W/90、85W/90 等。

2. API 车辆齿轮油使用性能分类

按齿轮油负荷承载能力和使用场合不同，API 将机械式变速器和驱动桥齿轮油分为 GL-1、GL-2、GL-3、GL-4、GL-5 和 GL-6 六个级别。级别中数值排列越靠后，级别越高，表示齿轮油越能满足更为苛刻的工作要求。

3. 我国车辆齿轮油分类

黏度分类方法与 SAE 车辆齿轮油黏度分类相同，使用性能只分为 CLC、CLD、CLE 三类。CLC——普通车辆齿轮油，对应 API 使用分类中的 GL3；CLD——中负荷车辆齿轮油，对应 API 使用分类中的 GL4；CLE——重负荷车辆齿轮油，对应 API 使用分类中的 GL5。

对于特定的车辆齿轮油应写成 GL-4 90、GL-5 80W/90。90 号是一种单级油，80W/90 则是一定地区范围内冬夏通用油。

## 四、齿轮油的选择

应按车辆使用说明书的规定选择与该车型相适应的齿轮油品种和牌号，还可以参照下列原则选油：

① 根据齿轮类型和工作条件选择齿轮油的品种——使用级别。齿轮油的使用级别，应按照使用说明书中的规定或根据传动机构工作条件的苛刻程度来选择。工作条件主要是指齿面压力、滑动速度和油温等。而这些工作条件又取决于传动装置的齿轮类型。故齿轮油的使用级别一般按齿轮的类型和传动装置的功能来选择。

例如车辆传动机构中，后桥减速器的工作条件较为苛刻，特别是准双曲面齿轮，负荷重、滑动速度高，比其他齿轮对齿轮油的要求要高，使用温度也要高一些，工作条件比较苛刻，因此，要选择质量级别较高的 GL-5 或更高级别的齿轮油。机械式变速器的齿轮均为圆柱直齿齿轮或斜齿轮，负荷一般低于 2000MPa，转速较快，容易形成流体（轻负荷）或弹性流体（重负荷）润滑膜；各挡齿轮交替工作，其工作条件比主减速齿轮（尤其是准双曲面齿轮）温和，普通齿轮润滑油 GL-4 就可以满足其润滑要求。

② 根据使用环境最低温度和传动装置最高油温来选择齿轮油的牌号——黏度级别。车辆齿轮油的最低黏度级别，应根据最低气温和最高油温，并同时考虑车辆齿轮油换油周期较长等因素来选择。

一般地区，90 号油可满足其使用要求，只有在天气特别热或负荷特别重的车辆上使用 140 号油。长江流域及其他冬季气温不低于－10℃的广大地区，可全年使用 90 号油；长江以北及其他冬季气温不低于－12℃的广大地区，可全年使用 85W/90 号油，负荷特别重的车辆上可全年使用 85W/140 号油；长城以北及其他冬季气温不低于－26℃的地区，可全年使用 80W/90 号油；黑龙江、内蒙古、新疆等冬季气温最低气温在－26℃以下的严寒地区，冬季应使用 75W 号油，夏季则换用 90 号单级油。

## 技能操作

### 齿轮油的更换与使用注意事项

1. 行走齿轮油的更换步骤

① 撑起一边行走转动马达，将放油口转到最底端，然后落地，另一边也一样转到位置。挖掘机熄火，将钥匙拔出。

② 将行走减速器端盖上及六角孔里的杂物清除干净。

③ 依次从上到下拆固定螺栓，放出齿轮油。

④ 等油放干净。

⑤ 可从最上面加入少量新齿轮油，将原先沉淀物冲一下。

⑥ 堵上放油口，从加油口加入规定牌号齿轮油，一直到观察口有油流出为止。

⑦ 将螺栓上紧，行走齿轮油加好了，另一边行走同样操作。

2. 齿轮油使用的注意事项

① 不同等级的车辆齿轮油不能混用且不能将使用级（品种）较低的齿轮油用在要求较高的车辆上。如将普通齿轮油加在准双曲面齿轮驱动桥中，将使齿轮很快磨损和损坏。使用级较高的齿轮油可以用在要求较低的车辆上，过多降级使用在经济上不合算。

② 不要误认为高黏度齿轮油的润滑性能好。使用黏度牌号太高的齿轮油，将使燃料消耗显著增加，特别是高速轿车影响更大，应尽可能使用合适的多级齿轮油。

③ 齿轮油面一般要加到与齿轮箱加油口下缘平齐，不能过高、过低，应经常检查各齿轮箱是否渗漏，并保持各油封、衬垫完好。

④ 齿轮油的使用寿命较长，如使用单级油，在换季维护时换用不同的黏度牌号，放出的旧油若不到换油指标，可在再次换油时使用。旧油应妥善保管，严防水分、机械杂质和混油污染。

⑤ 应按规定的换油指标换用新油。无油质分析手段时，可按期换油。如 VOLVO 液压挖掘机的回转齿轮油应 1000h 更换一次，换油时应趁热放出旧油，并清洗齿轮箱。

## 知识与能力拓展

**故障案例：**挖掘机行走齿轮不正常磨损。

**故障分析：**

① 少齿轮油。在挖掘机上行走牙箱齿轮油是没有油标尺的，无法衡量齿轮油的多少，

最有可能是齿轮油少，导致行走牙箱齿轮打烂。

② 齿轮油变脏。齿轮油长时间处于封闭状态，加上运行时高温环境，若没有及时更换齿轮油就会引起齿轮油变脏，导致齿轮加快磨损，降低其使用寿命。

解决方法，经常检查齿轮油是否充足，有无泄漏，按期更换齿轮油。

# 任务 5 液压油的使用

## 学习目标

**知识目标：**

1. 了解液压油的性能指标和分类；
2. 掌握液压油的选择和使用方法。

**能力目标：**

1. 能根据工作装置的工作条件选择合适牌号的液压油；
2. 能根据液压油的性能指标初步判断液压油的优劣；
3. 能进行液压油的更换。

## 相关知识

液压系统工作的可靠性和使用寿命，取决于液压油的性能和正确使用。挖掘机的液压系统，使用液压油作为工作介质。这类液压系统中，油液的流速不大，但工作压力较高，故称静压传动。静压传动装置主要由动力机构、控制机构、执行机构、辅助装置、工作介质等部分组成。

### 一、液压油的性能要求

为保证液压系统正常工作，对液压油的使用性能要求：工作中的不可压缩性和良好的流动性。液压油的空气释放性、起泡性、黏温性和抗剪切性能等，都是为了保证实现上述两个基本要求。

1. 保持液压油的不可压缩性

液体在外力作用下不易改变其体积，所以通常说液体是不可压缩的。但空气混入后会影响其不可压缩性。为了保持液压油的不可压缩性，一方面要尽量防止空气混入液压系统；另一方面要在液压油中加入抗泡剂。

液压油不可压缩性相关的指标：空气释放值，它用在50℃时的每分钟不大于某值来表示；以及起泡性（泡沫倾向/泡沫稳定性）等。

2. 良好的流动性

油液的流动性影响着能量的传递效果，它与油液的倾点、黏度和黏温性等指标有关。在宽温度范围使用的液压油里应加入黏度指数改进剂，这种液压油被称为高黏度指数液压油。

3. 良好的剪切稳定性

改善液压油的黏温性，加入的黏度指数改进剂多是高分子聚合物，在切应力作用下，分子断裂，将使黏度下降，黏温性变差。

工作时，如泵的转动和阀门间隙中的小孔，都会产生剪切作用，因此，加有黏度指数改进剂的液压油，应具备良好的剪切稳定性，通过规定的剪切试验，测其黏度损失，常用某一温度下黏度下降的百分数来表示。

4. 良好的抗磨性

液压泵的发展趋势是高压、高速、小流量。要求液压油具有一定的极压抗磨性，目的在于降低机械摩擦，保证主机的使用寿命。

5. 良好的氧化安定性

液压油氧化后生成的胶质和沉积物会影响液压系统的正常工作，特别是系统的稳定性及控制机构的精度和准确性；同时生成的酸性氧化物会使设备受到腐蚀。办法是对液压油的基础油进行深度精制，并加入抗氧剂。

此外液压油还要求具有：良好的防腐性、防锈性、抗乳化性和橡胶密封材料的适应性。在有热源条件下工作的有难燃性的要求。

## 二、液压油的分类及选择

1. 液压油分类

按国家标准规定，液压油属于 L 类（润滑剂和有关产品）中 H 组（液压系统），并采用统一的命名方法，液压油的黏度等级按 GB/T 3141—1994《工业液体润滑剂 ISO 黏度分类》的规定，等效采用国际标准 ISO 的分类，以 40℃运动黏度的中间点黏度划分黏度等级，常用 10～150 各级的中间点运动黏度及运动黏度范围。其一般形式为：

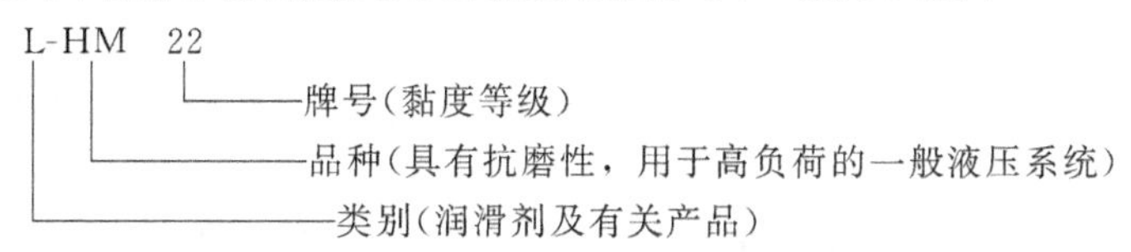


2. 液压油的选择

选用液压油时，应首先采用随车使用手册推荐使用的液压油。如沃尔沃 XD3000 抗磨液压油。如果没有推荐时，根据以下要求选择。

(1) 根据液压设备的工作环境和运转工况选择液压油，液压设备在不同工作环境和运转工况（压力、温度）下，可对照表 2-5-1 选择合适的液压油品种。

(2) 根据液压泵的类型、压力和工作温度选择液压油，液压油的黏度应能保证液压系统在可能遇到的低温环境条件下工作灵敏可靠，并在高温条件下保持较高的效率。应根据黏度要求选用液压油的黏度牌号。

**表 2-5-1　液压油的选择**

| 运转工况 | 压力/MPa | ＜7 | 7～14 | 7～14 | ＞14 |
|---|---|---|---|---|---|
| | 温度/℃ | ＜50 | ＜50 | 50～80 | ＞80 |
| 工作环境 | 温度变化不大的环境 | HL | HL、HM | HM | HM |
| | 寒区和严寒地区 | HR | HV | HV、HS | HV、HS |

工程机械液压系统工作持续时间长，特别是一些高性能的进口工程机械，其液压系统具有高压、低速、大转矩和大流量等特点，夏季工作温度可达 80℃以上，需选用黏度牌号较高的抗磨液压油。

## 技能操作

### 液压油的更换

液压挖掘机一般在运转 2000h 以后就需要更换液压油，否则将使系统污染，造成液压系统故障。据统计，液压系统的故障中 90%左右是由系统污染所造成的。

1. 准备工作

① 熟悉液压系统的工作原理、操作规程、维修及使用要求，做到心中有数，不盲目蛮干。

② 按说明书上规定的油品准备新油，新油使用前要沉淀 48h。

③ 准备好拆卸各管接头用的工具、加注新油用的滤油机、液压系统滤芯等。

④ 准备清洗液、刷子和擦拭用的绸布等。

⑤ 准备盛废油的油桶。

⑥ 选择平整、坚实的场地，保证机器在铲斗、斗杆臂完全外展的工况下能回转无障碍，动臂完全举升后不碰任何障碍物，离电线的距离应大于 2m。

⑦ 准备 4 块枕木，以便能前后挡住履带。

⑧ 作业人员至少需 4 人，其中：驾驶员、现场指挥各一人，换油人员 2 人。

2. 换油方法及步骤

① 将动臂朝履带方向平行放置，并在向左转 45°位置后停止，使铲斗缸活塞杆完全伸出，斗杆缸活塞杆完全缩回，慢慢地下落动臂，使铲斗放到地面上，然后将发动机熄火，打开油箱放气阀，来回扳动各操作手柄、踩踏板数次，以释放自重等造成的系统余压。

② 用汽油彻底清洗各管接头、泵与马达的接头、放油塞、油箱顶部加油盖和底部放油塞处及其周围。

③ 打开放油阀和油箱底部的放油塞，使旧油全部流进盛废油的油桶中。

④ 打开油箱的加油盖，取出加油滤芯，检查油箱底部及其边、角处的残留油品中是否含有金属粉末或其他杂质。彻底清洗油箱，先用柴油清洗两次，然后用压缩空气吹干油箱内部。检查内部边角处是否还有残留的油泥、杂质等，直至清理干净为止，最后再用新油冲洗一遍。

⑤ 拆下系统内所有滤清器的滤芯。更换滤芯时，要仔细地检查滤芯上有无金属粉末或其他杂质，这样可以了解系统中零件的磨损情况。

⑥ 从加油口给油箱加油。先将加油滤芯安装好，再打开新油油桶，用滤油机将新油注入油箱内，将油加至油标的上限处为止，盖好加油盖。

⑦ 当全部油换完后，还须再一次排放系统中的残存空气，因为此残存空气会引起润滑不良、振动、噪声及性能下降等。因此，换完油后应使发动机至少运转 5min，再来回数次慢慢地操作动臂、斗杆、铲斗及回转动作；行走系统若处于单边支起履带的状态下，可使液压油充满整个系统，残存的空气经运动后便会自动经油箱排放掉。

⑧ 复检油箱油位。将铲斗缸活塞杆完全伸出、斗杆缸活塞杆完全缩回，降落动臂使铲斗着地；查看油箱油位是否在油位计的上限与下限之间，如油面低于下限，应将油添加到油面接近上限为止。

3. 液压油更换注意事项

① 在换油过程中，当油箱未加油，以及液压泵和马达的腔内未注满油时，严禁启动发

动机。

② 换油过程中，履带前、后必须放置挡块，回转机构插上锁销；铲斗、斗杆和动臂等动作时，严禁其下方或动作范围内站人。

③ 挖掘机上部回转或行走时，驾驶员一定要按喇叭，做出警示。严禁上部站人，以及履带和回转范围内站人。

④ 作业现场，严禁吸烟和有明火。

⑤ 换油时，最好当天完成，不要隔夜，因为夜间或降温时，空气中的水分会形成水蒸气而凝结成水滴或结霜，并进入系统而使金属零件锈蚀，造成故障隐患。

## 知识与能力拓展

挖掘机液压油可谓是液压机械的“血液”，大多数液压系统的故障都可以通过检测、观察液压油的状况来查找故障的原因，从而排除故障。

常见故障案例：挖掘机液压油有杂质呈浑浊状。

故障分析及解决：液压油出现杂质主要有3种类型，即固态杂质（碎屑、固体颗粒、液压油变质形成的固体杂质等）、液态杂质（主要是水，其次是液压油变质形成的黏稠状杂质）和气态杂质（主要是空气）。

若液压油出现白色浑浊现象，可排除固态杂质或液态黏稠杂质的可能，只能是水或空气造成的。可对液压油取样检测，将油样滴落在热铁板上，如果有气泡出现（水在高温下变成水蒸气形成气泡），可以判定是液压油中有水，否则是液压油中含有空气。

若是液压油中混有水分造成浑浊现象，将液压油静置一段时间后，使水沉到液压油箱底部，然后除去水分即可，但是如果水分含量过高导致液压油乳化，则需更换新的液压油。

如果判定是液压油中混有空气造成浑浊现象，应检查液压系统管路是否漏气，并切断空气的混入源。

# 任务6 液力传动油的使用

## 学习目标

**知识目标：**

1. 了解液力传动油的性能指标和分类；
2. 掌握液力传动油的选择和使用方法。

**能力目标：**

1. 能根据不同设备的工作条件选择合适牌号的液力传动油；
2. 能根据液力传动油的性能指标初步判断液力传动油的优劣。

## 相关知识

液力传动是指以液体为工作介质，利用液体动能来传递能量的流体传动。一般情况下，装配有液力耦合器或液力变矩器的工程机械、冶金设备、矿山机械、车辆等需要使用液力传动油。工程机械专用液力传动油须满足于低速高扭矩工况下各种型号挖掘机械和其他工程机械的齿轮传动装置、液力传动装置、自动变速箱及动力转向装置，是一种多功能车用油性介质，具备传能、控制、润滑和冷却等多种功能。

## 一、液力传动油的性能指标

液力传动油既作为液力变矩器工作介质，还需满足齿轮机构的抗烧结性能及抗磨性能；作为液压介质则要求油品具有良好的低温流动性；作为离合器传递动力的工作介质则要求油品能适合离合器材质的摩擦特性，功率损失适当，温升不过高，具有较好的清净分散性。为保证寿命，还应该具有良好的氧化安定性、抗泡沫型、缓蚀性以及与橡胶密封件的适应性等。

液力传动油的优劣，对液力传动装置的工作和性能有着至关重要的影响，评价其性能的主要指标有以下 5 项。

1. 适宜的黏度和黏温性

液力传动油使用的温度范围一般为－40～170℃，范围很宽。从传动效率、控制系统动作的灵敏性角度看，黏度小好，但过小会容易泄漏；从液压控制和润滑来说，黏度大好，但过大会造成启动困难。

2. 较高的氧化安定性

液力传动油的使用环境为温度高，易氧化。液力传动油氧化产物为油泥、漆膜、酸性物质，这些物质会堵塞滤清器，导致液压控制系统失灵、离合器和制动器打滑、自动变速器损坏等故障的发生。

避免措施：添加抗氧化剂。

3. 防腐、防锈性能好

金属件的生锈主要是油中有氧和水的存在而引起。而腐蚀则是油中的酸性物和硫化物引起的。液力传动油接触的易腐蚀金属（传动装置和冷却器）铜接头、黄铜轴瓦、黄铜过滤器、止推垫圈，这些零件的腐蚀和生锈会导致系统工作失灵、损坏。

通常在油中加有防锈添加剂和防腐添加剂来改善。

4. 良好的抗泡沫性

使用环境：转速快，易形成泡沫；直接后果是润滑性能变差；不严重时导致换挡延迟、反复无常；严重时离合器和制动器打滑，产生大量热量；另外会造成传递功率下降、加速油品老化。

解决办法：加入抗泡沫添加剂。

5. 良好的抗磨性

使用环境：含有各类齿轮，这就要求既能良好润滑，又保证离合器结合。

解决办法：加入抗磨剂。

## 二、液力传动油的分类

1. 液力传动油分类

按 ISO 6743/A 标准：分为 HA 油（适用于自动传动装置），HN 油（适用于功率转换器）。

ASTM 和 API 的分类方案：分为 PTF-1、PTF-2、PTF-3。

按中石化企业标准：分为 6 号普通液力传动油和 8 号液力传动油。另有一种是拖拉机传动、液压两用油。6号液力传动油适用于内燃机车、载货汽车的液力变矩器，它接近于PTF-2级油。8号液力传动油适用于各种具有自动变速器的汽车。它接近于PTF-1级油。

2. 液力传动油的选择

（1）国内　我国液力传动油仅有两种企业规格，按100℃运动黏度分为8号和6号两种。6号液力传动油：用于内燃机车或载货汽车的液力变矩器。8号液力传动油：用于各种轿车、工程机械及轻型客车的液力自动变矩器。

（2）国外　普遍采用美国生产的自动变速器油，主要是通用公司生产的Dexron、DexronⅡ、DexronⅢ型和福特公司生产的E、F型。

液力传动油的选择原则：按车辆使用说明书。工程机械使用中，液力传动油的选择应根据厂家推荐的规定型号进行添加。如沃尔沃E系列装载机和D系列铰接式卡车变速箱油采用自动变速箱用油（DexronⅢ）。

液力传动油如图2-6-1所示。

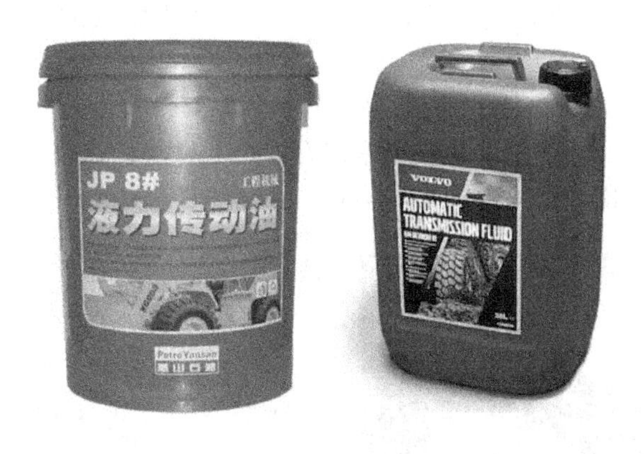


图2-6-1　液力传动油

## 技能操作

1. 液力传动油的更换

在工程机械中，变矩器的维护与液力变速箱的维护密不可分。在双变系统的日常保养中主要以油液为主线贯穿其中。

更换油和滤清器的时间，一般每工作1000h应更换一次，如油中有污物或者经常超温作业使油变质应及时更换，可根据油的颜色或气味进行初步判断，每次更换必须对所有滤清器进行清洗或更换。

（1）变矩器的放油　放油时，油应处于温热状态，按下述步骤进行：

① 管路系统放油，放尽变矩器周围所有管道内油液；

② 变速箱放油，首先取下变速箱壳底的油塞，排出系统内的油后再将其装上，然后拆下油滤器，清洗；

③ 变矩器放油，启动发动机使变矩器以低于1000r/min的转速空转20～30s，使变矩器里的油排到变速箱内，再参照步骤②放尽变速箱内的油液。

（2）变矩器注油　按下述步骤进行：

① 检查放油塞、滤清器、油管等是否已更换或安装好；

② 通过变速箱加油孔注入适量规定牌号的传动油；

③ 启动发动机，使其怠速运转，变速箱空挡，继续注入适量油；

④ 发动机怠速运转 2min 之后，检查油位，加油至规定油位。

2. 使用的注意事项

① 保持油温正常。油温上升会导致油氧化变质，产生沉积物和积炭，阻塞小的通孔和油液循环的管路，会使变速器进一步过热，最终导致变速器损坏。如变矩器正常油温范围一般为 80～90℃；在重载工况，可允许油温到 110℃。

② 经常检查油平面。在任何情况下，变矩器与变速箱的油量应符合规定的油面高度；车辆停在平地上，发动机保持运转，油应在正常工作温度下检查。如果车辆在长途行驶或拖带挂车后，要过半小时后检查。油平面应在量油尺上下两刻线之间，不足时应及时添加。若油面下降过快，可能是由于漏油造成的，应及时予以排除。

③ 油压检查，检查发动机油门全开，变矩器分别处于启动工况和空载工况，分别检查进口和出口油压的最大值和最小值。如果油压不正常，应排除可能的故障。

④ 按车辆使用说明书的规定更换液力传动油和过滤器（或清洗滤网），并更换其密封垫。

⑤ 在检查油面和换油时，注意油液的状况。

在手指上擦上少许油液，用手指互相摩擦看看是否有渣粒存在，并从量油尺上嗅闻油液气味，通过对油液外观检查，可反映部分问题。如图 2-6-2 所示。

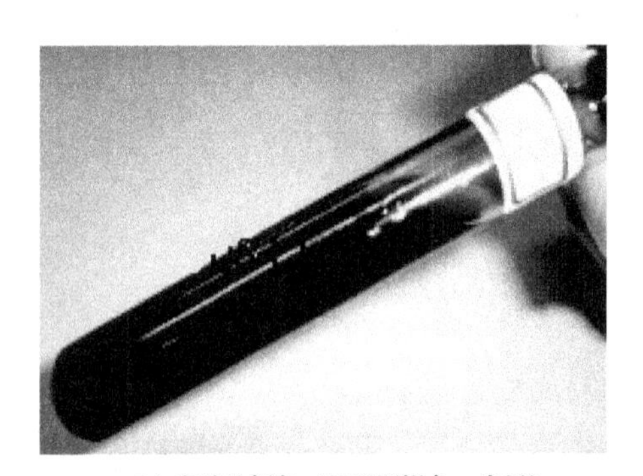

(a) 废油的颜色（呈现深褐色，发黑）

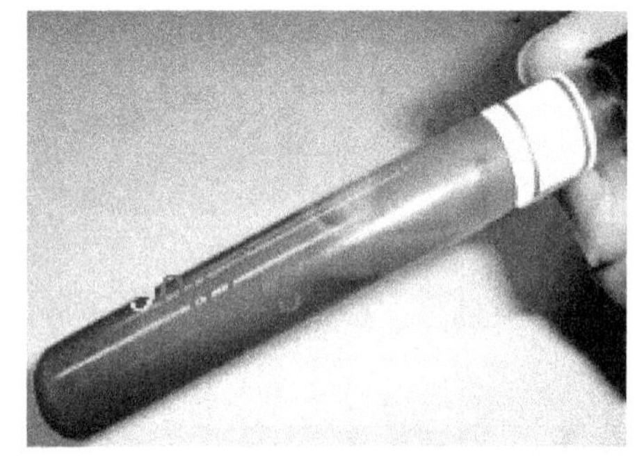

(b) 混入水分的油（浑浊不清、颜色发白）

图 2-6-2　油品检查

## 知识与能力拓展

**故障案例：** 液力传动油油温过高。

**案例分析及解决：**

1. 液力传动油添加不当

若油位过高，高速运转的机件浸在传动油中，不仅增大摩擦力和功率损失，还会造成油温升高；若油位过低，则不能有足量的油液吸收热量并自然冷却，极易产生液压泵吸空现象，使油内生成大量气泡，造成运动元件润滑不良，同样导致油温升高。

如果发现油底壳油量增多，则应检查液压泵油封是否破损或老化，及时更换新件；如果油底壳油位下降且无渗漏处，则应检查发动机散热器的水质，若水中有油，则说明传动油冷却器的铜管或油封破损，需更换。

2. 冷却效果不良

当发现传动油的温度过高时，应首先检查发动机冷却水的温度。如果水温不正常，可检查冷却水量是否充足，水泵和风扇的传动带是否过松，水散热器内、外是否被堵塞，发动机喷油正时是否正确；然后检查发动机是否长时间超负荷工作，水泵是否发生故障，节温器是否失效等。

如果水温正常，则需检查传动油冷却器内是否有异物堵塞或污垢太多，若有异物应清除；若污垢太多，则应加以清洗；然后检查传动油中是否含有杂质和水分，如果发现传动油中含有水分，需拆检传动油冷却器并更换新油。

3. 操作不当

挖掘机在铲料工况因外界阻力和输出转矩最大，对传动油油温影响也最大。若长时间使用小油门使变矩器在低效区工作，会导致传动油温升高。若在频繁换挡过程中使用大油门，将造成机件的剧烈冲击，使传动油油温升高。为此，操作手要合理控制挖土量和挖斗提升、下降时机，送土距离不宜过长，杜绝长时间使用小油门作业。

# 任务 7　制动液的使用

## 学习目标

**知识目标：**

1. 了解制动液的性能指标和分类；
2. 掌握制动液的选择和使用方法。

**能力目标：**

1. 能识别不同规格型号的制动液的区别；
2. 掌握制动液使用的注意事项。

## 相关知识

制动液又称刹车油，是车辆液压制动系统所采用的非矿油型传递压力的工作介质，素有“安全卫士”之称。目前的车辆制动液主要是是合成型制动液。合成型制动液是以有机溶剂中醇、醚和酯为基础，再加入添加剂调制而成。

### 一、制动液的性能指标

为保证车辆实现正常的制动效果，制动液必须具有以下的使用性能。

1. 高温抗气阻性

车辆在平坦道路上行驶时，制动液的温度一般在100～130℃，最高可达150℃。而行驶于多坡道工地的道路，由于制动频繁，制动液的温度更高。如使用沸点低的制动液，在高温时会由于制动液的蒸发而产生气阻，即使踩下制动踏板也不能使液压上升，引起制动失灵。因此，高温抗气阻性是对制动液使用性能的主要要求之一。

为了保证行车安全，要求制动液具有良好的高温抗气阻性，即具有高沸点、低挥发性，夏天不易产生气阻。制动液的高温抗气阻性通过平衡回流沸点、湿平衡回流沸点和蒸发性来评定。

2. 运动黏度和润滑性

制动液在使用范围内应具有良好的流动性，并且为了保持制动缸和橡胶皮碗间能很好地滑动，还要求制动液具有适当的润滑性。要求制动液的黏度随温度的改变变化小，即黏温性能好。在制动液规格中，规定了－40℃时的最大运动黏度和100℃时的最小运动黏度。

3. 金属腐蚀性

制动系的缸体、活塞、导管、回位弹簧和阀门等主要采用铸铁、铜、铝及其他合金制成，要求制动液不会引起金属腐蚀，以防止产生制动失灵。另外，当制动液渗进橡胶分子的间隙中时，会从橡胶中抽出一部分组分，这些抽出物对金属的腐蚀作用也要限制。

4. 稳定性

制动液要具有优异的高温稳定性和化学稳定性，即制动液在高温和与相溶液体混合后平衡回流沸点的变化要小，保证制动液在储存和使用过程中不应有分层、变质等现象，不形成沉淀物，并且不引起制动系统金属零件的生锈、腐蚀等。

5. 溶水性

要求制动液吸水后能与水互溶，不产生分离和沉淀。因为制动液在使用过程中会逐渐吸收空气中的水分，当水不能被制动液溶解时，这部分水会积存在底部的凹处，产生对金属的腐蚀，并且因为水在低温时凝固、高温时汽化而产生故障。故要求制动液能把这部分水溶解，且不能因为有水而变质。

6. 抗氧性

制动液的抗氧性是制动液的重要化学性能，它决定制动液在储存和使用过程中是否容易氧化变质，是决定制动液储存期和使用寿命的重要因素。而且零件腐蚀一般是由于制动液氧化引起的，所以制动液应具有良好的抗氧性。

## 二、制动液的品种、牌号和规格

国外汽车制动液标准中具有代表性的是美国汽车工程师协会（SAE）标准和美国联邦机动车辆安全标准（FMVSS），这也是世界公认的汽车制动液通用标准。

美国联邦机动车辆安全标准规格分为DOT3、DOT4和DOT5等。目前国内家用轿车多使用合成型制动液，所采用的标准也多以美国联邦机动车辆安全标准规格的DOT标准为主。

配制制动液的原料比较多，目前大体上分3种类型：醇型、矿物油型及合成型。

（1）醇型制动液　由精制的蓖麻油和低碳醇（乙醇或丁醇）调配而成。

特点：原料容易得到，合成工艺简单，产品润滑性好；缺点是沸点低，低温时性质不稳定。

（2）矿物油型制动液　是以精制的轻柴油馏分经深度脱蜡得到的C12～C19异构烷烃和烷烃组分、添加稠化剂和抗氧剂与助剂调合而成。

特点：温度适应范围很宽，可从－50℃到150℃，低温流动性和润滑性好，对金属无腐蚀作用。它对制动系统的橡胶零部件有溶解作用，使用这种类型的制动液时，必须换用耐矿物油的橡胶零部件。

（3）合成型制动液　是以有机溶剂中醇、醚和酯为基础，加入添加剂调制而成。

特点：通常工作温度范围较宽，对橡胶零件的溶胀率小，黏度随温度的变化平稳。在我国各地一年四季均可使用。目前应用最广泛，将逐渐成为通用型制动液。

## 三、制动液的选择与使用

车辆使用和维修人员首先应该按照车辆使用说明书上的规定选择使用相应的制动液产品。

1. 选用制动液产品时应遵循的原则

① 选用的制动液产品质量等级应等于或高于车辆制造厂家规定的制动液质量等级。

② 所选用的制动液产品类型应与车辆制造厂家规定的制动液产品类型相同。

③ 尽量选择正规厂家生产的、性能稳定、质量有保证的制动液产品。

④ 选择合成制动液。

2. 制动液使用的注意事项

① 当制动液中混有矿物油时，应全部更换制动液。

② 不同类型或不同牌号的制动液不得混合使用。

③ 当制动液中混入或吸收水分，或者是发现制动液有杂质或沉淀物时，切不可一并注入，此时应予以更换或进行认真过滤，否则会造成制动压力不足，从而影响制动效果。

④ 制动液对车身涂层有一定的破坏作用，会产生“咬漆”现象，因此在使用过程中要防止制动液与车身涂层接触。

⑤ 装有制动液面报警装置的车辆，应随时观察制动系统报警灯是否点亮，报警传感器性能是否良好。

⑥ 在加注或更换制动液时使用专业工具。制动液产品一般有一定的毒性。因此，在更换时不能用嘴去吸取制动液。

⑦ 更换制动液后，应放出制动管路中的空气。

⑧ 制动液多是以有机溶剂制成，易挥发、易燃，因此，在使用中要注意防火。

## 知识与能力拓展

**故障现象：**某型号挖掘机在试车过程中，因左后轮制动抱死而抛锚。

**故障检测：**

① 检测手制动部分，未发现犯卡、回位不良等现象。

② 拆下车轮，松开制动液放气螺栓，有制动液流出；但踩下制动踏板该轮无油流出。引起该故障现象的原因可能由于以下几点：制动分泵卡住、制动管路堵塞或液压控制单元内堵塞等。

③ 检查制动分泵：在松开制动液放气螺栓后，用专用工具可以把分泵顶回。拧紧放气螺栓，松开制动分泵上的供油管，踩制动踏板，该处无油流出。该分泵应无故障，须检查制动管路。

④ 制动管路的检查：拆下分泵至后桥之间的制动连接软管，再踩制动踏板，有制动液流出，也就说明故障出在这段连接软管上，与液压控制单元无关。用高压气检测该软管，不通。仔细检查发现，该管来油口已锈死。

**故障排除：**清理该段油管，更换全车制动液，试车正常。

**故障分析：**由于这段油管的堵塞，使该车在行驶过程中，不时地踩制动，制动蹄片与制动盘摩擦产生热量，使制动液的油温升高、膨胀。而制动液管路被堵塞，相应地制动分泵的活塞将向外顶，使该轮制动开始扒紧，最终导致抱死。

# 任务8　冷却液的使用

## 学习目标

**知识目标：**

1. 了解冷却液的性能指标和分类；
2. 掌握冷却液的选择和使用方法。

**能力目标：**

1. 能识别不同规格型号的冷却液的区别；
2. 掌握冷却液使用的注意事项。

## 相关知识

发动机冷却液是车辆冷却系统中带走高温零部件热量的工作介质，冷却液与润滑油一样，是发动机正常工作必不可少的工作物质。它具有冷却、防腐、防冻和防垢等作用。

### 一、冷却液的性能要求

为保证发动机正常工作和延长发动机使用寿命，要求发动机冷却液必须具有以下的使用性能。

① 低温黏度小，流动性好。冷却液的低温黏度越小，越有利于冷却液在冷却系统中流动，这样冷却系统散热效果就越好。

② 冰点低。冰点是指在没有过冷情况下冷却液开始结晶时的温度；或者在有过冷情况下结晶开始，短时间内停留不变的最高温度。由于工程机械在低温条件下停放时间过长，而发动机冷却液的冰点又达不到应用温度时，发动机冷却液就会结冰，同时体积膨胀变大，冷却系统就会被冻裂。因此，要求发动机冷却液的冰点要低。

③ 沸点高。沸点是发动机冷却系统的压力与外界大气压力平衡的条件下，冷却液开始沸腾时的温度。由于冷却液在较高温度下不沸腾，可保证车辆在满载、高负荷、高速或山区、热带夏季正常工作，同时沸点高则冷却液蒸发损失也小。因此，要求发动机冷却液具有较高的沸点。

④ 抗腐性好。为了使发动机冷却液具有良好的抗腐性，要保持冷却液呈碱性状态。冷却液的pH值应为7.5～11.0，如果超出该范围，将对冷却系统中金属材料产生不利影响。

⑤ 不易产生水垢，抗泡性好。冷却液在工作中应不产生水垢。冷却液在工作时由于是在水泵的高速推动下强制循环，通常会产生泡沫。由于发动机冷却液如果产生过多的泡沫，不仅会降低传热系数，加剧气蚀，同时还会使冷却液溢流。因此要求冷却液的抗泡性要好。

另外，冷却液还应具有传热效果好、蒸发损失小、不易损坏橡胶制品、热化学安定性好、热容量大等性能。

### 二、冷却液的品种、牌号和规格

以下介绍冷却液的品种、牌号和规格。

1. 国外标准

欧美各国和日本等工业发达国家都制定了各自的汽车发动机冷却液标准。最早作出规定的是美国，现在许多国家制定的发动机冷却液标准都是以美国材料测试与试验协会（ASTM）所制定的标准为依据。

日本的冷却液工业规范为 JIS K 2234—1987《发动机防冻冷却液》，使用的浓度为40%～60%（体积分数）。

日本在该规范内将汽车冷却液分为两类，第 1 类是只在冬天使用的防冻型冷却液，即普通冷却液（AF），第 2 类是全年均可使用的冷却液，即长寿冷却液（LLC）。第 1 类冷却液具有一定的碱性，对发动机冷却系机件有轻微的腐蚀性，故只能短期使用（主要是冬季使用）。

2. 我国标准

我国汽车发动机冷却液现行标准是石化行业标准 SH 0521—1999《汽车及轻负荷发动机用乙二醇型发动机冷却液》及交通行业标准 JT 225—1996《汽车发动机冷却液安全使用技术条件》。

SH 0521—1999《汽车及轻负荷发动机用乙二醇型发动机冷却液》等效采用美国材料与试验协会标准 ASTM D3306—1994《轿车及轻型卡车用乙二醇型发动机冷却液规范》，将产品分为浓缩液和冷却液，其中将冷却液按其冰点分为－25 号、－30 号、－35 号、－40 号、－45 号和－50 号六个牌号。

浓缩液是由乙二醇、适量的防腐添加剂、消泡剂和适量的水组成。浓缩液中的水是溶解添加剂并保证产品在－18℃时能从包装容器中倒出。

## 三、冷却液的选择与使用

随着时间的推移，冷却液的防腐性能会逐渐减弱，这就要求冷却液必须定时更换。见表2-8-1。

**表 2-8-1　冷却液更换周期**

| 冷　却　液 | 更换周期 |
| --- | --- |
| VOLVO 专用防冻液(乙二醇)带过滤器 | 每 4 年或 6000h |
| VOLVO 专用防冻液(乙二醇)不带过滤器 | 每 2 年或 3000h |
| VOLVO PENTA 冷却水过滤器 | 每半年或 1000h |

1. 冷却液的选择

针对目前使用的乙二醇水基型发动机冷却液，发动机冷却液的选择主要包括发动机冷却液防冻性的选择和产品质量的选择。

发动机冷却液防冻性的选择原则是发动机冷却液的冰点要比车辆运行地区的最低气温低10℃左右，以确保在特殊情况下冷却液不冻结。

乙二醇冷却液的最高和最低使用浓度，一般规定最低使用浓度为 33.3%（体积分数），此时冰点不高于－18℃，当低于此浓度时则冷却液的防腐蚀性能不够。最高使用浓度为69%（体积分数），此时冰点为－68℃，高于此浓度时则其冰点反而会上升。全年使用冷却液的车辆其最低使用浓度为 50%（体积分数）左右为宜。

不同的发动机其技术特性、热负荷情况、冷却系材料等均有不同。因此，对冷却液产品质量的要求也有所不同。

目前，国内外的发动机冷却液的产品配方很多，所以发动机冷却液的选择要区别发动机的类型、性能的强化程度和冷却系材料的种类，除了要保证发动机冷却液能降温、防冻外，还要考虑防沸、防腐蚀和防水垢等问题。

在对冷却液产品选择时应以制造厂家的规定或推荐为准。

2. 冷却液的使用

发动机冷却液在使用过程中应注意以下事项：

① 加注冷却液之前应对发动机冷却系统进行清洗。最简单的方法是打开散热器放水阀，用自来水从加水口冲洗。

② 稀释浓缩液时要使用蒸馏水或去离子水。

③ 注意检查冷却液液面高度。适宜的冷却液液面应在膨胀水箱的最高线 max 和最低线 min 之间，应视具体情况正确补充。冷却液液位应该在发动机运转发热然后又冷却下来后进行检查。

④ 不同厂家、不同牌号的发动机冷却液不能混用。

⑤ 冷却液在使用一段时间（如 VOLVO 见表 2-8-1）后应及时更换。

⑥ 在使用乙二醇冷却液时，应注意乙二醇有毒，切勿用口吸。乙二醇冷却液沾染到皮肤上时，应及时用清水冲洗干净。

⑦ 乙二醇冷却液有毒，不能饮用。为了在外观上便于识别，一般正规厂家生产的乙二醇冷却液都用着色剂将其染成绿色或蓝色。但目前市场上也有很多小厂生产未经着色剂染色的乙二醇冷却液，并以普通塑料桶盛装销售，价格也很便宜。全国每年都有误将乙二醇冷却液当作普通散装白酒饮用致死的案例发生，这一点要特别引起注意。

## 知识与能力拓展

### 冷却液的现场快速检测

1. 直观鉴别

观察冷却液的外观、辨别其气味，进行直观判别。冷却液应透明、无沉淀、无异味；如果发现外观浑浊，气味异常，说明冷却液已严重变质，应立即停止使用。

2. 冰点测试

冰点测试是对冷却液能否在寒冷天气里使用的一种防冻性能测试，可采用冰点折光仪测试冰点的高低。

3. pH 值检测

pH 值是表示溶液酸碱度的指标。金属在酸性溶液中受腐蚀的速度很快。

为了防止这种腐蚀的产生，冷却液中加入的添加剂均为碱性物质，以保证冷却液的 pH 值在 7～11 之间；使用中的冷却液在高温下不断氧化，生成酸性物质，消耗部分防腐剂使 pH 值下降，液体逐渐呈酸性。

可采用 pH 值试纸对冷却液的 pH 值进行测试，当 pH 值小于 7 时，此冷却液应停止使用。

4. 储备碱度检测

储备碱度反映冷却液的缓冲能力，即被酸中和的能力。储备碱度高，则说明冷却液中防腐剂含量充足。

防腐添加剂吸附在金属表面，抑制电化学腐蚀及中和氧化过程中生成的对金属有化学腐蚀作用的酸性物质。对储备碱度进行检测，是衡量冷却液防腐性能的重要指标。

优质冷却液的储备碱度一般在 17.5 左右。在实际跟踪测试中发现，当使用中的冷却液外观浑浊（即有腐蚀产物）时，一般储备碱度低于 10 的，冷却液储备碱度标准值应不小于 10。

# 任务 9　制冷剂的使用

## 学习目标

**知识目标：**

1. 了解制冷剂的性能指标和分类；
2. 掌握制冷剂的选择和使用方法。

**能力目标：**

1. 能识别不同规格型号的制冷剂的区别；
2. 掌握制冷剂使用的注意事项。

## 相关知识

制冷剂是制冷装置完成制冷循环的媒介，又称为制冷工质。空调在制冷循环中通过制冷剂的状态变化，进行能力转换，达到制冷的目的。

空调制冷系统由压缩机、冷凝器、储液干燥器、膨胀阀、蒸发器和鼓风机等组成。各部件之间采用铜管（或铝管）和高压橡胶管连接成一个密闭系统。

制冷系统工作时，制冷剂以不同的状态在这个密闭系统内循环流动，每个循环有四个基本过程（见图 2-9-1）。

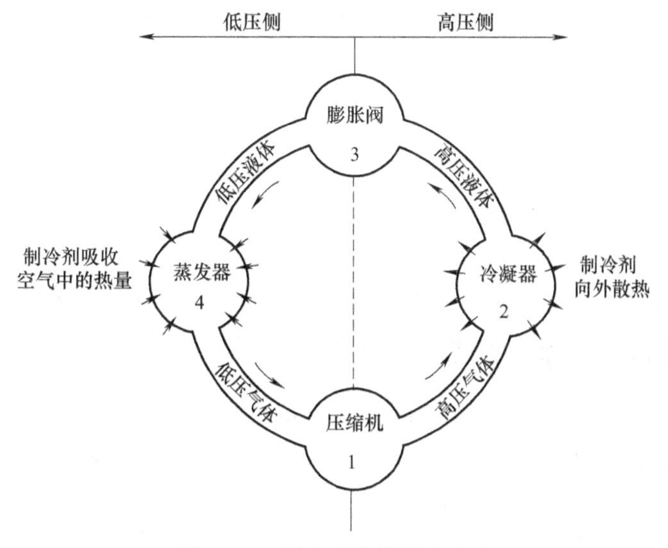


图 2-9-1　制冷系统的循环过程

（1）压缩过程：压缩机吸入蒸发器出口处的低温低压的制冷剂气体，把它压缩成高温高压的气体排出压缩机。

（2）散热过程：高温高压的过热制冷剂气体进入冷凝器，由于压力及温度的降低，制冷剂由气体冷凝成液体，并排出大量的热量。

（3）节流过程：温度和压力较高的制冷剂液体通过膨胀装置后体积变大，压力和温度急剧下降，以雾状（细小液滴）排出膨胀装置。

（4）吸热过程：雾状制冷剂液体进入蒸发器，因此时制冷剂沸点远低于蒸发器内温度，故制冷剂液体蒸发成气体。在蒸发过程中吸收周围大量的热量，而后低温低压的制冷剂蒸气又进入压缩机。

上述过程周而复始地进行下去，便可达到降低蒸发器周围空气温度的目的。

## 一、制冷剂的性能要求

1. 对制冷剂热力性质的要求

① 制冷剂的临界温度高，这样有利于使用一般的冷却水和空气进行冷凝，同时可以使节流损失小，制冷系数高。

② 单位容积制冷量大。

③ 蒸发压力和冷凝压力适中。制冷剂冷凝压力不要太高，而蒸发压力不要太低，尤其不应低于大气压力。

④ 绝热指数小，这样有利于降低压缩机排温，提高压缩机的效率。

2. 制冷剂的物理化学性质

对车用空调制冷剂物理化学性质的要求有：

① 黏度、密度小，以减少制冷剂在制冷系统中的流动阻力损失。

② 热导率高，以提高热交换设备的传热系数，减少换热面积，节省材料消耗。

③ 使用安全。车用空调制冷剂应无毒、不燃烧、不爆炸。

④ 具有较好的化学稳定性和热稳定性。车用空调制冷剂与润滑油无亲和作用，对金属材料不腐蚀，在高温下不分解，可与冷冻机油以任意比例相溶。

⑤ 易于改变吸热与散热的状态，有很强的重复改变状态能力。

3. 对环境影响的要求

氟里昂（如 R11、R12）对大气中臭氧的破坏作用可用相对臭氧破坏能力作用系数（Relative Ozone Depletion Potential）表示，简称 RODP 或 ODP，并规定 R11 的 ODP 为 1.0，从而用 ODP 表示相对 R11 对大气臭氧破坏能力的大小。

氟里昂产生的温室效应用温室效应能力系数（Global Warming Potential）来表示，简称 GWP 值。并规定 R11 的 GWP 值为 1.0，用 GWP 表示相对于 R11 对温室效应的作用。

由于 $CO_2$ 是造成全球温室效应的主要因素之一，因此，目前也以 $CO_2$ 作为比较基础。

## 二、制冷剂的品种、牌号和规格

空调制冷剂的种类较多，按制冷剂的组成成分可分为：

一类是无机化合物，如 $NH_3$（R717）、$CO_2$（R744）、$SO_2$（R764）等。

另一类是氟里昂，如 $CFCl_3$（R11）、$CF_2Cl_2$（R12）、$CHF_2Cl$（R22）、R134a 等。

氟里昂（Freon）是饱和碳氢化合物的氟、氯和溴的衍生物的总称，它是 20 世纪 30 年代发现的制冷剂，氟里昂类制冷剂种类多，相互间热力学性质差别大，可适用于不同的场合。

氟里昂（Freon）类制冷剂的商品名以 Freon 的第一个字母 F 开头，例如，R12 的商品名为 F12，即 R12 和 F12 是同一种制冷剂。市场上销售的汽车空调用制冷剂大多以罐体包装。如图 2-9-2 所示。

空调用制冷剂F12

空调用制冷剂R134a

图 2-9-2　制冷剂

## 技能操作

### 制冷剂的选择与使用

1. 制冷剂的充注

(1) 空调制冷剂充注的误区　一种错误操作是不抽真空直接加注；另一种错误操作是用压缩机抽真空。

(2) 传统的空调制冷剂充注方法　传统的加注方式就是：先排出残余制冷剂，然后抽真空，最后用歧管压力表加注。加注方法见项目三　工程机械维护常用工具的使用。

(3) 回收加注法　对制冷剂的回收加注可以采用制冷剂加注回收机进行，如图 2-9-3 所示。

目前，“回收制冷剂—再生净化制冷剂—系统抽真空—加注”这样一种科学、环保、经

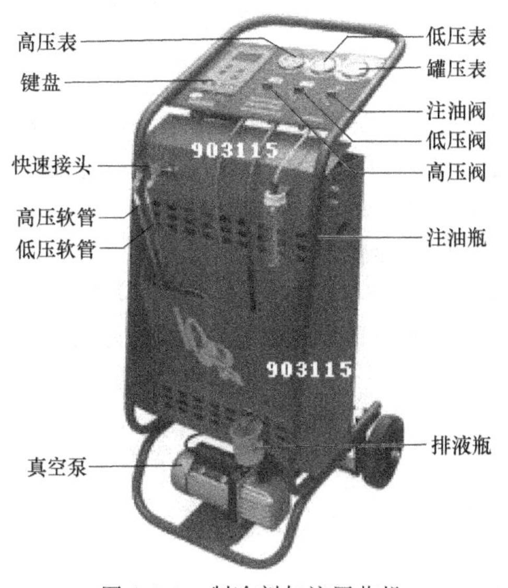


图 2-9-3　制冷剂加注回收机

济的制冷剂加注方式正在日益得到人们的重视与使用。

2. 制冷剂使用的注意事项

使用 HFC134a 时的注意事项：一定要防止制冷剂的混用。

HFC134a 只能在专门与其配套的系统中工作，凡是车用的 HFC134a 空调系统，厂方都会在压缩机、冷凝器、蒸发器、橡胶管和灌充设备上注明 HFC134a 的标志，以防误用。

## 知识与能力拓展

**故障案例：** 一台挖掘机的空调系统在工作约 30min 后，出风口供给的不是冷风而是自然风，压缩机不工作。

**排查过程：**

1. 检查空调系统的供电情况

查看继电器和保险丝的工作状态，经检查供电以及继电器和保险丝均正常。

2. 检查储液干燥器

瞬时短接储液干燥器上高低压压力开关的 2 个插脚，压缩机离合器吸合线圈有明显的吸合声，说明该吸合线圈工作正常。用万用电表电阻挡测量储液干燥器上高低压压力开关的 2 个插脚，读数为“1”，说明储液干燥器上高低压压力开关内部的高、低压触点断开。

储液干燥器内部的高、低压触点在正常情况下应该是闭合的，只有两种情况断开：一是系统压力过高；二是系统压力过低。若触点断开的原因是系统压力过低，则冷媒一定缺少，但空调开始工作时制冷效果良好，且维持了 30min，说明冷媒充足，因此判断触点断开是系统压力过高引起的。造成系统压力过高的原因有：储液干燥器脏堵或损坏；系统冷媒过多；散热器散热能力差等。拆下储液干燥器，未见明显脏堵现象。

3. 重新充注冷媒

清洗冷媒循环装置，抽真空并重新充装冷媒至高、低压管路的压力均为 689.5kPa，让系统重新投入工作，测量其高、低压分别为 1234.2kPa 和 220.6kPa，压力正常，出风口冷风供给正常，但工作约 30min 后，出风口供给的仍然是自然风，压缩机还是停止工作。第二次清洗冷媒循环装置，抽真空并重新充装冷媒，排除了系统中存在较多空气和水分的可能。

4. 拆检风机和散热器

拆除风机和散热器，进行试机检查，发现制冷系统工作 30min 后，蒸发器即被厚厚的一层冰包裹住，怀疑可能是冷媒循环装置失去调节作用所致。为此首先更换管道温度传感器，结果故障依旧；接着检查热力膨胀阀，可更换新的热力膨胀阀。更换新的热力膨胀阀并重新充装冷媒后，空调系统工作完全恢复正常。

分析认为，热力膨胀阀卡死在开度较大位置，导致节流功能破坏，冷媒通过量过大，制冷量超出蒸发器吸热能力，引起其外部大量水蒸气凝结，并伴发系统压力过高，触发高压开关触点脱开，最终造成空调不制冷。

## 思考题

1. 怎样选择挖掘机的燃料？
2. 柴油使用的注意事项有哪些？
3. 怎样根据发动机性能选择机油的型号？
4. 如何进行机油的更换？

5. 判断机油更换的标准是什么？
6. 怎样根据用脂部位选择润滑脂？
7. 润滑脂使用的注意事项有哪些？
8. 怎样根据齿轮工作条件选择齿轮油？
9. 齿轮油使用的注意事项有哪些？
10. 怎样根据工作装置的工作条件选择齿轮油？
11. 液压油更换的步骤和注意事项是什么？
12. 怎样选择设备合适的液力传动油型号？
13. 液力传动油使用的注意事项是什么？
14. 制动液选择的原则是什么？
15. 制动液使用的注意事项是什么？
16. 制冷剂选择的原则是什么？
17. 制冷剂使用的注意事项是什么？

# 项目三　工程机械维护常用工具的使用

## 任务1　常用工具的使用

### 学习目标

**知识目标：**

1. 了解常用工具的种类和用途；
2. 掌握各种常用维护工具的使用方法。

**能力目标：**

1. 能根据维修任务选择合适的工具；
2. 能运用常用工具进行设备的拆装和维护。

### 相关知识

在工程机械维护作业中，经常要用到各种拆装和维护工具，掌握这些常用工具的使用方法，可以为工程机械的故障诊断与设备维护提供有力保障。

#### 一、螺丝刀的功能和使用方法

1. 螺丝刀（一字）

螺丝刀主要用来旋转一字槽形的螺钉、木螺钉和自攻螺钉等。它有多种规格，通常说的大、小螺丝刀是用手柄以外的刀体长度来表示的，常用的有100mm、150mm、200mm、300mm和400mm等几种。要根据螺钉的大小选择不同规格的螺丝刀。若用型号较小的螺丝刀来旋拧大号的螺钉很容易损坏螺丝刀。

2. 螺丝刀（十字）

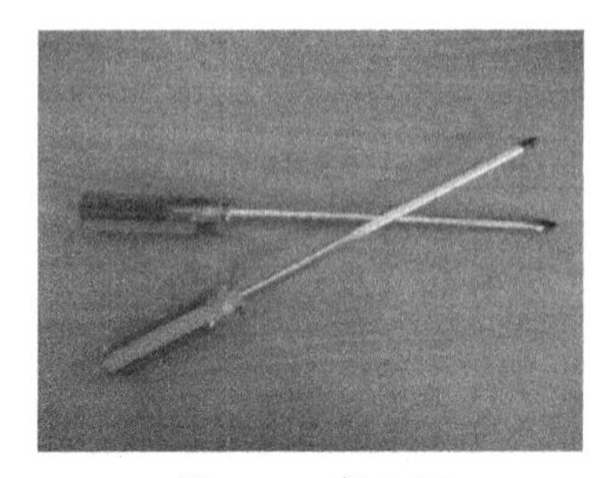
图3-1-1　螺丝刀

十字形螺丝刀主要用来旋转十字槽形的螺钉、木螺钉和自攻螺钉等。使用十字形螺丝刀时，应注意使旋杆端部与螺钉槽相吻合，否则容易损坏螺钉的十字槽。十字形螺丝刀的规格和一字形螺丝刀相同。

3. 多用途螺丝刀

它是一种多用途的组合工具，手柄和头部是可以随意拆卸的。它采用塑料手柄，一般都带有试电笔的功能。

如图3-1-1所示。

## 二、卡簧钳

卡簧钳分为内卡簧钳（直头和弯头）及外卡簧钳（直头和弯头）两种，如图 3-1-2 所示。

钳头可以插在卡簧两个孔里，然后扩大或缩小内径或外径。

使用时用力要平稳，以防脱落或者断裂；用戴手套的手保护卡簧以免断裂后伤人，并戴好护目镜。

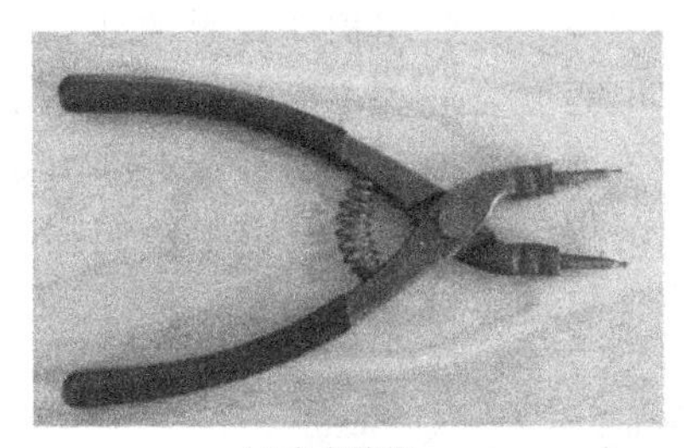

(a) 内卡簧钳

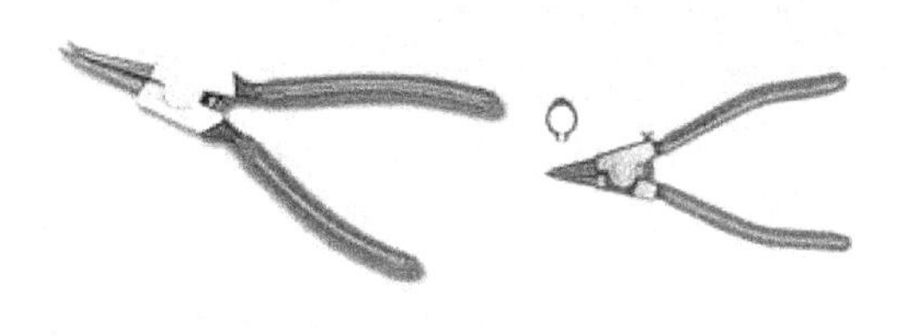

(b) 外卡簧钳

图 3-1-2　卡簧钳

## 三、丝锥扳手和丝锥

两种丝锥，一个是“精锥”，另一个是“粗锥”，就是两支套。

先用粗锥攻下，然后再使用精锥，这样的设计是为了提高丝锥的使用寿命。

丝锥是用来攻螺纹的，制作内螺纹叫攻螺纹，也叫丝攻。

如图 3-1-3 所示。

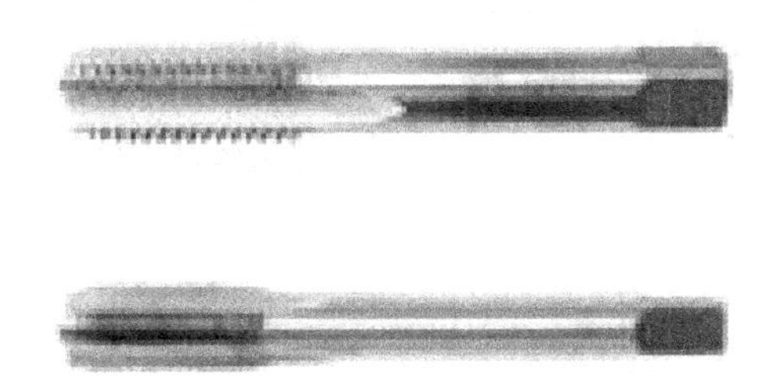

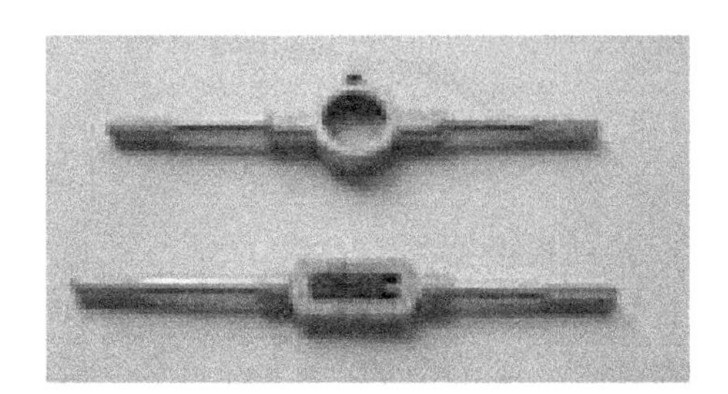

图 3-1-3　丝锥与丝锥扳手

## 四、扳手

1. 套筒扳手

套筒扳手是用盒装的，小型套筒扳手 20 件一盒，有 4，4.5，5，5.5，6，6.5，7，8，10，11，12，13，14，17，19，加附件；普通套筒扳手 32 件一盒，有 8，9，10，11，12，13，14，15，16，17，18，19，20，21，22，23，24，26，27，28，30，32，加附件。

套筒是指套筒扳手的简称，是上紧或卸松螺钉的一种专用工具。它由数个内六棱形的套筒和一个或几个上套筒的手柄构成，套筒的内六棱根据螺栓的型号依次排列，可以根据需要选用。如图 3-1-4 所示。

2. 内六角扳手

内六角扳手：呈 L 形的六角棒状扳手，专用于拧转内六角螺钉。如图 3-1-5 所示。

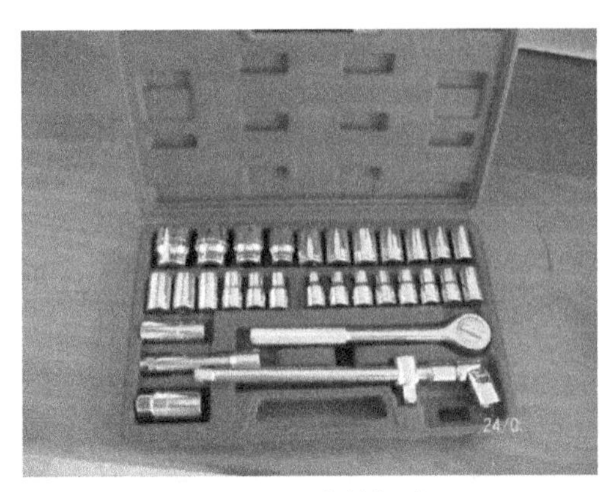

图 3-1-4　套筒扳手

分为英制和公制两种类型，需要换算尺寸。

3. 梅花扳手

六角梅花扳手：用于装拆大型六角螺钉或螺母，如图 3-1-6 所示。

4. 开口扳手

能用套筒扳手的地方不用梅花扳手，但需要有足够的空间；能用梅花扳手的地方不用开口扳手，但需要套进去才能拧螺钉；尽量不用活动扳手。前面的扳手防滑性能好，力矩比较大，后面的扳手比较灵活，但不能用在特别重要的地方像缸盖螺钉等。如图 3-1-7 所示。

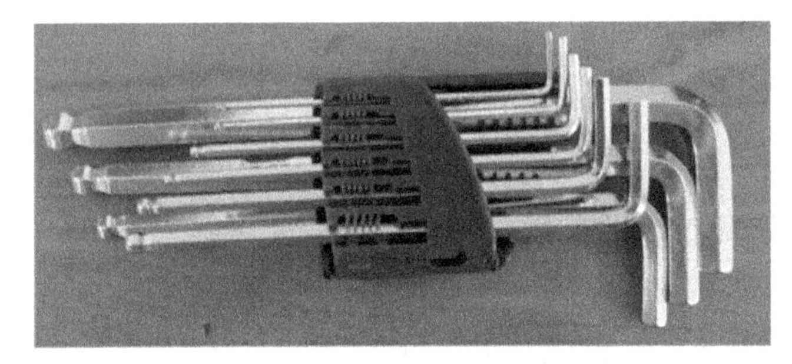

图 3-1-5　内六角扳手

图 3-1-6　梅花扳手

5. 活动扳手

其开口尺寸能在一定的范围内任意调整，使用场合与开口扳手相同，但活动扳手操作起来不太灵活。其规格是以最大开口宽度来表示的，常用的有 150mm、300mm 等。如图 3-1-8 所示。

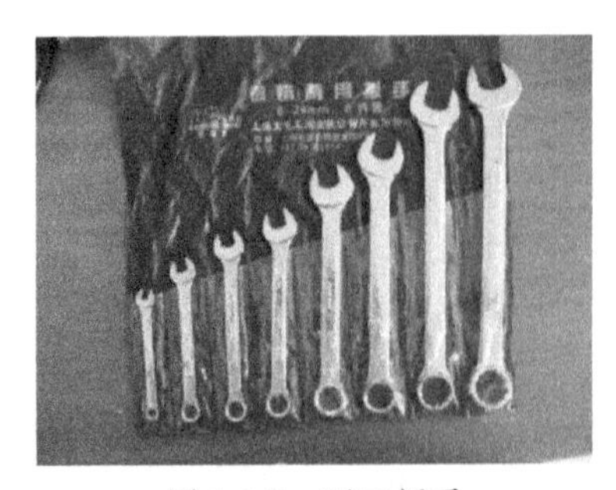

图 3-1-7　开口扳手

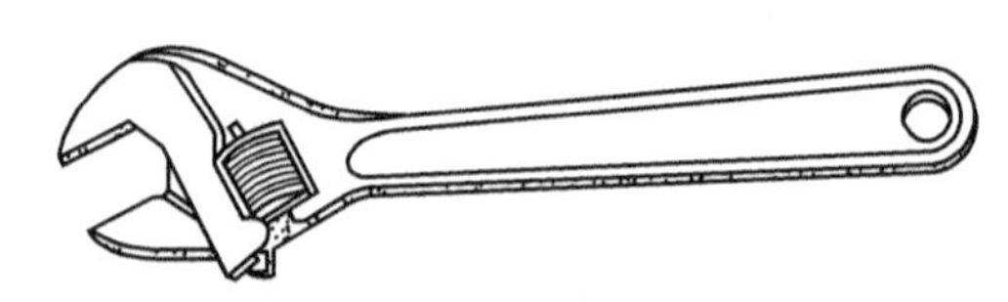

图 3-1-8　活动扳手

6. 扭力扳手

它是一种可读出所施扭矩大小的专用工具，如图 3-1-9 所示。扭力扳手除用来控制螺纹件旋紧力矩外，还可以用来测量旋转件的启动转矩，以检查配合、装配情况。

使用方法：根据螺栓或螺母尺寸选用合适规格的套筒，将套筒套在扭力扳手的方芯上，再将套筒套住螺栓或螺母。用左手把住套筒，右手握紧扭力扳手手柄，往身边扳转。拧紧螺栓螺母时，不能用力过猛，以免损坏螺纹。

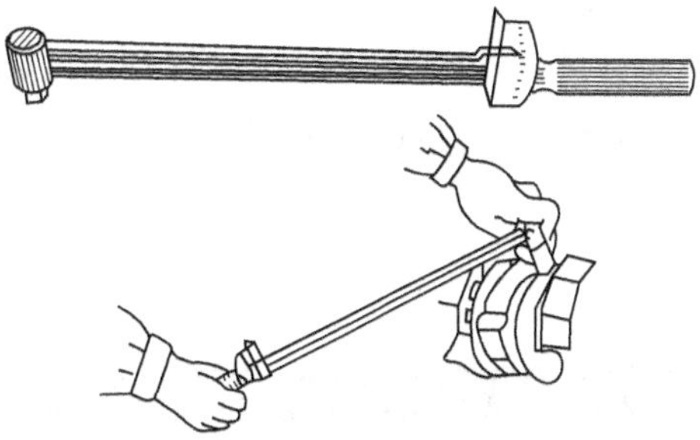

图 3-1-9　扭力扳手

## 五、钳子

1. 剪线钳

剪线钳，又名老虎钳。适用于剪各种铁线。如图 3-1-10 所示。

2. 尖嘴钳

修口钳，俗称尖嘴钳，也是电工（尤其是内线电工）常用的工具之一。主要用来剪切线径较细的单股与多股线以及给单股导线接头弯圈、剥塑料绝缘层以及夹取小零件等。如图 3-1-11 所示。

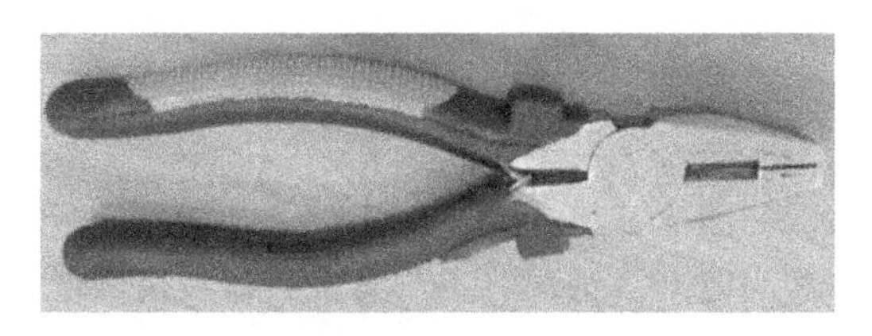

图 3-1-10　剪线钳

图 3-1-11　尖嘴钳

3. 剥线钳（见图 3-1-12）

① 根据缆线的粗细型号，选择相应的剥线刀口。

② 将准备好的电缆放在剥线工具的刀刃中间，选择好要剥线的长度。

③ 握住剥线工具手柄，将电缆夹住，缓缓用力使电缆外表皮慢慢剥落。

④ 松开工具手柄，取出电缆线，这时电缆金属整齐露出外面，其余绝缘塑料完好无损。

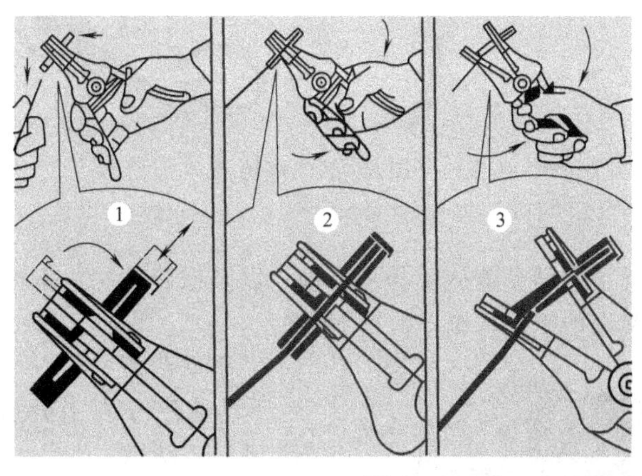


图 3-1-12　剥线钳

4. 大力钳

大力钳能以较大的夹紧力夹持工件，是一种可以控制最小钳口尺寸和自锁的钳子。如图 3-1-13 所示。

5. 斜口钳

斜口钳是切断和安装电线的专用工具。规格与不带刃口的尖嘴钳一致，但斜口钳还有刃口带剥线孔和平口两种形式。如图 3-1-14 所示。

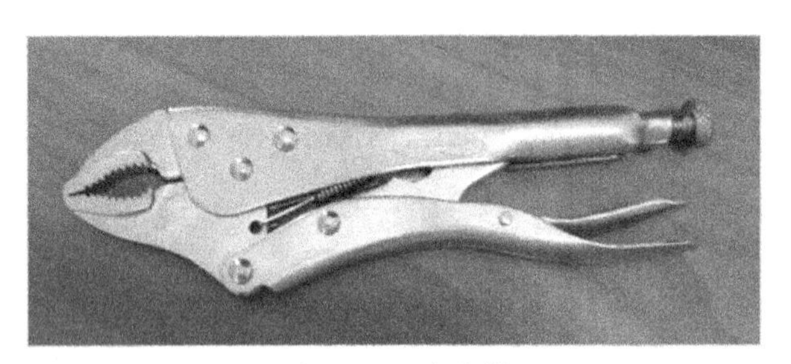

图 3-1-13 大力钳

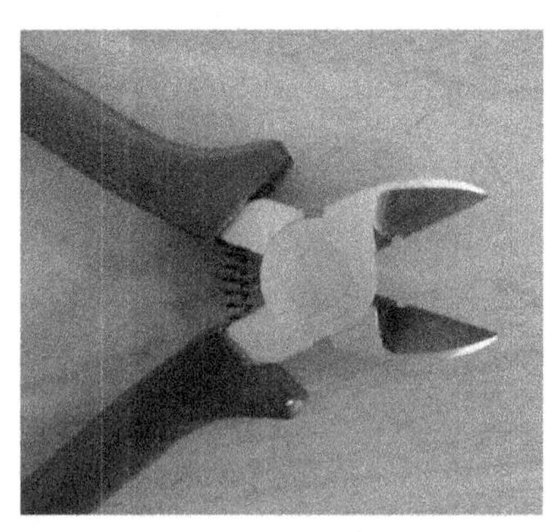

图 3-1-14 斜口钳

## 六、其他工具

1. 电钻

电钻可分为 3 类：手电钻、冲击钻、锤钻。如图 3-1-15 所示。

手电钻：功率最小，使用范围仅限于钻木和当电动改锥用，不具有太大的实用价值，不建议购买。

冲击钻：可以钻木、钻铁和钻砖，但不能钻混凝土，有的冲击钻上说明了可钻混凝土，其实并不可行，但对于钻瓷砖和砖头外层很薄的水泥是绝对没有问题的。

锤钻（电锤）：可在任何材料上钻洞，使用范围最广。

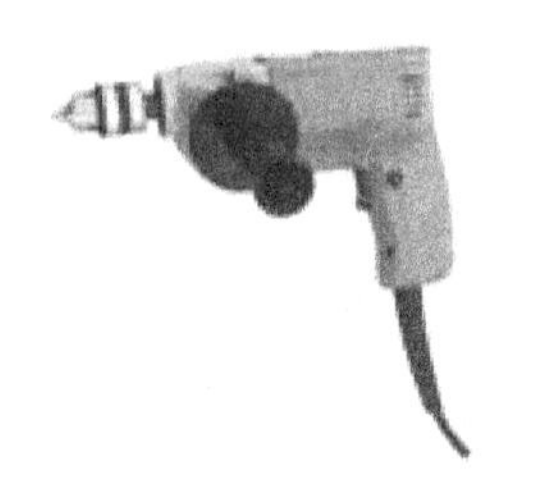

图 3-1-15 电钻

2. 角磨机

电动角向磨光机就是利用高速旋转的薄片砂轮以及橡胶砂轮、钢丝轮等对金属构件进行磨削、切削、除锈、磨光加工，如图 3-1-16 所示。

图 3-1-16 角磨机

3. 手动葫芦

手动葫芦分为手扳葫芦、手拉葫芦两种。如图 3-1-17 所示。

手扳葫芦是通过人力扳动手柄借助杠杆原理获得与负载相匹配的直线牵引力，轮换地作用于机芯内负载的一个钳体，带动负载运行。它具有结构紧凑、重量轻、外形尺寸小、携带方便、安全可靠、使用寿命长、手扳力小、对钢丝绳磨损小等优点。它可以进行提升、牵引、下降、校准等作业。若配置特殊装置，不但可以作非直线牵引作业，而且可以很方便地选择合适的操作位置，或以较小吨位的机具成倍地扩大其负载能力，对于较大吨位负载可以采用数个机具并列作业。

4. 拉马

拉马又称为轴承拉出器、轴承拆卸工具、轮子拉出器具，如带轮、链轮等。分为外拉马、内拉马和分体拉马。如图 3-1-18 所示。

拉马是使轴承与轴相分离的拆卸工具。使用时用三个抓爪勾住轴承，然后旋转带有丝扣的顶杆，轴承就被缓缓拉出轴了。

图 3-1-17　手动葫芦

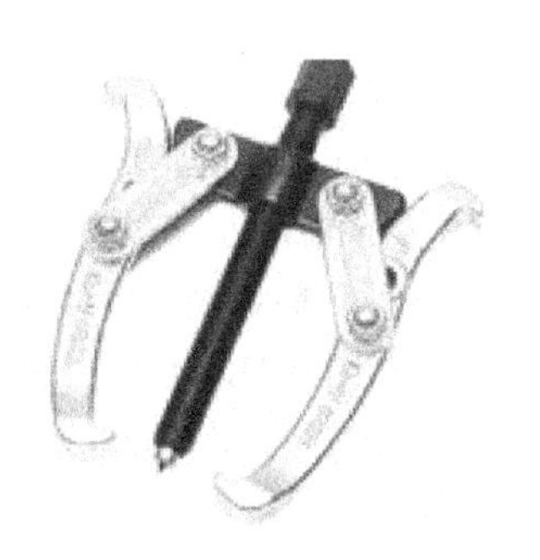

图 3-1-18　拉马

5. 锉

锉：手工工具，条形，多刃，主要用于对金属、木料、皮革等表层做微量加工。按横截面的不同可分为扁锉、圆锉、方锉、三角锉、菱形锉、半圆锉、刀形锉等，也叫锉刀。如图 3-1-19 所示。锉、锉刀、钢锉为同一产品。

钢锉：钢锉和锉刀一样大致可分为普通锉、特种锉和整形锉（什锦锉）三类。

普通锉按锉刀断面的形状又分为平锉、方锉、三角锉、半圆锉和圆锉五种，平锉用来锉平面、外圆面和凸弧面；方锉用来锉方孔、长方孔和窄平面；三角锉用来锉内角、三角孔和平面；半圆锉用来锉凹弧面和平面；圆锉用来锉圆孔、半径较小的凹弧面和椭圆面。

特种锉用来锉削零件的特殊表面，有直形和弯形两种。

整形锉（什锦锉）适用于修整工件的细小部位，有许多各种断面形状的锉刀组成一套。

图 3-1-19　锉

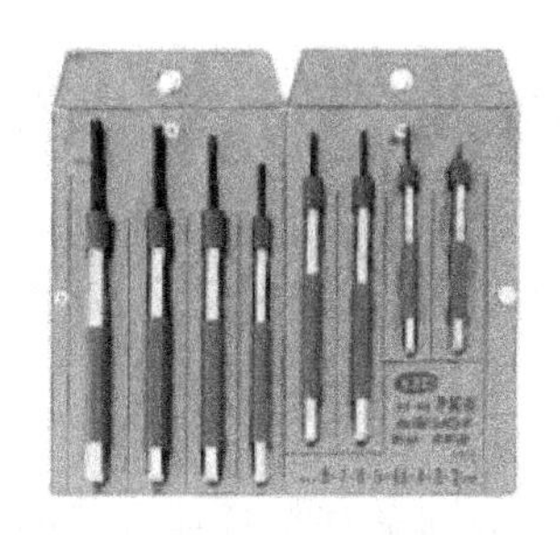

图 3-1-20　冲子

6. 冲子

冲子用于打孔、打眼或顶出销子、小部件等。如图 3-1-20 所示。

## 知识与能力拓展

### 丝锥攻螺纹的方法

攻螺纹：制作内螺纹叫攻螺纹，它的工具叫丝攻。（丝锥）套扣（丝）：制作外螺纹就是套螺纹，其工具就是板牙。

攻螺纹的要点：

① 工件上螺纹底孔的孔口要倒角，通孔螺纹两端都倒角。

② 工件夹位置要正确，尽量使螺纹孔中心线置于水平或竖直位置，使攻螺纹容易判断丝锥轴线是否垂直于工件的平面。

③ 在攻螺纹开始时，要尽量把丝锥放正，然后对丝锥加压力并转动绞手，当切入 1～2 圈时，仔细检查和校正丝锥的位置。一般切入 3～4 圈螺纹时，丝锥位置应正确无误。以后，只须转动绞手，而不应再对丝锥加压力，否则螺纹牙形将被损坏。

④ 攻螺纹时，每扳转绞手 1/2～1 圈，就应倒转约 1/2 圈，使切屑碎断后容易排出，并可减少切削刃因粘屑而使丝锥轧住现象。

⑤ 攻不通的螺孔时，要经常退出丝锥，排除孔中的切屑。

⑥ 攻塑性材料的螺孔时，要加润滑冷却液。对于钢料，一般用机油或浓度较大的乳化液，要求较高的可用菜油或二硫化钼等。对于不锈钢，可用 30 号机油或硫化油。

⑦ 攻螺纹过程中换用后一支丝锥时，要用手先旋入已攻出的螺纹中，直到不能再旋进时，然后用绞手扳转。在末锥攻完退出时，也要避免快速转动绞手，最好用手旋出，以保证已攻好的螺纹质量不受影响。

⑧ 机攻时，丝锥与螺孔要保持同轴性。

⑨ 机攻时，丝锥的校准部分不能全部出头，否则在反车退出丝锥时会产生乱牙。

⑩ 机攻时的切削速度，一般钢料为 6～15m/min；调质钢或较硬的钢料为 5～10m/min；不锈钢为 2～7m/min；铸铁为 8～10m/min。在同样材料时，丝锥直径小取较高值，丝锥直径大取较低值。

# 任务 2　常用量具的使用

## 学习目标

知识目标：

1. 了解常用量具的种类和用途；
2. 掌握常用量具的使用方法。

能力目标：

1. 能根据维修任务选择合适的量具；
2. 能熟练运用常用量具进行设备检测。

## 相关知识

在工程机械维护作业中，量具是进行故障诊断的必要手段，也是维护质量的重要检测手段，掌握这些常用量具的使用方法，可以为工程机械的故障诊断与设备维护提供有力保障。

### 一、游标量具

应用游标读数原理制成的量具有：游标卡尺、高度游标卡尺、深度游标卡尺、游标量角尺（如万能量角尺）和齿厚游标卡尺等，用以测量零件的外径、内径、长度、宽度，厚度、高度、深度、角度以及齿轮的齿厚等，应用范围非常广泛。

1. 游标卡尺

游标卡尺主要用来测量零件的内外直径和孔（槽）的深度等，其精度分 0.10mm、0.05mm、0.02mm 三种。测量时，应根据测量精度的要求选择合适精度的游标卡尺，并擦净卡脚和被测零件的表面。使用后要把游标卡尺卡脚擦净并涂油后放入盒中。

游标卡尺由尺身、游标、活动卡脚和固定卡脚等组成。如图 3-2-1 所示为精度为 0.10mm 的游标卡尺，其尺身上每一刻度为 1mm，游标上每一刻度表示 0.10mm。读数时，先看游标上“0”刻度线对应的尺身刻度线读数，再找出游标上与尺身某刻度线对得最齐的一条刻度线读数，测量的读数为尺身读数加上 0.1 倍的游标读数。

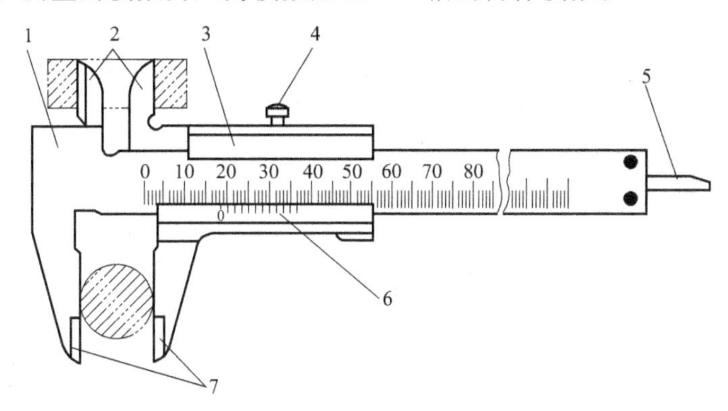


图 3-2-1　游标卡尺的结构形式之一

1—尺身；2—上量爪；3—尺框；4—紧固螺钉；5—深度尺；6—游标；7—下量爪

2. 高度游标卡尺

高度游标卡尺如图 3-2-2 所示，用于测量零件的高度和精密划线。它的结构特点是用质量较大的基座 4 代替固定量爪 5，而动的尺框 3 则通过横臂装有测量高度和划线用的量爪，量爪的测量面上镶有硬质合金，提高量爪使用寿命。高度游标卡尺的测量工作，应在平台上进行。当量爪的测量面与基座的底平面位于同一平面时，如在同一平台平面上，主尺 1 与游标 6 的零线相互对准。所以在测量高度时，量爪测量面的高度，就是被测量零件的高度尺寸，它的具体数值，与游标卡尺一样可在主尺（整数部分）和游标（小数部分）上读出。应用高度游标卡尺划线时，调好划线高度，用紧固螺钉 2 把尺框锁紧后，也应在平台上进行先调整再进行划线。

高度游标卡尺的应用如图 3-2-3 所示。

### 二、螺旋测微量具

应用螺旋测微原理制成的量具，称为螺旋测微量具。它们的测量精度比游标卡尺高，并

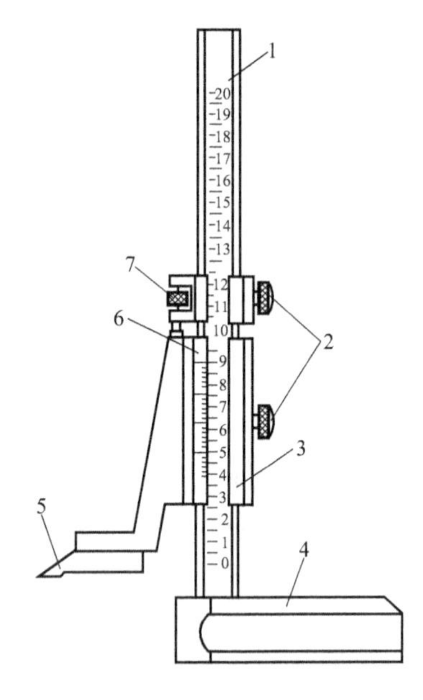


图 3-2-2　高度游标卡尺

1—主尺；2—紧固螺钉；3—尺框；4—基座；5—固定量爪；6—游标；7—微动装置

且测量比较灵活，因此，当加工精度要求较高时多被应用。常用的螺旋读数量具有百分尺和千分尺。百分尺的读数值为 0.01mm，千分尺的读数值为 0.001mm。工厂习惯上把百分尺和千分尺统称为千分尺。目前车间里大量用的是读数值为 0.01mm 的千分尺，现以这种千分尺为主介绍，并适当介绍千分尺的使用知识。

千分尺的种类很多，机械加工车间常用的有：外径千分尺、内径千分尺、深度千分尺以及螺纹千分尺和公法线千分尺等，并分别测量或检验零件的外径、内径、深度、厚度以及螺纹的中径和齿轮的公法线长度等。

1. 外径千分尺的结构

各种千分尺的结构大同小异，常用外径千分尺用以测量或检验零件的外径、凸肩厚度以及板厚或壁厚等（测量孔壁厚度的百分尺，其量面呈球弧形）。千分尺由尺架、测微头、测力装置和制动器等组成。图 3-2-4 是测量范围为 0～25mm 的外径千分尺。尺架 1 的一端安装固定测砧 2，另一端安装测微头。固定测砧和测微螺杆的测量面上都镶有硬质合金，以提高测量面的使用寿命。尺架的两侧面覆盖着绝热板 12，使用百分尺时，手拿在绝热板上，防止人体的热量影响千分尺的测量精度。

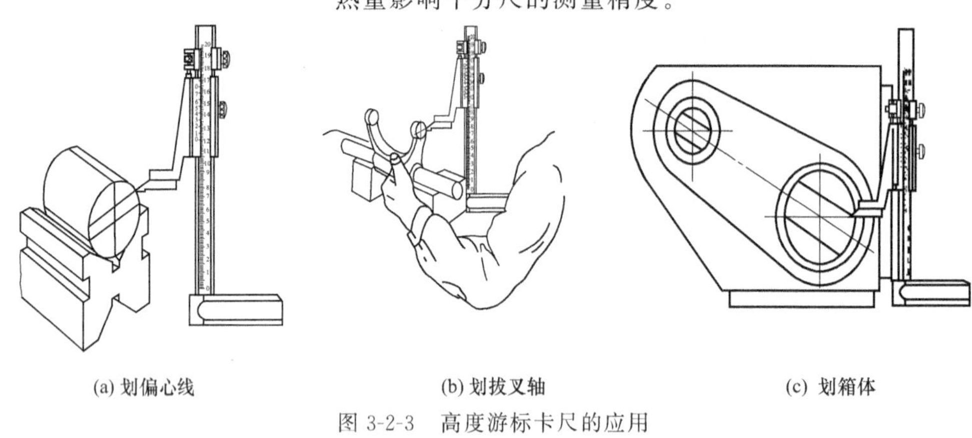

(a) 划偏心线　(b) 划拔叉轴　(c) 划箱体

图 3-2-3　高度游标卡尺的应用

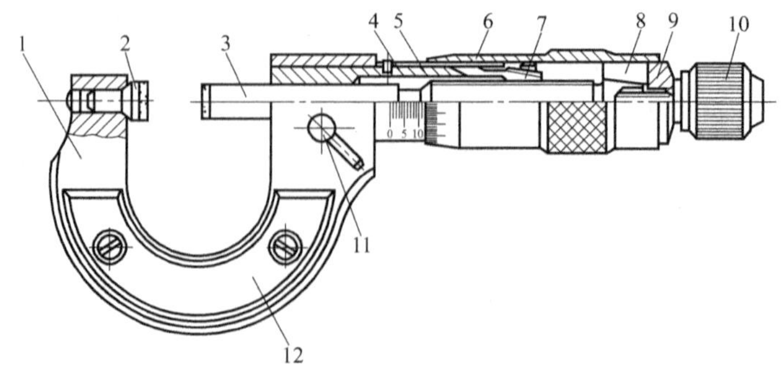


图 3-2-4　0～25mm 外径千分尺

1—尺架；2—固定测砧；3—测微螺杆；4—螺纹轴套；5—固定刻度套筒；6—微分筒；7—调节螺母；8—接头；9—垫片；10—测力装置；11—锁紧螺钉；12—绝热板

2. 使用方法

外径千分尺是比游标卡尺更精密的量具，其精度为0.01mm。外径千分尺的规格按量程划分，常用的有0～25mm、25～50mm、50～75mm、75～100mm、100～125mm等规格，使用时应按零件尺寸选择相应规格。外径千分尺的结构如图3-2-4所示。使用外径千分尺前，应检查其精度，检查方法是旋动棘轮，当两个砧座靠拢时，棘轮发出两三声“咔咔”的响声，此时，活动套管的前端应与固定套管的“0”刻度线对齐，同时活动套管的“0”刻度线还应与固定套管的基线对齐，否则需要进行调整。

注意：测量时应擦净两个砧座和工件表面，旋动砧座接触工件，直至棘轮发出两三声“咔咔”的响声时方可读数。

外径千分尺的读数方法如图3-2-5所示。外径千分尺固定套管上有两组刻线，两组刻线之间的横线为基线，基线以下为毫米刻线，基线以上为半毫米刻线；活动套管上沿圆周方向有50条刻线，每一条刻线表示0.01mm。读数时，固定套管上的读数与0.01倍的活动套管读数之和即为测量的尺寸。

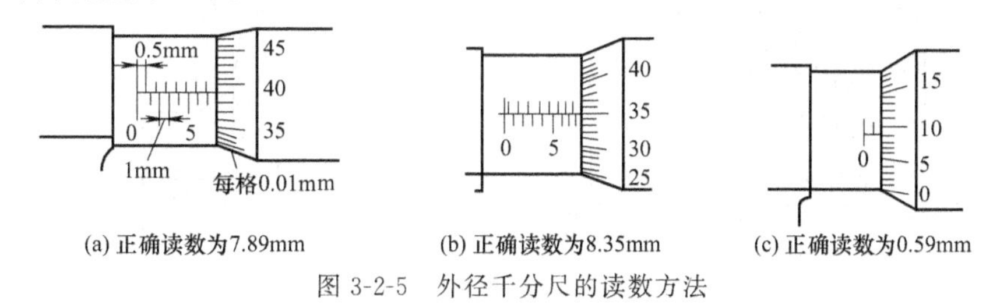


(a) 正确读数为7.89mm　(b) 正确读数为8.35mm　(c) 正确读数为0.59mm

图3-2-5　外径千分尺的读数方法

## 三、百分表

1. 百分表

百分表主要用于测量零件的形状误差（如曲轴弯曲变形量、轴颈或孔的圆度误差等）或配合间隙（如曲轴轴向间隙）。常见百分表有0～3mm、0～5mm和0～10mm三种规格。百分表的刻度盘一般为100格，大指针转动一格表示0.01mm，转动一圈为1mm，小指针可指示大指针转过的圈数。

在使用时，百分表一般要固定在表架上，如图3-2-6所示。用百分表进行测量时，必须首先调整表架，使测杆与零件表面保持垂直接触且有适当的预缩量，并转动表盘使指针对正表盘上的“0”刻度线，然后按一定方向缓慢移动或转动工件，测杆则会随零件表面的移动自动伸缩。

2. 量缸表

量缸表又称内径百分表，主要用来测量孔的内径，如汽缸直径、轴承孔直径等，量缸表主要由百分表、表杆和一套不同长度的接杆等组成，如图3-2-7所示。

测量时首先根据汽缸（或轴承孔）直径选择长度尺寸合适的接杆，并将接杆固定在量缸表下端的接杆座上；然后校正量缸表，将外径千分尺调到被测汽缸（或轴承孔）的标准尺寸，再将量缸表校正到外

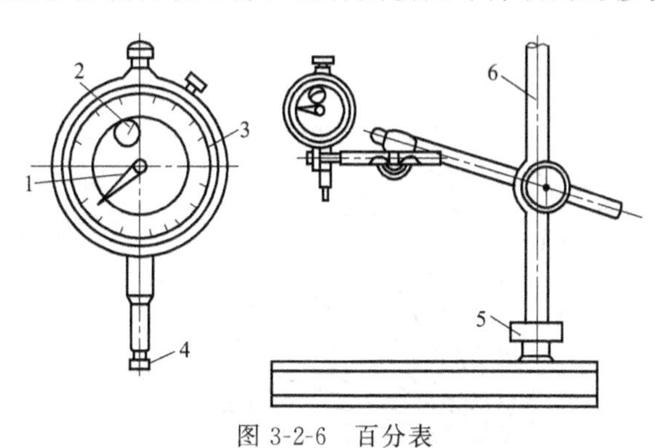


图3-2-6　百分表

1—大指针；2—小指针；3—刻度盘；4—测头；5—磁力表座；6—支架

径千分尺的尺寸，并使伸缩杆有2mm左右的压缩行程，旋转表盘使指针对准零位后即可进行测量。

注意：测量过程中，必须前后摆动量缸表以确定读数最小时的直径位置，如图3-2-7所示，同时还应在一定角度内转动量缸表以确定读数最大时的直径位置。

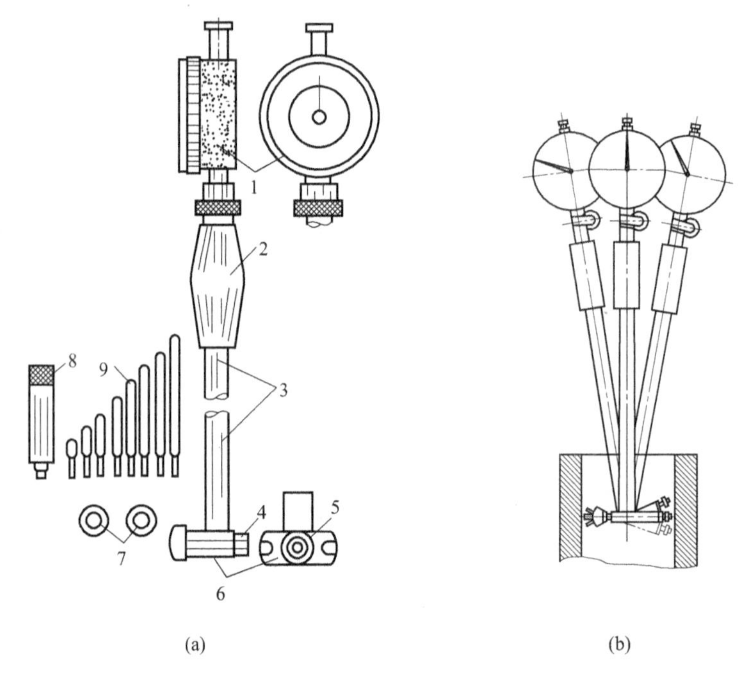


图3-2-7 量缸表

1—百分表；2—绝缘套；3—表杆；4—接杆座；5—活动测头；6—支承架；7—固定螺母；8—加长接杆；9—接杆

# 四、塞尺

1. 塞尺的功能

塞尺（见图3-2-8）又称厚薄规，它由一组不同厚度的钢片重叠，并将一端松铆在一起而成，每片上都刻有自身的厚度值。在热力设备检修中，常用来检测固定件与转动件之间的间隙（如汽封间隙、油挡间隙），检查配合面之间的接触程度（如汽缸、轴承箱中分面）。

单片塞尺厚度一般为0.02mm、0.03mm、0.04mm、0.05mm、0.06mm、0.07mm、0.08mm、0.09mm、0.10mm、0.15mm、0.20mm、0.25mm、0.30mm、0.35mm、0.40mm、0.45mm、0.50mm、0.75mm、1.00mm。

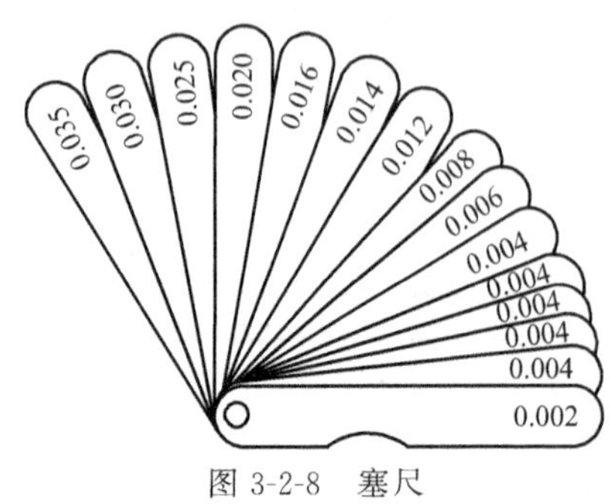


图3-2-8 塞尺

2. 塞尺的使用

根据被测间隙的大小，选择适当厚度的塞尺；为保证测量的准确性，塞尺数量一般不超过3片；如果超过3片，通常就要加测量修正值，一般每增加一片加0.01mm的修正值。在组合使用时，应将薄的塞尺片夹在厚的中间，以保护薄片。

塞尺应塞入一定深度，手感有一定阻力又不至卡死为宜。当塞尺片上的刻值看不清或塞尺片数较多时，可用千分尺测量塞尺厚度。塞尺用完后应擦干净，并抹上机油进行防锈保养。

## 五、角度量具

1. 万能角度尺

万能角度尺是用来测量精密零件内外角度或进行角度划线的角度量具，它有以下几种，如游标量角器、万能角度尺等。

万能角度尺的读数机构如图 3-2-9 所示。它由刻有基本角度刻线的尺座 1 和固定在扇形板 6 上的游标 3 组成。扇形板可在尺座上回转移动（有制动器 5），形成了和游标卡尺相似的游标读数机构。

万能角度尺尺座上的刻度线每格 1°。由于游标上刻有 30 格，所占的总角度为 29°，因此，两者每格刻线的度数差是：

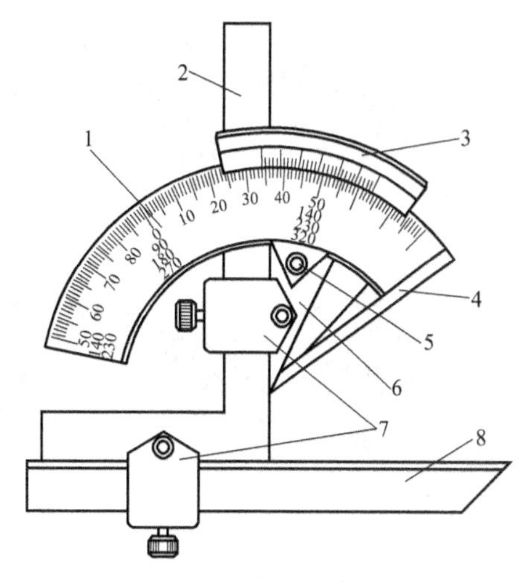

图 3-2-9　万能角度尺

1—R 座；2—角尺；3—游标；4—基尺；5—制动器；6—扇形板；7—卡块；8—直尺

$$1^\circ-\frac{29^\circ}{30}=\frac{1^\circ}{30}=2'$$

即万能角度尺的精度为 2′。

万能角度尺的读数方法和游标卡尺相同，先读出游标零线前的角度是几度，再从游标上读出角度“分”的数值，两者相加就是被测零件的角度数值。

在万能角度 R 上，基尺 4 是固定在尺座上的，角尺 2 是用卡块 7 固定在扇形板上，可移动尺 8 是用卡块固定在角尺上。若把角尺 2 拆下，也可把直尺 8 固定在扇形板上。由于角尺 2 和直尺 8 可以移动和拆换，使万能角度尺可以测量 0°～320°的任何角度。

2. 游标量角器

游标量角器的结构见图 3-2-10，它由 R 身 1、转盘 2、固定角尺 3 和定盘 4 组成。R 身 1 可顺其长度方向在适当的位置上固定，转盘 2 上有游标刻线 5。它的精度为 5′。产生这种精度的刻线原理如图 3-2-10 所示。定盘上每格角度线 1°，转盘上自零度线起，左右各刻有 12 等分角度线，其总角度是 23°。所以游标上每格的度数是

$$\frac{23^\circ}{12}=115'=1^\circ55'$$

定盘上 2 格与转盘上 1 格相差度数是

$$2^\circ-1^\circ55'=5'$$

即这种量角器的精度为 5′。

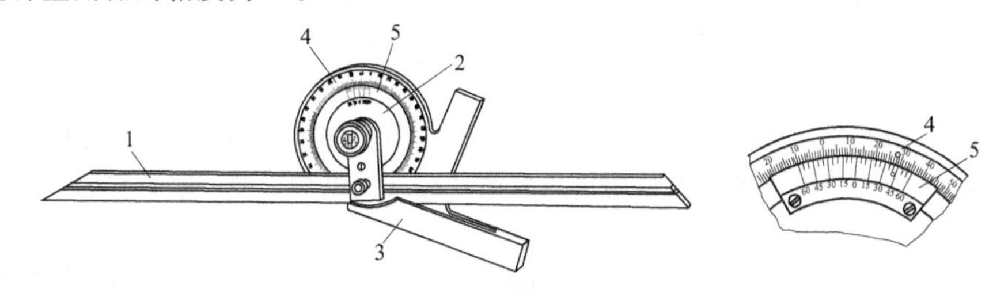

图 3-2-10　游标量角器

1—尺身；2—转盘；3—固定角尺；4—定盘；5—游标刻线

游标量角器的各种使用方法如图 3-2-11 所示。

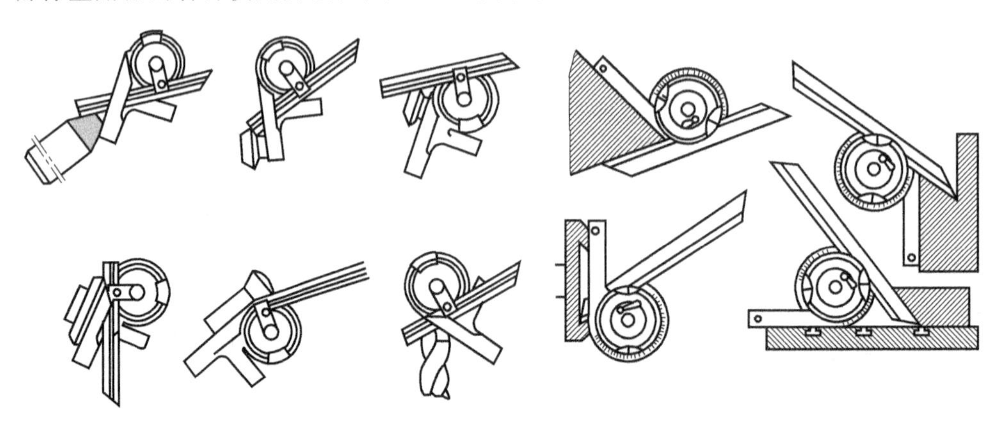

图 3-2-11　游标量角器的使用方法

## 知识与能力拓展

### 量具的维护和保养

正确地使用精密量具是保证产品质量的重要条件之一。要保持量具的精度和它工作的可靠性，除了在使用中要按照合理的使用方法进行操作以外，还必须做好量具的维护和保养工作。

① 机床上测量零件时，要等零件完全停稳后进行，否则不但使量具的测量面过早磨损而失去精度，且会造成事故。尤其是车工使用外卡时，不要以为卡钳简单，磨损一点无所谓，要注意铸件内常有气孔和缩孔，一旦钳脚落入气孔内，可把操作者的手也拉进去，造成严重事故。

② 测量前应把量具的测量面和零件的被测量表面都要揩干净，以免因有脏物存在而影响测量精度。用精密量具如游标卡尺、百分尺和百分表等，去测量锻铸件毛坯或带有研磨剂（如金刚砂等）的表面是错误的，这样易使测量面很快磨损而失去精度。

③ 量具在使用过程中，不要和工具、刀具如锉刀、榔头、车刀和钻头等堆放在一起，以免碰伤量具。也不要随便放在机床上，以免因机床振动而使量具掉下来损坏。尤其是游标卡尺等，应平放在专用盒子里，以免使尺身变形。

④ 量具是测量工具，绝对不能作为其他工具的代用品。例如拿游标卡尺划线，拿百分尺当小榔头，拿钢直尺当起子旋螺钉，以及用钢直尺清理切屑等都是错误的。把量具当玩具，如把百分尺等拿在手中任意挥动或摇转等也是错误的，都是易使量具失去精度的。

⑤ 温度对测量结果影响很大，零件的精密测量一定要使零件和量具都在 20℃的情况下进行测量。一般可在室温下进行测量，但必须使工件与量具的温度一致，否则，由于金属材料的热胀冷缩的特性，使测量结果不准确。

温度对量具精度的影响亦很大，量具不应放在阳光下或床头箱上，因为量具温度升高后，也量不出正确尺寸。更不要把精密量具放在热源（如电炉，热交换器等）附近，以免使量具受热变形而失去精度。

⑥ 不要把精密量具放在磁场附近，例如磨床的磁性工作台上，以免使量具感磁。

⑦ 发现精密量具有不正常现象时，如量具表面不平、有毛刺、有锈斑以及刻度不准、尺身弯曲变形、活动不灵活等等，使用者不应当自行拆修，更不允许自行用榔头敲、锉刀

锉、砂布打光等粗糙办法修理，以免反而增大量具误差。发现上述情况，使用者应当主动送计量站检修，并经检定量具精度后再继续使用。

⑧ 量具使用后，应及时揩干净，除不锈钢量具或有保护镀层者外，金属表面应涂上一层防锈油，放在专用的盒子里，保存在干燥的地方，以免生锈。

⑨ 精密量具应实行定期检定和保养，长期使用的精密量具，要定期送计量站进行保养和检定精度，以免因量具的示值误差超差而造成产品质量事故。

# 任务 3　常用设备及操作

## 学习目标

**知识目标：**

1. 了解工程机械常用设备的功能和分类；
2. 掌握工程机械常用设备的使用方法。

**能力目标：**

1. 能根据维修任务选择合适的设备；
2. 能熟练运用常用设备进行工程机械维护。

## 相关知识

在工程机械维护作业中，常用设备和仪器是进行故障诊断的必要手段，也是保证维护质量的重要手段，掌握这些常用设备的使用方法，可以为工程机械的故障诊断与设备维护提供有力保障。

### 一、常用仪器

1. 万用表

数字万用表可用来测量直流和交流电压、直流和交流电流、电阻、电容、频率、电池、二极管等，是工程机械电气系统维护的必备仪器。如图 3-3-1 所示。

（1）操作前注意事项

① 将 ON-OFF 开关置于 ON 位置，检查 9V 电池，如果电池电压不足，电池符号或“BAT”将显示在显示器上，这时，则应更换电池，如果没有出现则按以下步骤进行；

② 测试前，功能开关应放置于所需量程上，同时要注意指针的位置，如图 3-3-2 所示；

③ 同时要特别注意的是，测量过程中，若需要换挡或换插针位置时，必须将两支表笔从测量物体上移开，再进行换挡和换插针位置。

（2）电压挡的使用　测电压时，必须把黑表笔插于 COM 孔，红表笔插于 V 孔，如图 3-3-3 所示。

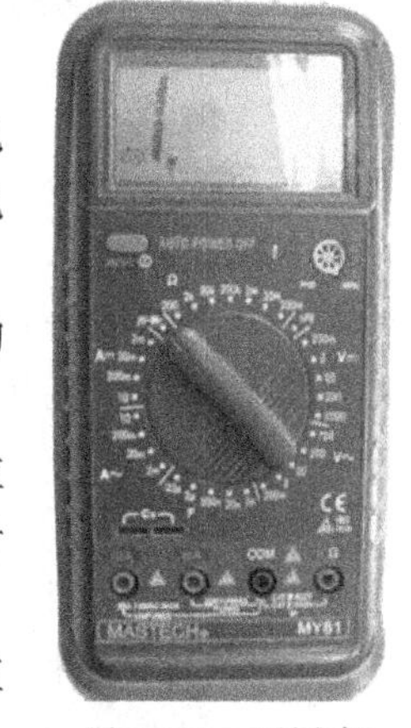

图 3-3-1　万用表

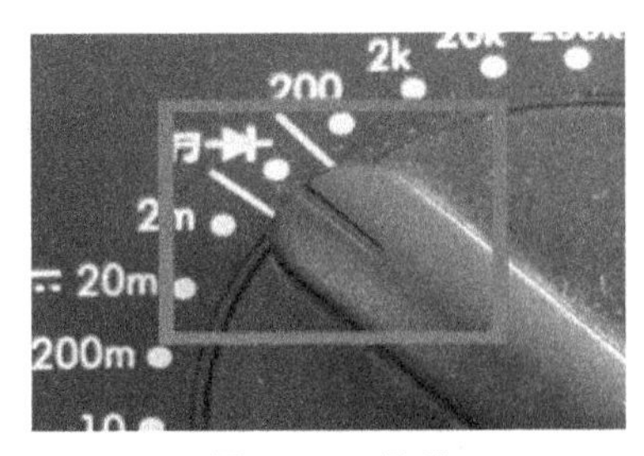


图 3-3-2　量程

图 3-3-3　插口

若测直流电压，则将指针打到如图 3-3-4 所示直流挡位。

若测交流电压，则将指针打到如图 3-3-5 所示交流挡位。

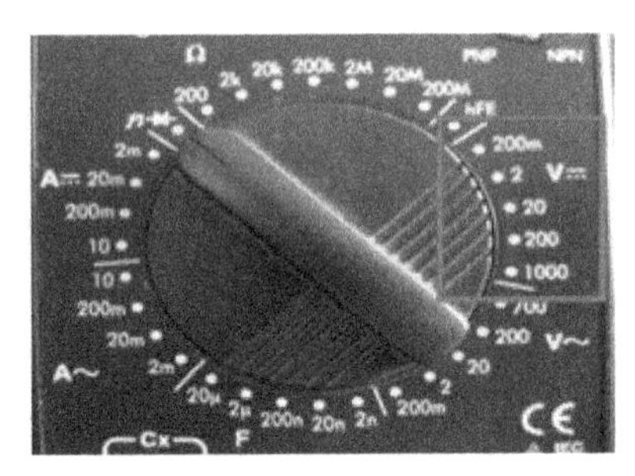

图 3-3-4　直流挡位

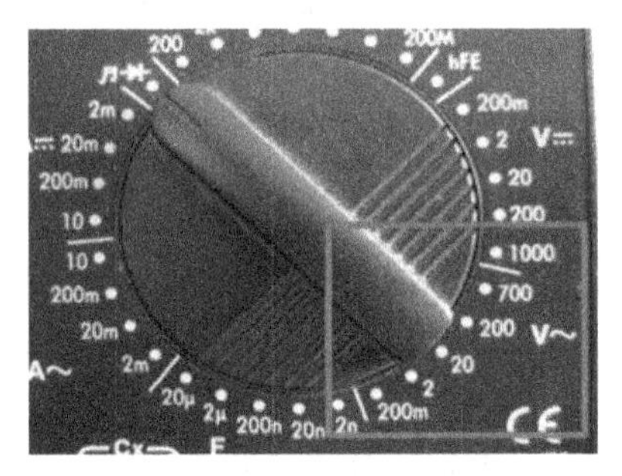

图 3-3-5　交流挡位

（3）电容的测量　如图 3-3-6 所示，将指针打到电容挡（F 挡）。

在数字万用表的挡位左下方有两个孔，上面写的是 Cx，把需要测的电容元件插到里面就可以测了，要是有极性的电容要注意正负极（见图 3-3-7）。

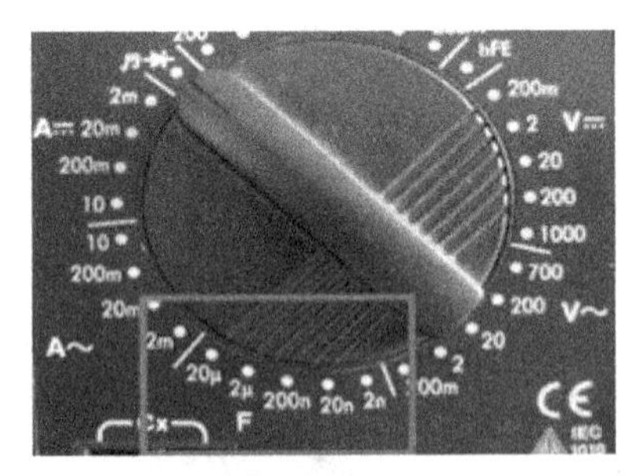

图 3-3-6　电容挡

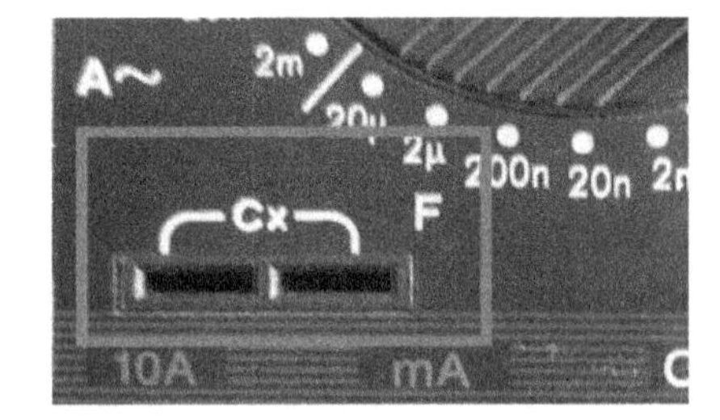


图 3-3-7　电容极性连接

（4）电流的测量　如图 3-3-8 方框所示，万用表电流挡分为交流挡与直流挡两个，当测量电流时，必须将万用表指针打到相应的挡位上才能进行测量。

在测量电流时，若使用 mA 挡进行测量，须把万用表黑表笔插在 COM 孔上，把红表笔插在 mA 挡上；若使用 10A 挡进行测量，则黑表笔不变，仍插在 COM 孔上，而把红表笔拔出插到 10A 孔上。

2. 汽缸压力表

汽缸压力表是用来测量汽缸内压缩终了时的气体压力的，其主要组成部件是压力表，按结构和用途分为汽油机压力表和柴油机压力表两种，它是诊断发动机是否需要大、中修的仪表之一。如图 3-3-9 所示为柴油机压力表。

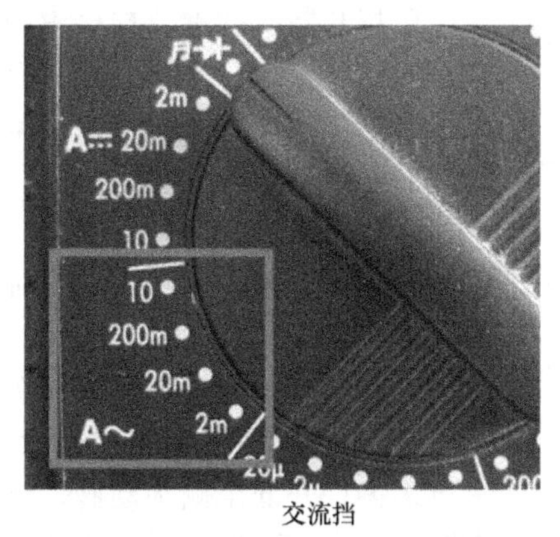

交流挡

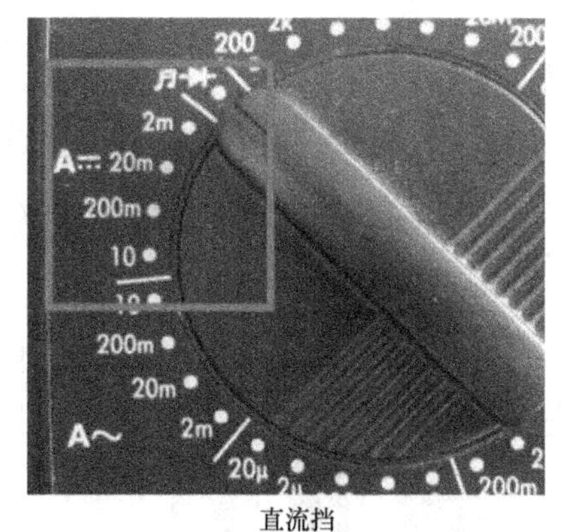

直流挡

图 3-3-8　电流测量

测量汽缸压缩压力时，应将发动机运转至正常工作温度（水温 80～90℃）后熄火进行。并要保证蓄电池够电，拆除全部喷油器。将汽缸压力表螺纹接口旋入喷油器座孔内，用启动机带动曲轴旋转 3～5s（转速应符合原厂规定，一般柴油机保持在 500r/min，汽油机 150～180r/min），这时汽缸压力表所指示的压力值就是该汽缸的汽缸压力。按下汽缸压力表上的放气阀，则压力表指针回零。再按上述方法将同一汽缸测量三次，以最大读数的一次为准，其压力应达到原厂规定的标准。

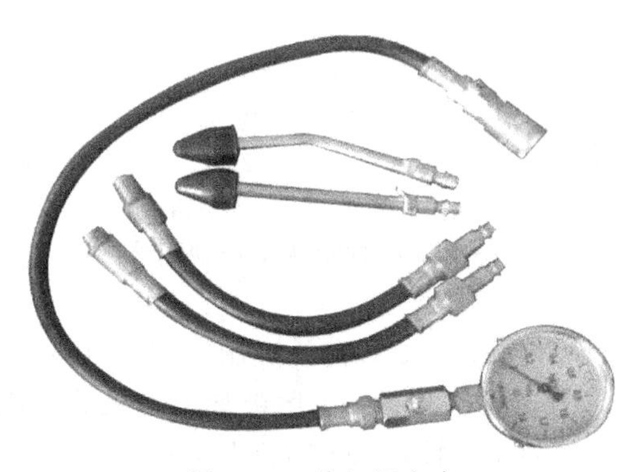
图 3-3-9　汽缸压力表

3. 歧管压力表

（1）结构与功能　歧管压力表由两个压力表（低压表和高压表）、两个手动阀（高压手动阀和低压侧手动阀）、三个软管接头（一个接低压工作阀、一个接高压工作阀、一个接制冷剂罐或真空泵吸入口）组成，这些部件都装在表座上，形成一个压力计装置。

歧管压力表的两个压力表中，一个用于检测冷气系统高压侧的压力，另一个用于检测低压侧的压力。低压侧压力表既用于显示压力，也用于显示真空度，所以也叫连程表。

这两个压力表都装在一个表座上，表座的两端各有一个手动阀。下部有三个通路接口，通过两个手动阀和三根软管的组合作用，可使歧管压力表具有四种功能：

① 当高压手动阀 B 或低压手动阀 A 同时全关闭时，可以对高压侧和低压侧的压力进行检查。

② 当高压手动阀 B 或低压手动阀 A 同时全开时，全部管连通。如果接上真空泵，便可以对系统抽真空。

③ 当高压手动阀 B 关闭，而低压手动阀 A 打开时，可以从低压侧充注气态制冷剂。

④ 当低压手动阀 A 关闭，而高压手动阀 B 打开时，可使系统放空，排出制冷剂，也可以从高压侧充注液态制冷剂。

歧管压力表结构如图 3-3-10 所示。

（2）使用方法　通过歧管压力表的低压侧向系统充注气态制冷剂的程序如下：

① 将歧管压力表与空调压缩机和制冷剂罐连接好。

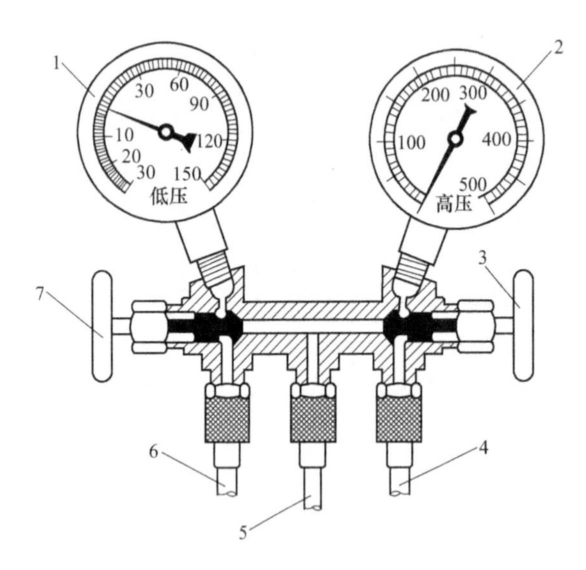


图 3-3-10　歧管压力表

1—低压表（蓝）；2—高压表（红）；3—高压手动阀；
4—高压侧软管（红）；5—维修用软管（黄）；
6—低压侧软管（蓝）；7—低压手动阀

② 打开制冷剂罐，拧松中间注入软管在歧管压力表侧的螺母，直到听见制冷剂蒸气有流动的声音，然后拧紧螺母。其目的是将注入软管中的空气赶走。

③ 打开低压阀，让制冷剂进入系统。当系统的压力值达到 0.4MPa 时，关闭低压手动阀。

④ 启动发动机，把空调开关接通，把风机开关和温度开关都开到最大。

⑤ 再打开低压侧手动阀，让制冷剂继续进入冷气系统，直到充注量达到规定值。

⑥ 在向系统中充注规定量制冷剂后，从检视窗中观察有没有气泡，等没有气泡了，将发动机转速调到 2000r/min，风机开到最高挡，在温度为 30～35℃时，系统内低压侧压力应为 0.15MPa，高压侧压力应为 1.5MPa。充注时要注意：一定要保持制冷剂罐直立，以防液态制冷剂通过吸、排气阀时产生液击。

⑦ 充注完毕后，关闭歧管压力表的低压侧手动阀，关闭装在制冷剂罐上的注入阀，使发动机停止运转，从压缩机上迅速拆除制冷剂软管接头。

## 二、常用设备

1. 手动液压机

当对工程机械部件进行作业时，经常会需要一定的压力。例如，在对后桥轴承和活塞销作业时需要压力，压出螺栓、压直部件和压入轴承等都需要压力。这些工作通常都是由液压机来完成。这些压力机可以在部件上产生 50t 或更高的压力。如图 3-3-11 所示。

2. 液压千斤顶

图 3-3-11　手动液压机

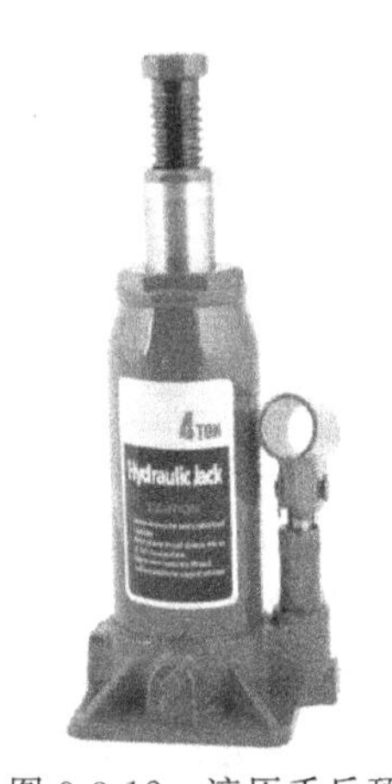


图 3-3-12　液压千斤顶

千斤顶是一种起重高度小（小于1m）的最简单的起重设备。液压千斤顶（见图3-3-12）结构紧凑，工作平稳，有自锁作用，故使用广泛。

由人力或电力驱动液压泵，通过液压系统传动，用缸体或活塞作为顶举件。液压千斤顶可分为整体式和分离式。整体式的泵与液压缸连成一体；分离式的泵与液压缸分离，中间用高压软管相连。

使用方法及注意事项：

① 使用前必须检查各部是否正常（主要检查活塞、接头、高压软管等处是否漏油）。

② 使用时应严格遵守主要参数中的规定，切忌超高超载，否则当起重高度或起重吨位超过规定时，油缸顶部会发生严重漏油。

③ 如手动泵体的油量不足时，需先向泵中加入经充分过滤后的液压油才能工作。

④ 重物重心要选择适中，合理选择千斤顶的着力点，底面要垫平，同时要考虑到地面软硬条件，是否要衬垫坚韧的木材，放置是否平稳，以免负重下陷或倾斜。

⑤ 千斤顶将重物顶升后，应及时用支撑物将重物支撑牢固。

⑥ 如需几只千斤顶同时起重时，除应正确安放千斤顶外，应注意每台千斤顶的负荷应均衡，注意保持起升速度同步，防止被举重物产生倾斜而发生危险。

⑦ 使用千斤顶时，将油缸放置好位置，将油泵上的放油螺钉旋紧，即可工作。欲使活塞杆下降，将手动油泵手轮按逆时针方向微微旋松，油缸卸荷，活塞杆即逐渐下降。否则下降速度过快将产生危险。

⑧ 分离式千斤顶系弹簧复位结构，起重完后，即可快速取出，但不可用连接的软管来拉动千斤顶。

⑨ 因千斤顶起重行程较小，用户使用时千万不要超过额定行程，以免损坏千斤顶。

⑩ 使用过程中应避免千斤顶剧烈振动（如：在千斤顶顶负载时，用锤敲击工件）。

3. 空调冷媒加注机

空调冷媒加注机由真空泵、压缩机、高压表、低压表、左右定量瓶、干燥过滤器、油水分离器和管路及接头组成。如图3-3-13所示。

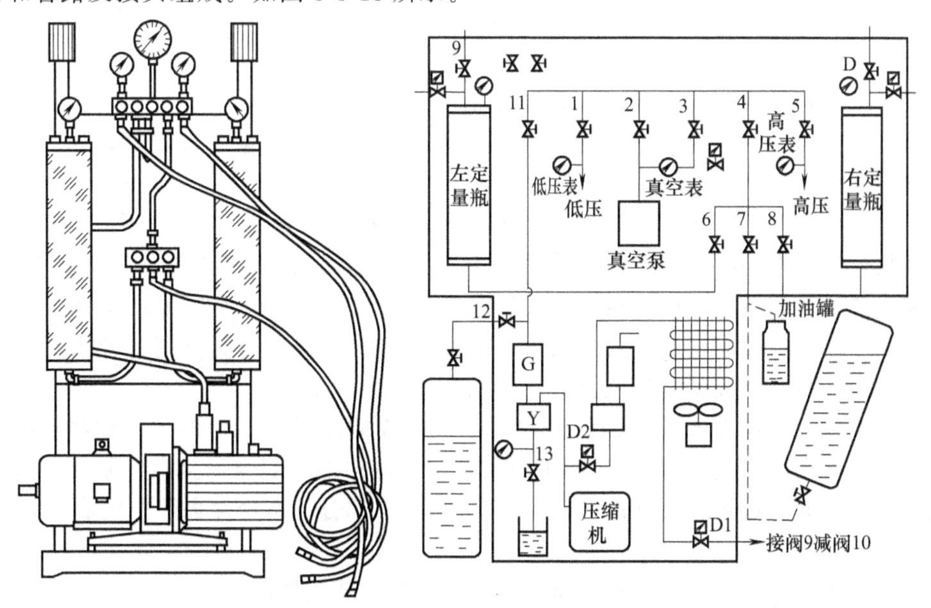


图3-3-13 空调冷媒加注机及原理图

使用方法如下。

（1）本机系统内抽真空和检漏　如果冷媒加注机内部存在高压，则先打开相应阀门排除高压气体，然后关闭所有阀门，启动真空泵，顺序打开2、3、4、6、8阀门，抽真空15min后关闭所有阀门；再经过一段时间抽空，再顺序打开3、4、6、8通过真空表分段观测，可以找出冷媒加注机系统内的泄漏部位。

（2）制冷系统抽真空及检漏　关闭冷媒加注机所有阀门，将冷媒加注机的高低压管与制冷系统的高低压口相连接，如果压力表显示较高的数值则应先进行冷媒回收。如果制冷系统内部较脏（放气时有黑色油迹），并含有较多的空气则最好先放掉，待压力表显示低于0bar（1bar＝100kPa）时停止回收。启动真空泵，打开阀2通过阀1、5对制冷系统抽真空。当高低压力表指针均为负值时才可以打开阀3进行检漏和测量。

抽空一定时间后关闭阀2和真空泵，记下真空表指针的准确位置，如果制冷系统没有泄漏，指针将原位不动，否则指针将回转。根据回转速率可估计漏气率的大小，但是如果系统内仍有少量气体未排净，特别是水汽和溶解在冷冻油内的冷媒会逐渐放出，则真空表指针也会有少量转动，但稳定后即会保持不动，确定不漏后，再次打开阀门2继续抽真空。当制冷系统已达到良好的真空状态后关闭所有的阀门，特别是真空泵阀3。

（3）向定量瓶内加注冷媒　将倒置的冷媒钢瓶通过中液管连接在阀7的下部，在此之前打开大钢瓶放出少量冷媒，排出管内空气，然后打开钢瓶阀及阀7、8，冷媒将进入右定量瓶；关闭阀8打开阀7、6，冷媒将进入左定量瓶；当速度变慢时，可打开定量瓶上部的手动阀放气，加速充液，最后关闭所有阀门，去掉钢瓶。注意：此方法只适用于十分纯净的冷媒，如果冷媒中可能含有固体杂质（例如铁锈等）则必须用下述方法向定量瓶内加注冷媒。

（4）加注冷媒　用定量瓶充注冷媒。将定量瓶刻度表调整好，并计算出要充入的数量及最终液面位置。打开阀6或者阀8，液态冷媒将从低压端进入制冷系统。如果冷媒不能按要求全部进入系统，可以启动制冷系统的压缩机缓慢地吸入足够量的冷媒。从低压端加注液态冷媒容易产生液击损坏压缩面，因此整个过程要逐渐地缓慢进行。

（5）向制冷系统加注润滑油　在储油罐内加入适量润滑油，将加油管尾端插到罐底，前端与阀7相连。关闭阀4，如果左定量瓶内有冷媒则轻微打开阀6再迅速关闭阀6，这样会有少量冷媒进入系统管道，缓慢打开阀7用冷媒冲洗干净加油管中的空气，然后缓慢打开阀4、1，润滑油将被吸入制冷系统。加油结束后关闭阀7去掉加油管。使用右定量瓶方法相同。注意：R12与R134a冷媒各自使用不同的润滑油，两只油罐不能混用、错用。加油过程中，加油管尾端始终在油面以下，防止吸入空气。

（6）冷媒回收　关闭所有的阀门，用两根串液管将阀门1、5与制冷系统的低压口、高压口相连接，同时在回收系统的高压排气口上（阀D1处）再用串液管使其与阀9或10连接。接通电源开关，机器的压缩机工作，顺序打开1、5、11，打开阀9或阀10即可进行冷媒回收，回收结束后关闭电源开关和门11。注意：回收过程中切勿忘记打开阀9或10，否则将会损坏压缩机。回收到定量瓶内的媒不能超过最大容量值。

在回收系统的低压端安装有油气分离器，被回收的冷媒中所含的润滑油将被捕积和分离，定期打开阀门13可将其排出。如果回收到定量瓶内的冷媒含有空气，瓶上部高压表的数值会偏高。这时要通过瓶上部的阀门9或10排除一部分气态冷媒去除空气成分。

4.充电器

充电器可实现对蓄电池的补充充电，维持蓄电池的使用性能。

蓄电池充电：

（1）拆下通气孔塞　去除掉插头，以释放出蓄电池充电时产生的气体。

（2）连接蓄电池充电器的充电夹

① 确保蓄电池充电器外侧的无熔丝断路器、定时开关和电流调节器都关闭了。注意，如果充电夹在开启状态下是被连通的，就会有大电流流出，导致火花。

② 将蓄电池充电器软线上的红色（+）夹子连接到蓄电池的正极（+）。

③ 将蓄电池充电器软线上的黑色（—）夹子连接到蓄电池的负极（—）。

注意，如果软线接反了，那么，电池极性错误指示灯就会亮起来，并发出蜂鸣声。

如图 3-3-14 所示。

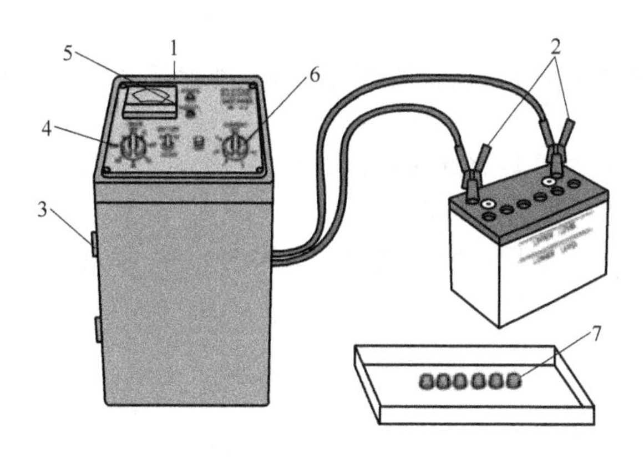


图 3-3-14　充电器

1—电池充电器；2—充电夹；3—无熔丝断路器；4—定时开关；5—电池极性错误指示灯；6—电流调节器；7—通气孔塞

5．高压冷水清洗机

冷水清洗机主要由柱塞式高压水泵、电机、机架、喷射胶管、吸水胶管、喷枪等部分组成，如图 3-3-15 所示。

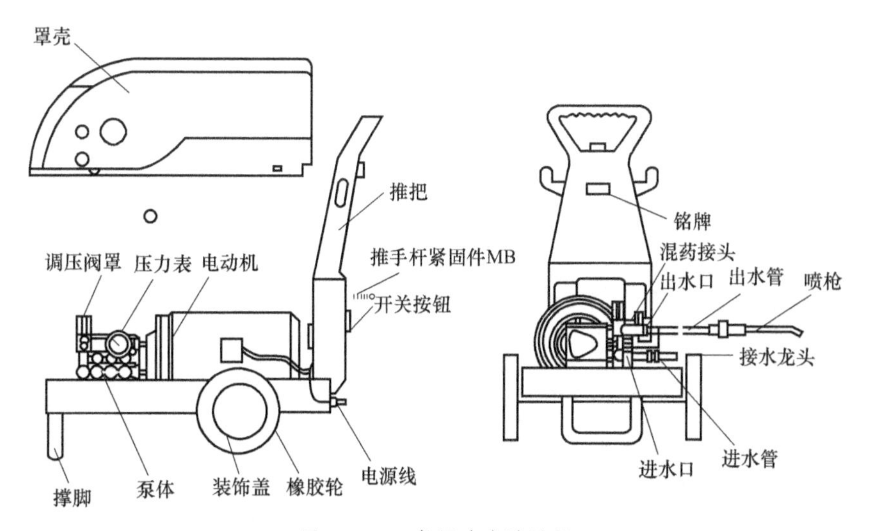


图 3-3-15　高压冷水清洗机

电机驱动高压水泵，水泵的偏心轴旋转而带动连杆、柱塞作直线运动，柱塞向后运动，出水阀关闭，进水阀打开，腔内吸入低压水；柱塞向前运动，出水阀打开，进水阀关闭，腔内压出高压水。出水压力的高低由调压阀控制，当关闭出水口时，由于瞬间的高压给卸荷阀一个压力脉冲，卸荷阀动作，将高低压腔接通产生卸荷，从而使泵处于低功耗运行状态。机器如需混药，可将混药接头接药筒。

喷枪被设计成手枪式，握紧扳机，使枪的阀门开启，高压液流经喷射胶管，从喷枪喷出；松开扳机，阀门在弹簧的作用下关闭，即可停止清洗作业。喷枪可作远距离冲洗也可作近距离冲洗。作远距离冲洗时，可旋动调节套向后，高压液流通过螺旋槽，形成扩散雾状从喷嘴喷出。

## 知识与能力拓展

设备管理人员需定期进行维修设备的例行保养、季度保养、年度保养。

**例行保养：**

① 设备启用前应先检查设备润滑状况是否良好，各操作手柄是否灵活可靠，设备各部有无异常情况，确认技术状况正常方可开机。

② 工作过程中或工作完成后，应清除设备存留的切屑、污物，对设备进行一次清洁维护，并将设备放置原位切断电源。

## 思考题

1. 扭力扳手如何进行操作？
2. 用丝锥进行攻螺纹的方法有哪些？
3. 螺旋测微计如何进行读数？
4. 总结量缸表测量汽缸直径的方法和步骤。
5. 怎样进行空调制冷剂的加注？
6. 充电机操作的注意事项有哪些？

# 项目四　新机交付维护

## 任务1　机器接机检查

### 学习目标

**知识目标：**

1. 熟悉挖掘机的总体结构；

2. 知道机器接机检查的内容和方法。

**能力目标：**

能基本完成机器接机检查。

### 相关知识

沃尔沃挖掘机基本结构（见图4-1-1）分为：

① 车体部分：发动机、主泵、主阀、驾驶室、回转机构、回转支承、回转接头、转台、液压油箱、燃油箱、控制油路、电气部件、配重。

② 底盘部分：车架、履带、引导轮、支重轮、托轮、终传动、张紧装置。

③ 工作装置：动臂、斗杆、铲斗、液压油缸、连杆、销轴、管路。

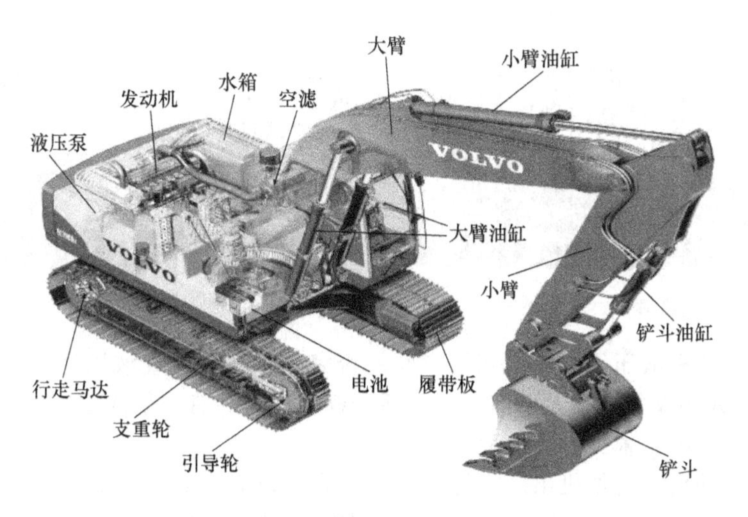


图4-1-1

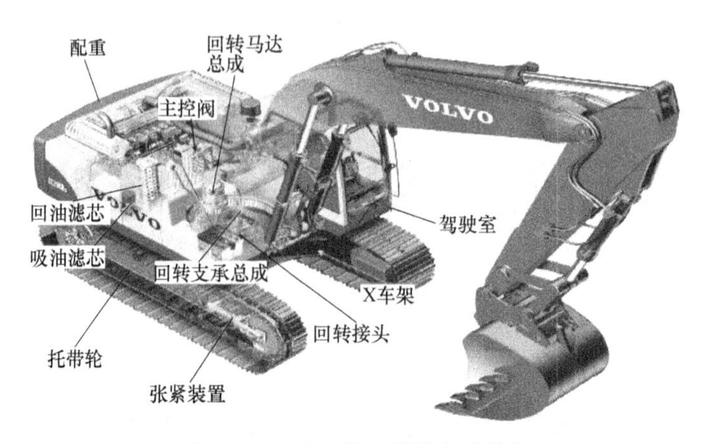


图 4-1-1　沃尔沃挖掘机主要部件

## 技能操作

机器接机检查包括运输到货检查和设备功能检查两部分。

## 一、运输到货检查

运输到货检查是机械经过运输后的首次检查，主要以目测检查设备状况为主。

① 设备外观检查，重点检查设备表面、油漆、logo 标志的状况。

② 打开每一个舱门，检查驾驶室是否清洁，重点检查驾驶室座椅是否有卡滞，手柄、扶手等是否有破损，一些小开关、点烟器、通信接口盖等容易丢失物品是否丢失；检查散热器室、空滤器室部件的状况（见图 4-1-2）；检查液压泵室是否整洁，检查发动机室是否整洁，水箱盖等易丢失物品是否在（见图 4-1-3）；检查工具箱室是否整洁。

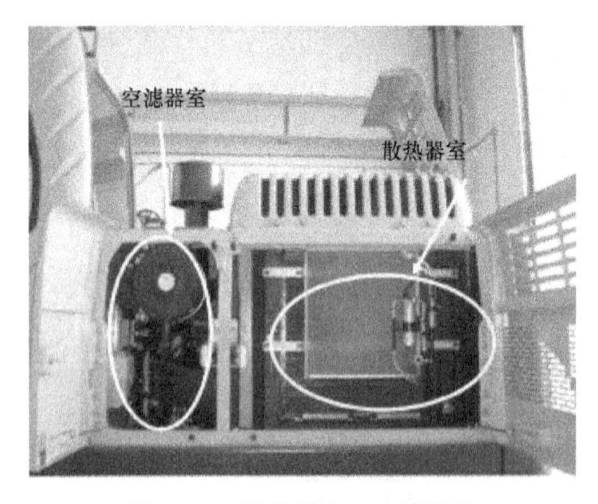


图 4-1-2　散热器室、空滤器室

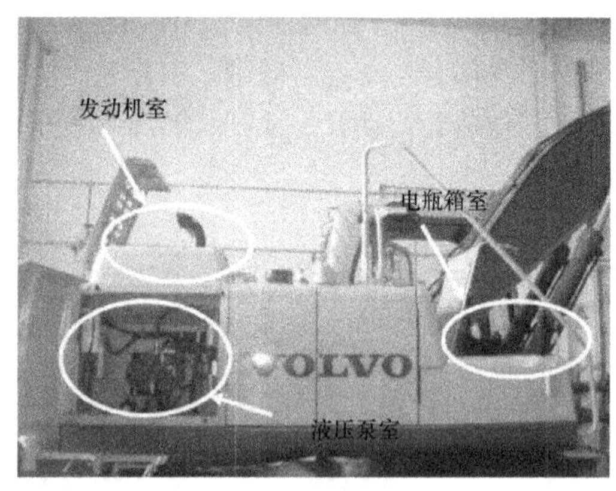


图 4-1-3　液压泵室、发动机室

③ 重点检查所有液压油缸的活塞杆表面是否完好，包括检查液压油缸表面是否有擦碰痕迹、液压油缸及活塞杆表面是否有锈迹、活塞杆表面是否有划伤或擦碰痕迹。

④ 检查轮胎状况（根据各种机型的适用不同）。

⑤ 检查柴油油位（挖掘机出厂时的标准柴油油位为 I-ECU 仪表盘柴油油位表两格，见图 4-1-4）、发动机机油油位（见图 4-1-5）、液压油油位（见图 4-1-6）、发动机冷却液液位（见图 4-1-7）、玻璃水液位（见图 4-1-8）。

图 4-1-4　柴油油位

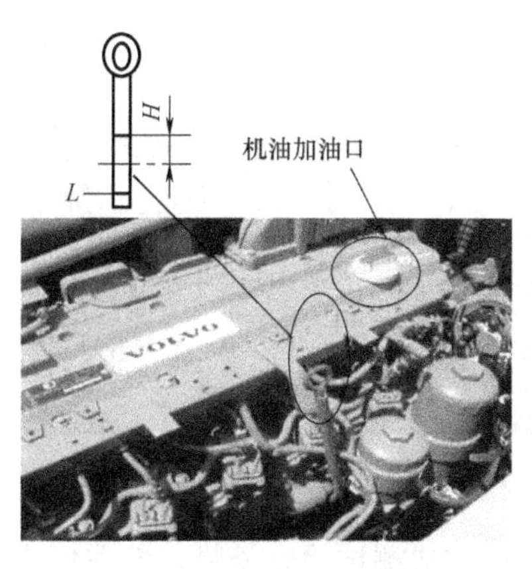


图 4-1-5　发动机机油油位

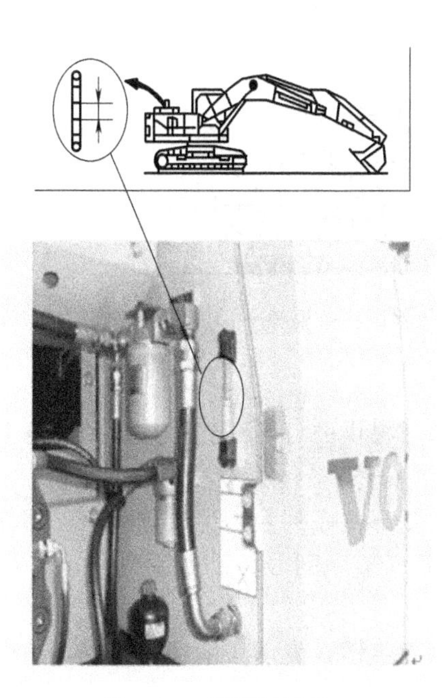

图 4-1-6　液压油油位

图 4-1-7　发动机冷却液液位

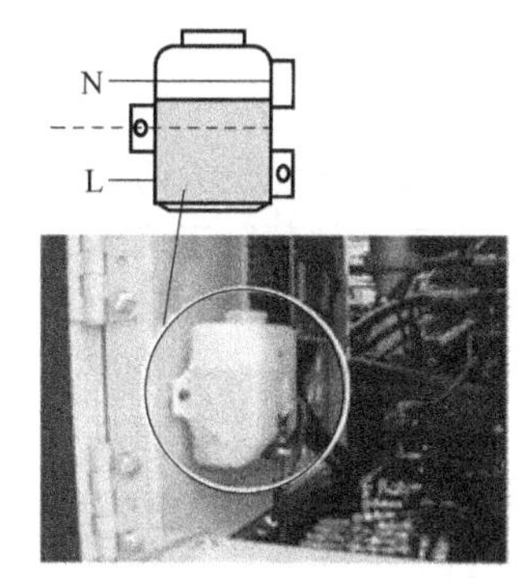


图 4-1-8　玻璃水液位

⑥ 检查易丢失部件：点烟器、后视镜、柴油箱盖、膨胀水箱盖等。

⑦ 检查并接收设备合格证和质保证书（见图 4-1-9），并确认和设备是否对应；检查礼品盒内物品是否齐全（见图 4-1-10）。

⑧ 检查配件和工具箱的包装和封条完好。

⑨ 记录收到的配件和工具箱的数量；接收设备钥匙，并记录收到的钥匙的数量。

如果在运输到货检查中发现任何问题，须做好记录，并立即汇报给主管。

## 二、设备功能检查

设备功能检查是针对从工厂接收的设备的全面质量检查。对设备进行功能检查时，应将设备停放于平整的地面上，脱卸液压油缸的运输保护罩，并彻底清洁活塞杆上的防锈涂层，

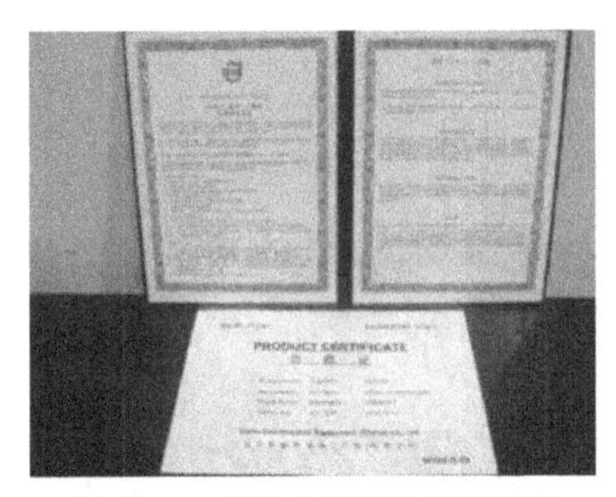


图 4-1-9　设备合格证和质保证书

图 4-1-10　礼品盒

并将设备摆放成测试检查姿势，然后停止发动机，并取下钥匙。

示例：履带式液压挖掘机的测试检查姿势（调整两侧的履带，使得行走减速箱的加注孔处于 3 点钟或 9 点钟位置；铲斗油缸全部伸出，斗杆油缸全部缩进，降低动臂至铲斗接触地面，如图 4-1-11 所示）。

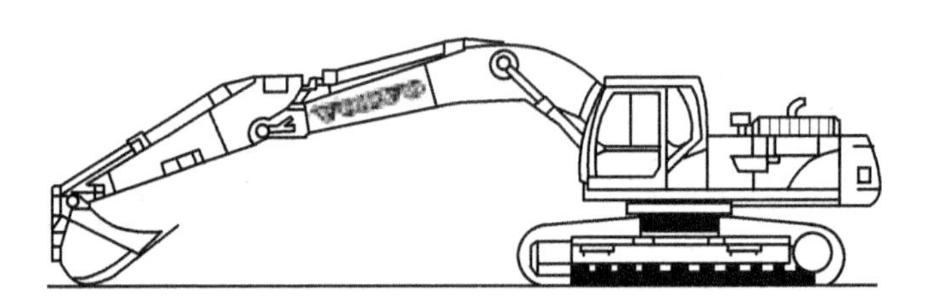

图 4-1-11　履带式液压挖掘机的测试检查姿势

1. 检查

（1）检查设备配置是否与订单相符　根据销售部门提供的订购配置信息，到设备上一一对应，确保所有选件都已正确安装，没有遗漏或安装错误。

（2）记录主要部件序列号，并做好记录　记录主要部件序列号，主要包括以下部件：发动机型号系列号、主控阀系列号、上车架序列号、下车架序列号、动臂系列号、斗杆系列号、驾驶室系列号、铲斗系列号。

（3）检查各部件是否生锈　主要检查以下部件是否生锈：发动机消音器、铲斗、行走装置、高压硬软管接头等。

（4）橡胶件检查　检查液压软管，驾驶室密封条，发动机软管及轮式设备的轮胎等橡胶部件是否有老化、开裂或者表层脱落现象。

（5）检查空滤器及各种油品　要对柴油、液压油、冷却液、回转减速箱齿轮油、行走减速箱齿轮油、变速箱油、刹车油、桥油等进行液位和品质的检查。

（6）发动机皮带张紧度检查及调整（见图 4-1-12）　主要检查皮带是否有裂缝、磨损或其他损坏。皮带张力可以由皮带张力器自动调节。如果距离（$D$）小于 3mm，必须更换皮带。

警告：检查皮带张力时发动机必须停止不动，否则旋转部分可能造成伤害。

（7）履带张紧度检查及调整　检查方法（见图 4-1-13）：

① 使用动臂和斗杆将上部结构向一侧回转，并升起履带。缓慢地操作控制杆完成此运动。

② 缓慢地以正向和反向多次转动履带。反向移动时停止履带。

③ 测量履带架中心的履带间隙（$L$）、履带架底部和履带板上部表面之间的间隙。

④ 根据土壤特性调整履带张紧度。

建议的履带张紧度如下：

| 工作条件 | 间隙 $L$/mm |
|---|---|
| 一般泥土 | 320～340 |
| 多石地面 | 300～320 |
| 硬度适中的土壤，如砂砾、沙子、积雪等 | 340～360 |

警告：检查履带张紧度时，履带必须升离地面。测量时，应十分小心不要让机器掉落或移动。两个人同时工作时，操作员应该遵循保养工人的示意。

（8）黄油加注孔检查及加注　检查所有加注孔是否都能打进黄油；用手涂润滑脂时，把附属装置降低到地面，让发动机熄火；使用一个手动或电动的润滑脂喷枪通过润滑脂接嘴来润滑；挤入润滑脂后，完全清除多余而溢出的油脂。

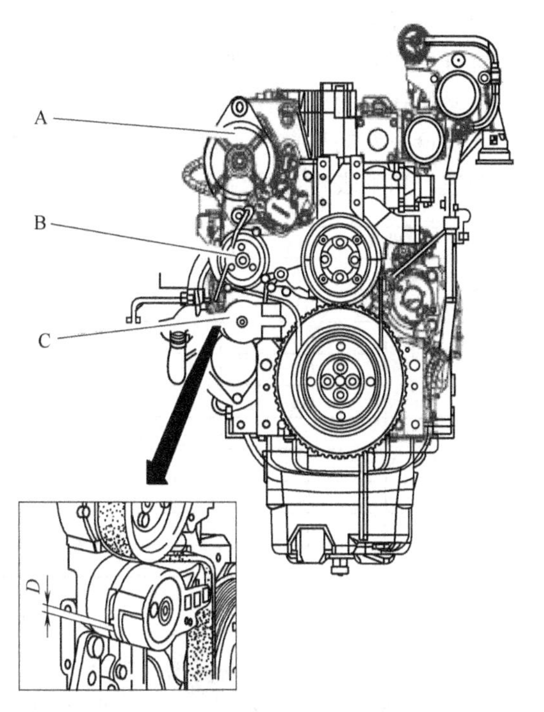


图 4-1-12　发动机皮带张紧度检查及调整

A—交流发电机；B—惰轮；C—自动张紧轮；$D$—距离

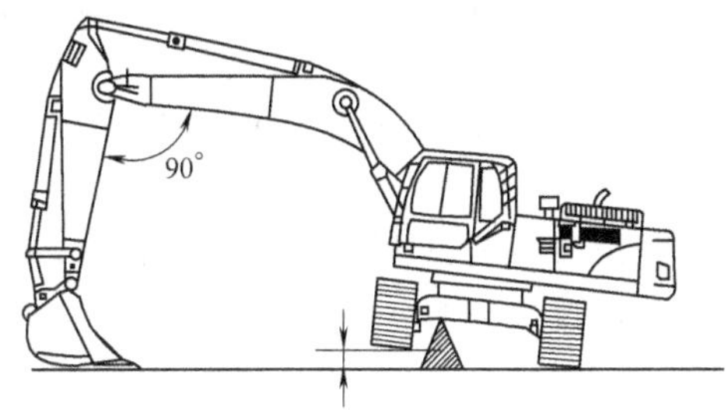


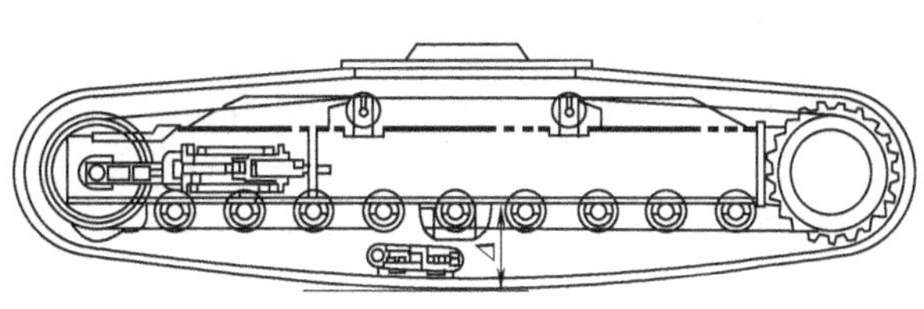

图 4-1-13　履带张紧度检查及调整

2. 测试

（1）测试前准备　做设备测试前，需要做以下准备：

① 所有的防锈保护涂层必须清除，液压油缸活塞杆上如有防护罩，也必须拆除；

② 将设备置于一个比较开阔的位置，让设备工作装置有足够的工作空间；

③ 启动发动机后，需要怠速 30s 以后才增加发动机转速和负载；

④ 增加发动机转速和设备负载，使发动机水温达到 70℃以上，液压油温度达到 50℃以上。

（2）空调测试　测试仪表板上的各功能开关，是否都有正确响应；检查各空调出风口，是否都有足够的出风量。运行空调至少 10min，观察空调制冷效果。

（3）电器元件测试　检查磁带或者 CD 播放器是否能正常工作，检查收音机是否工作正常，检查驾驶室各电气开关是否有正确响应，检查工作灯和旋转警示灯是否工作正常，检查警示音频是否正常，检查驾驶室及其他舱室的内部照明灯是否工作正常，检查喇叭是否正常，检查雨刮器是否能正常工作、玻璃冲洗喷头是否正常喷水。

（4）检查发动机在各个工作模式下空载和负载时的转速　通过调节发动机转速控制开关，依次检查发动机怠速、精细操作、普通操作、重载和最大功率模式下发动机空载和负载时的转速，和下表对比是否在规定范围内：

| 模式 | | 开关挡位 | 发动机速度（±40r/min）（无负载/有负载）/（r/min） |
|---|---|---|---|
| 最大动力 | P | 9 | 1900/1800 以上 |
| 重载 | H | | 1850/1750 以上 |
| 普通操作 | G1 | 8 | 1800/1700 以上 |
| | G2 | 7 | 1700/1600 以上 |
| | G3 | 6 | 1600/1500 以上 |
| 精细操作 | F1 | 5 | 1400/— |
| | F2 | 4 | 1300/— |
| | F3 | 3 | 1200/— |
| 怠速 | I1 | 2 | 1000/— |
| | I2 | 1 | 800/— |

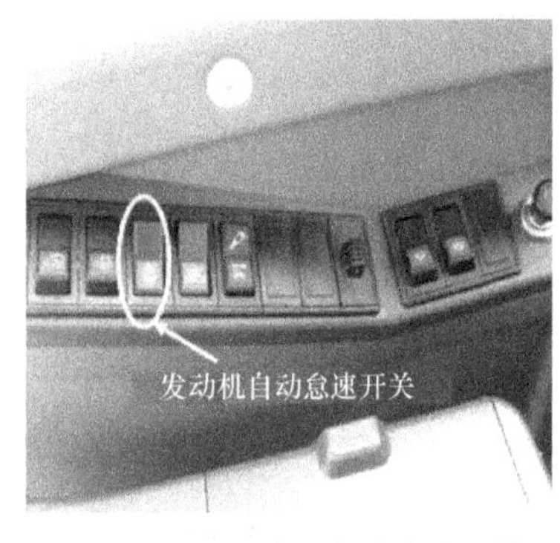

图 4-1-14　发动机自动怠速开关

（5）检查发动机自动怠速功能　将仪表板上的发动机自动怠速开关置于图 4-1-14 所示位置。如果控制杆、行走控制杆（踏板）或发动机速度控制开关没有被操作 5s 以上，发动机速度将会处于自动降低到怠速模式，以降低燃油消耗。如果上述的任何一项被操作，发动机速度会回到发动机速度控制开关设置的速度。

（6）检查发动机手动控制模式，以及应急停止功能　在驾驶室左操控台上有自动/手动选择开关（见图 4-1-15）。图中“1”位置为手动控制，图中“2”位置为自动控制。

将开关置于“1”位置，测试发动机能否正常启动和设备能否在紧急情况下工作，测试完成后需要从手动模式转换到自动模式，机器必须重新启动。

图 4-1-15　自动/手动选择开关

图 4-1-16　应急停止开关

重要：在手动模式，发动机可以通过点火钥匙来启动，即控制锁止杆处在向上位置。

在驾驶室左操控台上还有应急停止开关（图 4-1-16）。图中“1”位置为怠速速度，即 I2 模式（无负载）。图中“2”位置为高速，即发动机速度的 H 模式（无负载）。

把“自动/手动选择开关”设定到手动位置，使这个应急开关置于图中“1”位置。

它应该在即使点火钥匙转到了停止位置而发动机也不停止时使用。

（7）检查并确认没有油/水渗漏或泄漏　运行发动机，检查发动机燃油管路，冷却液管路，液压管路及接头，主控阀接头，回转接头以确认是否有泄漏的地方，如发现泄漏，立即记录并处理。

（8）设备性能测试　操作手柄执行动臂提升、下降，斗杆伸出、收回，铲斗内翻、外翻等各个动作，各个液压动作要操作到行程终点，确保各个动作顺畅，平滑无异常；测试回转，行走高速、低速功能，确保各功能正常。

（9）读取下载 Matris 数据和 VCADS 工作卡　使用 Matris 和 VCADS 工具连接设备，读取设备数据和建立设备档案。并检查以下内容：故障代码读取、汽缸压缩压力测试、断缸测试、传感器数值读取。

3．设备停止和存放

（1）设备的停止　停止设备前，关闭空调、磁带或 CD 播放器、收音机和所有的灯（包括工作灯和驾驶室照明）。

将设备停放在干燥清洁的环境，并根据规定的姿势摆放。所有的液压油缸活塞杆应尽可能缩进，露在外面的活塞杆表面应涂上油脂或防锈涂层。

发动机熄火前先让发动机怠速运转大约 3～5min。否则涡轮增压器的润滑可能受损，导致使用寿命缩短，并有轴承卡住的重大危险。

（2）设备的存放　关闭驾驶室窗户，并将所有舱室的门上锁，关闭主电源开关，或脱开电瓶的负极接头。

柴油箱必须加满以防止冷凝水生成。

如果需要的话，油缸活塞杆上补充防锈保护涂层以及润滑。

如果需要的话，将发动机排烟管罩上，防止雨水进入并侵蚀系统。

4．随车配件和工具检查

（1）随车配件和随车工具清点　沃尔沃建筑设备公司对每一台挖掘机都配备了随车配件、随车手册和随车工具，检查配件箱、工具箱的封条是否完好，并记录箱数，并做好标识放于仓库中。

（2）合格证、质保单和礼品盒核对　检查质量保证书，并确认和设备是否对应；检查礼品盒内物品是否齐全。将证书、钥匙等给予专人保管。

## 知识与能力拓展

### 挖掘机主要品牌

国内品牌：三一重工；柳工；山河智能；玉柴；徐工；中联重科；徐挖；龙工；临工；沃德；山推；力士德；詹阳动力，振宇，犀牛，常林，开源。

国外品牌主要有：

（1）美国：卡特彼勒 CATERPILLAR（简称 CAT）；凯斯 CASE。

（2）日本：小松 KOMATSU；日立 HITACHI；住友 SUMITOMO；加藤 KATO；久保田 KUBOTA；石川岛 IHI；竹内 TAKEUCHI。

（3）德国：阿特拉斯 ATLAS；利勃海尔 LIEBHERR。

（4）英国：JCB。

（5）瑞典：沃尔沃 VOLVO。

（6）韩国：大宇 DEAWOO，现在叫斗山 DOOSAN；现代 HYUNDAI。

近十年来国内挖掘机市场一直是国外品牌市场，合资企业占主导地位，如大宇、现代、小松、日立、卡特彼勒、神钢等合资企业。但经过我国企业的不懈努力，中国工业水平的不断提高，挖掘机技术瓶颈的不断突破，民族品牌挖掘机占有率从当初的不足 5% 攀升至 30%。

# 任务 2　机器库存保养维护

## 学习目标

**知识目标：**

知道机器库存保养维护的内容和方法。

**能力目标：**

能基本完成机器库存保养维护。

## 相关知识

设备必须存放在干燥清洁的环境，每两周必须按照规定对库存设备进行一次维护保养，如果发现任何差异或质量问题，应立即拍照、记录并报告给主管，然后立即采取纠正措施。库存设备的定期保养维护可以确保设备保持合格的质量以及外观。

### 一、检查

① 设备外观检查，重点检查油漆是否有破损，以及防锈涂层是否完好；

② 检查并确保驾驶室以及各个舱室的清洁；

③ 检查液压油缸的活塞杆表面状况；

④ 检查设备各部件是否发生锈蚀，如有，应立即采取措施；

⑤ 检查轮胎和其他橡胶部件是否存在老化；

⑥ 检查所有的油位冷却液液位是否处于正常液位；

⑦ 目测检查机油、液压油、齿轮油、变速箱油等等是否有变色变质；

⑧ 检查冷却液的凝固点；

⑨ 柴油箱底部放残水，油水分离器底部放水；

⑩ 检查蓄电池的电解液液位，必要时添加蒸馏水；

⑪ 如果设备存放超过 3 个月，蓄电池必须拆下并进行保养性充电（充电电流应较低，根据蓄电池状况在 50～100mA 之间）；

⑫ 检查蓄电池的正负极接线柱是否发生腐蚀，必要时予以清洁并涂上防腐涂层；

⑬ 确认发动机处于停止状态，并已拔出钥匙，然后检查发动机皮带张紧度，必要时调整；

⑭ 检查履带张紧度或轮胎压力，必要时调整；

⑮ 检查驾驶室的室内装饰、垫子、绝缘材料等是否潮湿；

⑯ 检查所有的黄油加注孔，并加注黄油直至溢出。

## 二、测试

① 在测试前，所有的防锈保护涂层必须清除，液压油缸活塞杆上如有防护罩，也必须拆除；

② 运转设备直至发动机和其他部件的温度上升至正常测试温度；

③ 操作所有的动作，各个液压动作要操作到行程终点，测试回转、行走功能，以及其他的齿轮传动机构；

④ 检查空调、磁带或CD播放器、收音机，空调至少要测试运转10min以上；

⑤ 检查所有的电气开关、工作灯、旋转警示灯、警示音频、驾驶室内部照明、其他舱室照明、喇叭、雨刮器、玻璃冲洗等；

⑥ 检查是否有油、水渗漏或泄漏。

## 三、设备停止和存放

① 关闭空调、磁带或CD播放器、收音机和所有的灯（包括工作灯和驾驶室照明）；

② 停放设备在干燥清洁的环境，并根据规定的姿势摆放；

③ 所有的液压油缸活塞杆应尽可能缩进，暴露在外面的活塞杆表面应涂上油脂或防锈涂层；

④ 诸如推土板等地面接触部件，需将刃口放置于地面；

⑤ 所有的支撑脚或支架需提升至上部位置；

⑥ 改变轮胎接触地面位置，并用粉笔做标记；

⑦ 至少在低怠速运转3min后，将发动机熄火；

⑧ 关闭驾驶室窗户，并将所有舱室的门上锁；

⑨ 关闭主电源开关，或脱开电瓶的负极接头；

⑩ 柴油箱必须加满以防止冷凝水生成；

⑪ 如果需要，补充防锈保护涂层以及润滑；

⑫ 如果需要，将发动机排烟管罩上，防止雨水进入并侵蚀系统。

## 知识与能力拓展

### 设备的技术档案

每一种设备档案内均应包括以下内容：

① 设备档案卡，内容有设备名称、型号、出厂编号、主要技术参数、制造商、维修代理商及其电话等，为工作上的联系提供最快捷的查询方法。

② 维修记录，包括历次维修项目、故障原因分析报告、解决故障方法、预防措施等。为今后设备的维修保养提供参考，以减少突发性故障的维修时间，以及维修技术人员变动以后维修技术的保留。

③ 应急计划，发生意外故障时的处理方法、应急措施，以求保证生产不受到影响。

④ 备件资料，包括该种设备易损零部件的名称、型号、产地、销售商及价格等资料，既可为购买备件时提供充足的技术参数数据，又可为备件的供应商和价格的选择提供参考。

⑤ 更改改良，将设备所做的改进、更改项目和内容记录存档，为日后的维护保养提供参考。

# 任务 3　机器交机前检查

## 学习目标

**知识目标：**

1. 明确认识机器交机前检查的重要性；
2. 熟悉机器交机前检查的内容和方法。

**能力目标：**

能基本完成机器交机前的各项检查作业。

## 相关知识

对于代理商服务人员，需要在机器交付给用户之前，对机器外观进行认真细致的检查，作为制造厂家的最后一个环节，来控制产品质量。

交付前检查的重要性可归纳为以下几点：

① 弥补出厂检验的疏漏；

② 纠正产品初期出现的问题；

③ 了解产品差异；

④ 发现并及时解决在设备运输过程中或库存过程中出现的问题；

⑤ 为能够顺利交机奠定基础。

### 一、检查

① 设备外观检查，重点检查油漆是否完好。

② 检查并确保驾驶室以及各个舱室的清洁。

③ 检查液压油缸的活塞杆表面状况。

④ 检查并确保设备各部件没有发生锈蚀。

⑤ 检查并确保轮胎和其他橡胶部件没有发生老化。

⑥ 检查柴油：检查柴油油位应为 I-ECU 仪表盘柴油油位表两格；如果是在冬季，检查柴油的标号。

⑦ 检查液压油：根据《操作员手册》内容，在液压系统泄压后检查液压油油位，正常的油位在液位镜中位，检查液压油颜色是否存在异常。

⑧ 检查发动机机油：正常的油位是在油标尺上下刻度的中间，观察油标尺上的机油的颜色是否存在异常。

⑨ 检查冷却液：检查冷却液液位，检查沃尔沃黄色冷却液 VCS 的警示标签是否已粘贴在冷却液加注口附近；检查冷却液的凝固点。

⑩ 检查回转减速箱齿轮油：正常的油位是在油标尺上下刻度的中间，观察油标尺上的齿轮油的颜色是否存在异常。

⑪ 检查行走减速箱齿轮油：确认加注孔位于 3 点钟或 9 点钟的位置，松开（并非全部松开）加注孔堵头可见齿轮油流出，观察齿轮油的颜色是否存在异常。

⑫ 检查变速箱油、刹车油、桥油的液位和颜色是否异常（根据各种机型的适用不同）。

⑬ 检查玻璃水液位。

⑭ 检查第一道空气滤芯以及安全滤芯是否完好。

⑮ 确认发动机处于停止状态，并已拔出钥匙的情况下，检查发动机皮带张紧度，必要时调整。

⑯ 检查履带张紧度或轮胎压力，必要时调整。

⑰ 检查所有的黄油加注孔，并加注黄油直至溢出。

## 二、测试

在测试前，所有的防锈保护涂层必须清除，液压油缸活塞杆上如有防护罩也必须拆除。

① 运转设备直至发动机和其他部件的温度上升至正常测试温度。

② 检查空调、磁带或 CD 播放器、收音机，空调至少要测试运转 10min 以上。

③ 检查所有的电气开关、工作灯、旋转警示灯、警示音频、驾驶室内部照明、其他舱室照明、喇叭、雨刮器、玻璃冲洗等等。

④ 检查发动机在各个工作模式下空载和负载时的转速。

⑤ 检查发动机自动怠速功能。

⑥ 检查发动机手动控制模式以及应急停止功能。

⑦ 检查并确认没有油、水渗漏或泄漏。

⑧ 根据《服务手册》进行设备性能测试（本书项目七中加以详细介绍）：

- 油缸速度测量；
- 油缸下沉量测量；
- 回转速度测量；
- 左右回转漂移测量；
- 回转轴承间隙测量；
- 行走速度测量；
- 履带运转速度测量；
- 直线行走性能测试。

⑨ 读取并下载 Matris 数据和 VCADS 工作卡，并检查以下内容：

- 故障代码读取；
- 汽缸压缩压力测试；
- 断缸测试；
- 传感器数值读取。

## 三、设备停止

① 关闭空调、磁带或 CD 播放器、收音机和所有的灯（包括工作灯和驾驶室照明）；

② 至少在低怠速运转 3min 后将发动机熄火；
③ 关闭驾驶室窗户，并将所有舱室的门上锁。

## 四、随车配件和工具

① 根据装箱清单核对确认随车配件、手册、工具的数量，并放置在驾驶室。
② 检查确认质保证书和礼品盒，并放置在驾驶室。

## 五、备车

① 根据指示安装例如 GPS、加油机等装置。
② 冲洗设备，确保设备各部件干净、无污渍、无积尘。
如果在交机预检 PDI 中发现任何问题，应记录下来，并立即汇报给主管。

# 任务 4　新机交付

## 学习目标

**知识目标：**
1. 了解新机交付的目的及流程；
2. 掌握新机交付的前期准备事项；
3. 掌握新机交付的各项内容。

**能力目标：**
1. 能帮助客户正确识别机械铭牌，帮助客户了解机械主要尺寸参数和性能参数；
2. 能模拟完成一次交机过程；
3. 能正确填写设备交付资料。

## 相关知识

机器交付不良是导致机器今后发生故障的最重要的原因。因此，新机交付指导并不是单纯的机器使用指导，也包括机器维护保养、安全指导等方面内容。从提高顾客满意度等观点出发，新机交付指导无论于用户、代理商还是经销商，都具有极为重要的意义，因此我们有必要真正认识新机交付的重要性。

## 一、新机交付需要达到的效果

新机交付的目的是指导用户能安全而有效地使用机械，以使用户掌握如何正确操作机械，如何安全使用机械，如何正确保养机械，如何降低机械故障，如何降低用户的使用成本，通过机器交付能够使用户成为企业长期的忠实的合作伙伴打下良好的基础。

交付内容包含以下要点：
① 机器结构、机器性能、规格；
② 如何正确操作机器；

③ 如何正确维护保养机器；

④ 作业时的安全注意事项；

⑤ 代理商的服务体系。

## 二、新机交付流程

1. 流程目的

通过规范的设备交付流程，以及详细的操作使用培训和质保政策条款的说明解释，达到客户对于品牌和产品的期望值，同时也可以较少或避免今后由于不当操作或维护导致的纠纷。

2. 流程步骤

① 销售部通知设备交付。

② 登记并开工作单。

③ 计划并实施设备交付。

④ 操作保养培训以及质保政策条款的说明解释。

⑤ 设备的正式交接。

⑥ 在系统或数据库中更新客户/机械信息。

## 三、新机交付的前期准备事项

1. 交付准备的注意事项

① 在做任何工作前充分的准备都是至关重要的。

② 交付服务人员需要有充足的交付指导时间。

③ 必须对交付现场的状况、用户信息、交付指导时间进行确认。

④ 机械交付时，必须要求销售人员在场。在交付作业中，负责销售的人员在场时，纠纷会相应减少。如果负责销售的人员不在场，可能会由于对销售合同条约中未明确记载的事项或关约定产生分歧或纠纷，导致交付工作不能顺利进行。

⑤ 交付指导一般由销售人员委托给售后服务部门，但交付日期、时间大多取决于用户的情况，而且时常会发生突然确定日期的情况。因此，必须使库存的机械处于可随时交付的状态。并且交付前检查的程序决不可省略。

2. 工作单的确认

(1) 售后服务部门在收到销售发来的委托后，应对订单编号、用户名称、交付时间、交付场所等进行确认，向交付服务人员下达派工单。

(2) 服务人员对上述工作单的内容进行追加，并至少就下列事项向售后服务派工人员进行确认，并进行交付准备。

用户名称（尽可能地了解用户的信息)；

机型、机号（出发前一定要确认)；

交付具体时间、交付场所；

用户负责人姓名、电话；

机器销售负责人的姓名、电话；

碰头时间；

产品规格；

新机的出厂地点；

操作人员的情况（有没有机器操作的经验，以前操作的是什么品牌的机器、什么机型）。

此外，还需确认机器交付现场的确切地址、联系方式等。

(3) 携带物品的准备　交付前应准备并携带下列物品：

感谢信；

质量保证书及质保条款说明；

客户支持协议（CSA宣传样本及协议文本）；

设备合格证正本；

随机备件清单；

保养件定期更换时间表（一式两份，其中塑封的一份请放在设备驾驶室）；

主要联系方法（一式两份，其中塑封的一份请放在设备驾驶室）；

客户反馈表（一式两份，客户、代理商各保留一份）；

交付检查/保修检查记录表（一式两份，客户、代理商各保留一份）；

其他产品资料（如宣传手册等）。

服务人员交付时使用的以下物品：名片、工作证、资格证胸牌；文具用品（笔、记录本等）；擦拭灰尘的破布；安全帽、工作服；其他（如小礼品等）。

(4) 交付对象机器的确认

① 派工单委托交付机器与实物核对：

机型、机号；

发动机型号、发动机编号；

附件规格（铲斗容量、斗杆的型号）；

履带板型号、履带板宽度；

随机备件、随机工具（以及包装状态）。

② 对机器实施交付前检查：交付前检查的具体要求和方法可参见本项目中任务三说明。

③ 确认运输车辆的安排：由谁来将机器从运输车上卸下去（如果服务人员没有操作机器的经验，不能操作机器卸车，否则可能出现事故）。

卸车时需要按照《操作员手册》的要求进行卸车，否则机器有倾翻的可能。

(5) 交付服务人员的形象要求　要以一个职业人的形象面对用户。

服装方面，须正确穿戴合身的服装，给用户以好感；服务车为企业服务专用服务车；服务工具必须干净、整洁、齐全（忌讳到现场向用户借工具）。

## 四、新机交付指导要求

对于没有按照以下要求实施的机器交付，将会对以后的服务产生不良的影响或后果。

1. 前期准备事项

要点：

① 交付指导是售后服务的第一步，交付时的寒暄是交付指导的开始。要充分注意正确的着装、言行和态度，给用户以好感。

② 对交付的步骤和需要的时间，需要向用户进行说明。

③ 将机械从平板车运输车上卸下来需要由专业的操作人员进行。

④ 机器交付指导时，用户需要在现场，用户不在交付现场时的交付效果将不会很理想。

(1) 同用户问候　可以与负责销售的人员一起向用户打招呼，或通过销售人员介绍后再打招呼。

“大家好！我是××公司售后服务部的×××。下面由我来对您购买的机械进行说明，有任何疑问，请及时给予沟通。”采用职业化的语言，同用户进行沟通和交流，显示出专业性。

（2）卸车　由专业的操作人员将机械从运输车上卸下。作业时需要按照《操作员手册》中的要求实施，并小心谨慎。

（3）交付实施步骤的说明　按照事先由销售人员联系的时间来确定指导步骤以及交付时间分配。

“下面由我来给大家说明一下，大致按照××顺序进行。说明大约需要×小时，如果有什么不明白的地方，请随时提问。”

（4）实物检查、核对

① 用户在场时，按照清单确认以下事项：

机型、车架号；

发动机型号、发动机编号；

附件的规格（铲斗容量、斗杆型式）；

履带板型号、履带板宽度；

随机备件、随机工具；

部件清单、操作员手册；

零件目录等。

② 机器外观确认。应无不良状况，防止运输过程中损坏等。

③ 如果发现在实物核对、检查过程中发现了不良，需要及时通知销售人员沟通，妥善处理。

2. 机器交付要点

要点：

① 按照《操作员手册》，在与实物核对的同时进行说明。

② 对主要部件的名称、安装位置、功能进行说明，使用户能理解机械的结构并能正确使用。

③ 向用户说明当机器发生故障时能迅速采取的措施。

④ 向用户介绍机器性能参数，如重量、爬坡能力、挖掘规格尺寸（高度、长度、宽度）等。

⑤ 如何正确地维护机器。

《操作员手册》是操作人员使用的最基本的资料。需要向操作人员反复强调，必须认真、反复地阅读此手册。

（1）《操作员手册》内容及使用方法　该手册介绍了日常使用机械时的重要事项，需要反复熟读。在阅读完操作员手册以后，请务必妥善保管，以便在使用过程中有不明之处或发生不良现象时随时取阅。

（2）目录的说明　打开手册的目录部分，对操作员手册中介绍了哪些内容进行简要说明。

① 介绍。可以大体介绍各部件、机器上个标贴的意义、维修保养与一般信息。

② 仪表和控制器。可以了解各仪器仪表的名称、安装位置、作用等。

③ 操作说明。包括发动机启动要领在内，可以了解进行一般作业时的驾驶操作方法以及驾驶操作中的一般注意事项。

④ 维修时的安全、注意点。

⑤ 操作技术。如何正确地操作机器并说明禁止操作注意事项。

⑥ 维修与保养。定期保养检查的检查项目和方法，可以了解使机械经常保持最佳状态所需的检查、检修、调整等的要领。

⑦ 规格。可以了解机械的能力、大小等机械的形状。

(3) 规格说明　打开《操作员手册》规格栏，对产品规格进行简要说明。

① 机器的尺寸。

② 铲斗与斗杆的组合。

③ 挖掘力。

④ 工作范围。

⑤ 铲斗与工作装置组合。

一般在设计产品时，为了使机械能有效地发挥其性能，确定了作业条件，充分考虑了各部分的平衡性。因此，如果要加大铲斗容量，或在大宽度履带板等标准规格以外的范围使用时，会受到条件限制，请注意。如果要在标准规格范围以外使用，请向制造商垂询。

如果使用超出机器性能以外的前端装置，将对机器的安全性产生重大影响，并且可能会损坏机器。同时厂商的产品保证条款也有限制，有可能失去产品的质量保证。

3. 机器交付指导

对于《操作员手册》中结构图的部件，一边对着实物，一边对主要名称、安装位置进行说明。此外，关于各个部位的功能，仅对必要的内容进行简要说明。但安全（产品安全、人身安全）、保养与注意事项需要着重讲解。

4. 机器操作要领指导

(1) 机器操作要领说明　重点说明事项：

① 基本操作的指导是根据《操作员手册》，按照下列顺序来实施。

② 各装置的说明→发动机的操作→下部行走装置的操作→前端工作装置的操作→复合动作的操作→作业操作时的注意及禁止作业事项。

③ 实际操作机械，在无负荷的状态下边操作机器边向用户进行指导解释。

④ 机器交付时如果周围的人很多时，因此须特别注意周围的安全。操作时的安全注意事项，可参见《操作员手册》中安全操作要求。

⑤ 对磨合的重要性进行说明。

(2) 机器操作注意及禁止事项说明　按照操作员手册对作业时的各个注意事项进行说明。需要详细向用户说明在操作机器时应该注意的事项以及禁止作业的事项。

(3) 机器维护保养事项说明

要点：

① 操作结束后的检查和保养往往容易被忽略，因此应对其重要性进行说明。

② 参照操作员手册中作业结束时的注意事项进行说明。

强调：用户操作人员加强日常维护保养及正确操作机器的重要性，60%～62%的保修索赔都与操作人员的误操作和保养有关（根据全球建筑设备行业协会的统计）。

① 清扫、保养。

操作结束后除去沾在机体上的泥土，清洗后应给前端工作装置的销轴加注油脂。

应补充满燃油。如果不将油箱加满，则油箱内的空气在夜间冷凝后生成水滴，导致燃料中混入水分。

检查机器各部位油位，必要时在机械还处于暖机的状态给各部位加注油品。

② 检查。

绕机械周围走一圈，检查是否有漏油、螺栓松弛、线路及管线摩擦等。

③ 停放机器。

选择水平地面停放机器。如果不得不将车停在斜坡上，需在每条履带下面放一块木块，并将铲斗齿插入地面。

在作业结束后，应在不会有落石、泥沙塌方和涨水的安全平坦地带将铲斗降下后关闭发动机。

关于机械的停车姿势，在空间允许的情况下，应在油缸尽量缩进的状态下进行停放。

关于机械的停放姿势，应首先使铲斗接触地面，然后再关闭发动机。

接下来将各操作杆进行前后左右操作，除去液压回路内的残余压力。最后将安全锁杆拉起，拔下启动钥匙，然后务必把门锁好。

(4) 维护保养介绍要领　要点及重点如下。

① 对检查检修的重要性进行说明，使用户得以理解。

关于日常消耗品及修理用更换部件，应指导用户使用纯正部件（否则机器将失去相关产品质量保证）。

应指导用户在制造商指定代理商的服务工厂进行检修等工作。

对特殊地区作业时的说明（如寒冷地区、高原地区时的操作进行说明）。

对机器使用特殊工况时的说明（如使用破碎锤、液压剪时的保养注意事项及同使用标准铲斗时的不同点）。

应向用户说明尽量委托确造商确定的代理商进行定期检查。

② 保养重要性及故障原因的分析说明。

根据工程机械的使用维护、修理费用统计，从购买新车开始到使用年数（5 年）的维

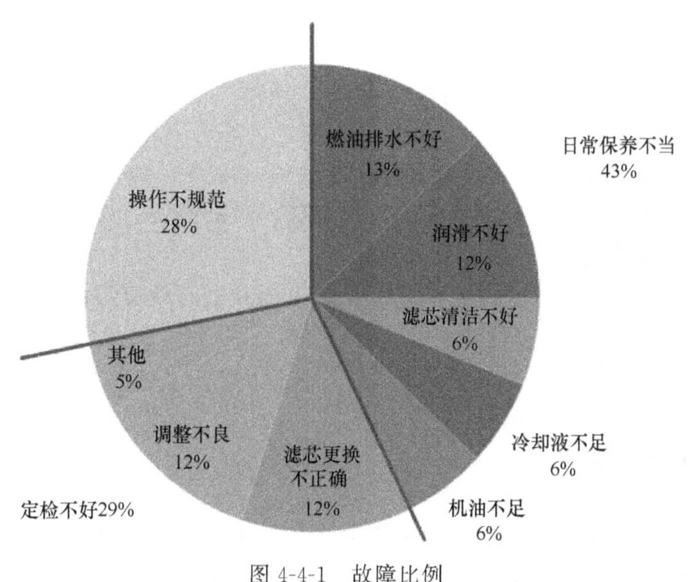


图 4-4-1　故障比例

护、修理费用一般为购买价格的76%。该费用分为产品正常维护及使用故障和因保养使用不当引起的故障。比例如图4-4-1所示。

从图4-4-1中可以看出，日常保养不当引起的故障占43%。

使用方面的故障大多是由于操作不良及日常检查不良，是可以通过正确操作机械而防止的。

③ 对检修、检查的重要性进行说明。

正如从故障起因所描述的那样，使用方面故障是可以通过正确操作机械而防止的，如果正确操作机械，就可以减少相当多的修理费用。是否需要花费此项修理费，主要取决于操作人员的水平。

为了降低机器故障，降低机器的停机时间，降低机器的使用成本，延长机器的使用寿命，需要要求操作人员加强日常定检工作。

当然，在实施交付指导时，需考虑到新用户以及操作员的技术水平等因素，不局限于上述内容，灵活地进行合理指导。

## 技能操作

### 交机指导程序

① 和用户、指定接收人员共同确认交付的设备与订单相符。

② 介绍设备（包括选装部件），讲解主要部件在设备上的位置。

③ 交接《操作员手册》和《配件手册》，并讲解如何阅读和使用。

④ 和用户、指定接收人员共同核实随车工具数量，并移交。

⑤ 和用户、指定接收人员共同核实随车配件数量，并移交。

⑥ 和用户、指定接收人员共同核实礼品盒内容，并移交。

⑦ 移交设备钥匙。

⑧ 移交设备相关证书，并解释质保条款。

⑨ 和用户、指定接收人员共同对设备外观进行检查。

⑩ 设备操作培训。重点注意《操作员手册》的以下几项（根据不同的机型，部分内容省略）：

-磨合期的特殊要求；

-驾驶室、座椅、仪表盘、所有的电气开关、空调、工作灯、驾驶室照明、磁带或CD播放器、收音机的使用说明；

-检查所有的油位、水位，并讲解添加的方法；

-讲解发动机启动和停止、预热暖车、自动怠速、手动模式、应急停止功能；

-讲解设备操作和控制；

-讲解电气系统，包括蓄电池的充电状态，蓄电池并电启动等等；

-讲解设备的牵引方法；

-讲解变速箱以及挡位；

-讲解缓速器功能（特定的设备）；

-讲解刹车和停车制动；

-讲解转向以及辅助转向功能。

⑪ 设备保养培训。重点注意《操作员手册》的以下几项：

-强调要求使用纯正部件、油品和冷却液以及优质的柴油；

-讲解每天的设备检查内容，以及定期保养的时间间隔和内容；
-讲解润滑部位图以及保养程序；
-讲解黄油加注点以及加注方法；
-讲解滤芯位置以及更换方法；
-讲解冷却液的应用，特别要强调不能和其他冷却液混合使用；
-讲解皮带张紧度检查和调整的程序；
-讲解履带张紧度或轮胎压力检查和调整的程序；
-讲解柴油系统排空气的方法。

⑫ 在驾驶室内粘贴“保养标签”；

⑬ 根据随机交付的《操作保养安全说明》讲解设备安全须知；

⑭ 填写《设备交付资料》，并要求用户或其指定代表签署相关文件。

## 知识与能力拓展

### 服务人员服务用语

1. 声音运用

- 控制语音、语速的节奏，井井有条。
- 重音运用，强调某些关键之处。
- 亲切设计，让客户觉得我的声音很专业。

2. 标准服务用语

- “有什么问题，请随时跟我联系。”
- “这是我的名片，请多多指教。”

3. 最常用的礼仪敬语

- 常说“请”、“谢谢”、“对不起”。
- “请”字常挂嘴边，有礼到处受欢迎。
- “谢谢”不一定有实质的交易，服务或体验也可以谢谢。
- “对不起”是一种过失关怀的礼节，道歉并不表示错误。

4. 禁忌语言

- 不知道。
- 好像。
- 可能/大概/也许/含糊不清的语言。
- 不能、不可以。
- 这不是我的责任。
- 问题不大、还行。

5. 接电话的注意事项

- 电话铃响在3声之内接起。
- 电话机旁准备好纸笔进行记录。
- 确认记录下的时间、地点等。
- 告知对方自己的姓名。

6. 拨打电话的注意事项

- 重要的第一声。
- 要有喜悦的心情。

- 清晰明朗的声音。
- 认真清楚的记录。
- 了解拨打电话的目的。
- 挂电话前的礼貌。

# 任务 5 磨合期的维护

## 学习目标

**知识目标：**

1. 了解磨合期的作用及维护的重要性；
2. 熟悉磨合期的维护内容。

**能力目标：**

能完成挖掘机磨合期维护的各项作业。

## 相关知识

磨合期是指新机或大修后的机械开始投入运行的最初阶段，一般为 100h 左右。此时机械正处于磨合状态，还不能满足全负荷工作的需要。机械的磨合期，实质上是为了使机械向正常使用阶段过渡而进行的磨合过程，磨合期质量取决于零件表面加工精度、装配质量、润滑油品质、运行条件、驾驶技术和正确的维护等。因此，为减少机械在磨合期内的磨损，延长机件的使用寿命，必须遵循以下规定：减轻负荷、选择优质燃料和润滑材料及正确操作等。

1. 减轻负荷

负荷的大小直接影响机件寿命。负荷越大，机械各部分受力也越大，还会引起润滑条件变坏，影响磨合质量。新机全负荷操作容易导致故障发生，降低机器的寿命。所以，在磨合期内必须适当地减载。100h 磨合期，始终以 80％负荷操作。

2. 选择优质燃料和润滑材料

为了防止机械在磨合期中出现机件磨损，应采用优质燃料。另外，由于部分机件配合间隙较小，故选用低黏度的优质润滑油可使摩擦工作表面得到良好润滑，应按在磨合期内的维护规定及时更换润滑油。机械作业时，应注意润滑油的压力和温度，有异常情况及时排除。

3. 正确操作

在磨合期内，操作手必须严格执行驾驶操作规程，保持发动机正常工作温度和润滑油压力。

4. 按规定对机械进行维护

磨合期技术维护的重点是检查、紧固、调整和润滑等。要特别注意做好日常维护工作，经常检查、紧固各部位的螺栓、螺母等，注意各总成在运行时的温度和声音的变化，并及时进行调整。

## 技能操作

磨合前和磨合结束后都要进行维护。

磨合前的维护包括外部检查（特别是操纵系统的检查）、清洁，选用优质润滑油对润滑点的润滑和充油、充水、充气等。具体项目如下：

① 发动机机油油位检查；

② 发动机冷却液位检查；

③ 液压油油位检查；

④ 油水分离器底部放残水；

⑤ 检查交流发电机皮带张紧力；

⑥ 履带板紧固螺栓检查；

⑦ 柴油箱底部放残水和沉积物；

⑧ 大斗杆/铲斗连接销轴的润滑；

⑨ 油缸连接销轴的润滑；

⑩ 履带张紧度检查和调整；

⑪ 清洁空气滤清器外壳；

⑫ 蓄电池状况检查。

磨合期结束时，又要进行一次全面维护，也就是我们通常说的100h定检。首次定检可认为是新机交付指导的延续。这一时期，用户有可能对机器的使用不熟练，检查、保养技术也不一定完备。对交付指导的内容与日常检查状况进行跟踪，发现问题或危险因素时，需反复进行指导。另外，发现机器早期故障时，如果处理不及时将使用户失去信任。特别要对用户自行承担的每月例行检查进行指导，检查初期磨合所产生的螺栓松动，并对其进行紧固。具体内容如下：

① 试运行，并检查机器泄漏、外部损坏，开裂与过度磨损等损坏，检查有无螺栓松动及或缺失；

② 更换机油；

③ 更换机油滤芯；

④ 更换液压油泄漏滤芯；

⑤ 更换液压油回油滤芯；

⑥ 更换液压油先导滤芯；

⑦ 更换回转减速箱齿轮油；

⑧ 更换行走减速箱齿轮油。

## 知识与能力拓展

**案例分析：**

某施工单位为了赶工期将新机器全部投入使用，完成工期后却发现这批新机器损害非常严重。对于一个新的机械设备来说一个工期不至于造成这么严重的损坏，为什么呢？

解答：新机器首次使用必须进行磨合运转。在机械设备组装前，每个运转的部件都是分别加工的，每个零件都存在几何偏差。所以组装后，有些运转部件会局部直接接触，润滑油难以进入摩擦表面，造成早期磨损。磨合期就是在一定时间内，将直接接触的这一部分磨掉。

磨合期对机械设备的使用寿命以及油耗影响很大，因为磨合期的磨损会使零件表面拉伤造成疤痕，这个粗糙的疤痕会增大摩擦力，还会容纳金属屑、油泥等含颗粒的杂质，这些杂质会使磨损继续扩大，最终引发故障。一般的工程机械的走合要求是负载保持在80%以下进行运转时间不低于100h，或走合的里程不少于1000km的运转。如果不对机械进行磨合运转就直接投入使用，长时间的超负荷、高速运转，对发动机拉缸、喷油器、活塞等造成损害。如果磨合期内没有对机油油位和其他油面进行该有的检查，操作时不看油表，在机油温度和冷却温度过高时，仍然进行工作。这些情况的出现，使机械的性能在刚开始投入使用时就面临着损坏的很多威胁。所以磨合质量决定了整机的使用寿命。

本案例中的新设备未经过磨合期就直接投入使用，造成了严重的损害。

## 思考题

1. 简述挖掘机的基本构成。
2. 机器接机检查的内容有哪些？
3. 机器库存保养的要点有哪些？
4. 如果达不到我们交付的要求要点，对将来的服务会产生什么样的影响？
5. 新机交付的前期准备事项有哪些？
6. 新机交付的内容有哪些？
7. 什么是机械的磨合期？磨合期有哪些特点？
8. 机械为什么要设置磨合期？有哪些规定？
9. 机械在磨合期内如何进行维护？

# 项目五　工程机械的合理使用

## 任务 1　工程机械使用与安全的规程、制度

### 学习目标

**知识目标：**

1. 掌握工程机械使用与安全的规程和制度。
2. 掌握挖掘机操作时的安全性规则。

**能力目标：**

1. 具有安全操作的意识和危险防范意识。
2. 熟练掌握挖掘机的安全操作规程。

### 相关知识

工程机械使用时的安全操作规程和制度，不仅关乎工程建设的质量和进度，而且对操作员及施工员的人身安全关系重大。因此，树立设备操作员和施工员的安全防范意识，熟练掌握施工设备的安全操作规程具有极为重要的意义，在工程建设中千万不能忽视。

#### 一、操作员要求

① 在操作之前，挖掘机操作员必须熟知产品和说明。

② 不按照《操作员手册》正确使用和保养挖掘机，会造成设备故障和不正常磨损；如果不在质保范围，会给用户带来经济损失。

③ 未经培训的操作员操作机器会造成严重的伤害、甚至死亡。

④《操作员手册》、《保养件更换表》和《售后服务主要联系人表》应放在挖掘机内，供随时查阅。

⑤ 使用机器前，熟悉车上的各种警告板和标记以及操作员操作说明。

⑥ 当与另一操作者或工地交通指挥人员一起工作时，一定要使所有人明白所采用的所有手势信号。

#### 二、基本的安全性

① 阅读并理解《操作员手册》和贴在车上的标牌和说明。

② 设备必须按时进行日常维修。

③ 窗户清洗/除霜。

④ 检查有无故障、松动的零件，或泄漏，这类情况会造成损坏。

⑤ 检查蓄电池主开关是否打开。

⑥ 检查通风系统是否有足够的抽吸能力。

⑦ 查看两条逃逸路线的位置。

⑧ 检查并确认机器附近无人。

⑨ 把操作员的座椅调整到舒适、安全的位置。

⑩ 启动发动机时，操作员须始终坐在座椅上。

⑪ 操作时必须关闭车门。

⑫ 应穿着适于安全操作的衣服。

⑬ 佩戴坚硬的帽子，加强对头部的保护。

⑭ 切勿在有酒精、药品或其他药物的影响下操作机器。

⑮ 在上下机器时，始终用三点式方式。

⑯ 机器不要超载作业。

## 三、工作服和操作人员防护用品

① 不要穿戴宽松的衣服和饰品，它们有挂住控制杆或其他突出部件的危险。

② 如果头发太长，并伸出安全帽，会有缠入机器的危险，因此要将头发扎上，注意不要让头发缠入机器。

③ 始终要戴安全帽、穿安全鞋。在操作或保养机器时，如果工作需要，要戴安全眼镜、面罩、手套、耳塞以及安全带。

④ 在使用前，要检查所有保护装置的功能是否正常。

## 四、工作场地的安全

开始操作前，要彻底检查工作区域是否有任何异常的危险情况。

① 当在可燃材料如茅草屋顶、干叶或干草附近进行操作时，有发生火灾的危险，因此操作时要小心。

② 检查工作场地地面的地形和情况，并确定最安全的操作方法。不要在有塌方或落石危险的地方进行操作。

③ 如果在工作场地下面埋有水管、气管或高压电线，要与各公用事业公司联系并标出它们的位置，注意不要挖断或损坏任何管线。

④ 采取必要措施，防止任何未经允许的人员进入工作区域。

⑤ 当在浅水中或在软地上行走或操作时，在操作以前要检查岩床的类型和情况以及水的深度和流速。

## 五、挖掘机操作时的安全性规则

1. 在斜坡上行走和作业

① 在斜坡上行走时，使动臂和斗杆之间的角度保持在90°～110°之间；提起铲斗，使其离地20～30cm。

② 不要在斜坡上向下倒行。

③ 不要在斜坡上改变方向或横穿斜坡。如图5-1-1所示。

④ 在水平地面上改变方向。必要时，首先行驶到水平地面上，然后绕道行驶。

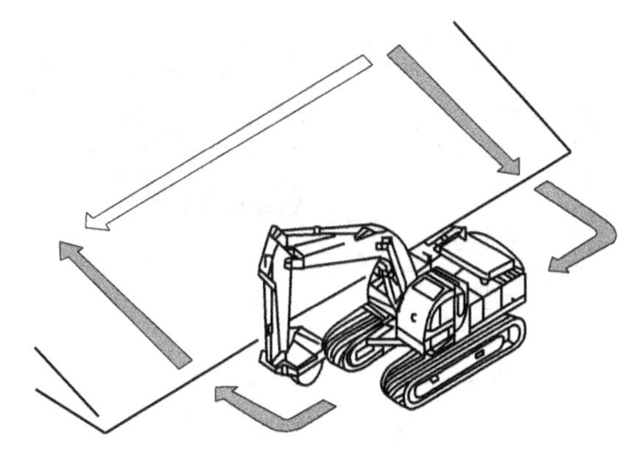

图 5-1-1　斜坡行走路径规则

⑤ 如果机器倾斜，立即将铲斗降至地面，不要回转或操作前部工作装置。如果不平衡，机器可能会倾覆，尤其不要回转一个带载荷的铲斗。如必须要这样做，将土堆在斜坡上，使车辆保持水平稳定。如图 5-1-2 所示。

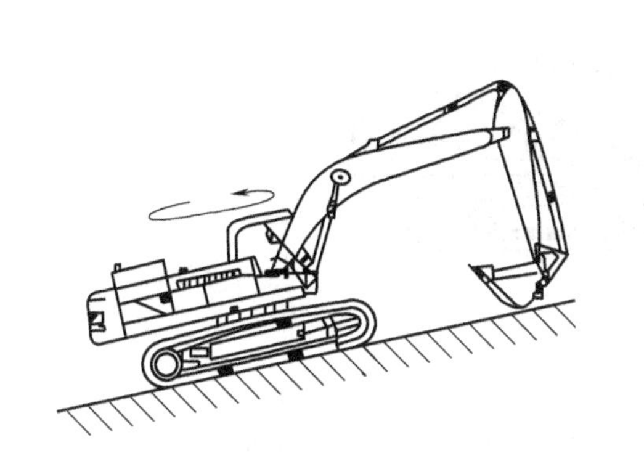

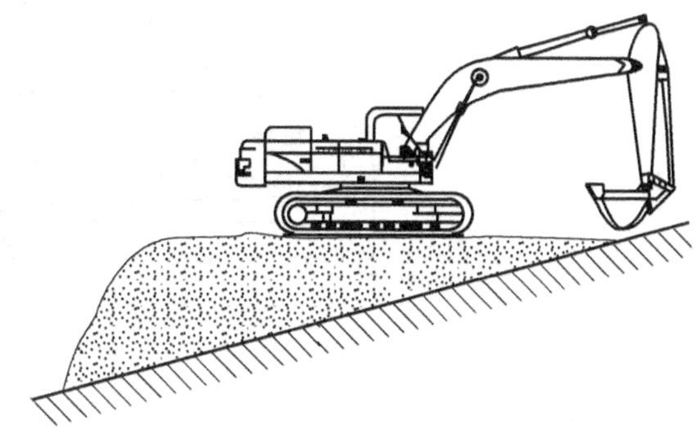

图 5-1-2　回转规则

⑥ 不要在 30°或角度更大的斜坡上行走。

⑦ 如果发动机在斜坡上停止工作，不要使用回转功能，因为上部总成在其自身重量作用下能够回转，从而导致倾斜或侧向滑动。

⑧ 在斜坡上开启或关闭驾驶室门时要小心，操作力可能会迅速改变。确保驾驶室门已关闭。

⑨ 向上爬坡（坡度为 15°或更大时）操作时，要按图 5-1-3 所示放置机器。

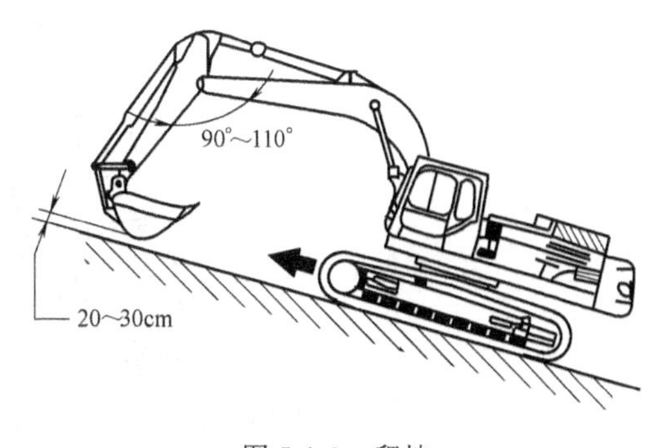


图 5-1-3　爬坡

⑩ 如果履带板在斜坡上打滑，可把铲斗插入地面，并拉动斗杆来帮助履带驱动，使挖掘机爬上斜坡。

⑪ 下坡（坡度 15°或更大时）操作时，要按图 5-1-4 所示放置机器并低速行驶。

⑫如果履带板在斜坡上滑动，将铲斗插入地面，将斗杆插入，以帮助履带驱动装置将车向斜坡上推动。

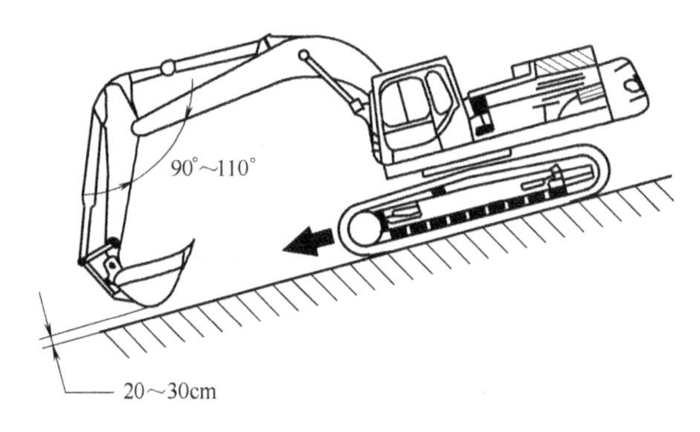


图 5-1-4　下坡

⑬ 如果机器在斜坡上行驶时，发动机停止，则应将行走操纵杆放在中位位置上，并将铲斗降至地面，然后启动发动机。

⑭ 在平坦的地面上行走时，缩回前部工作装置，并将其从地面上升起 40～50cm。如图 5-1-5 所示。

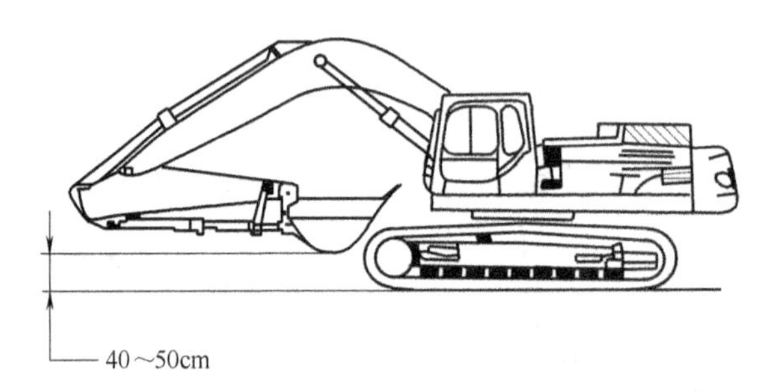


图 5-1-5　平面行走

⑮ 崎岖不平的地面上行驶时，机器向一侧的倾斜度不得超过 10°。如图 5-1-6 所示。

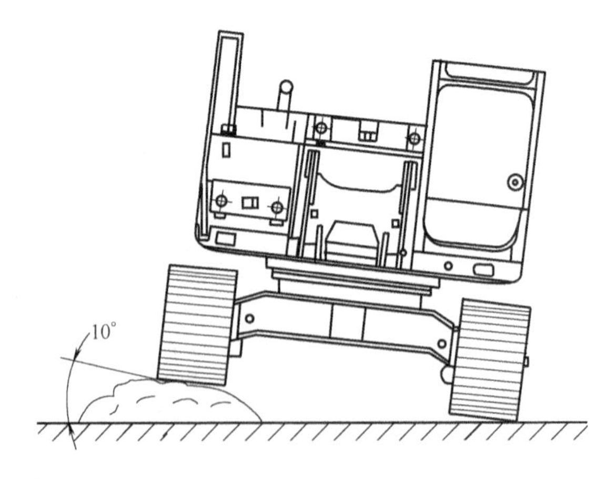


图 5-1-6　机器最大侧倾角

2. 切勿接近高压线

如果机器接近高压线，人员有可能受到电击。不要实际接触以免电流从电线上传导下来！

如果在高压线附近作业，禁止任何人接近机器。在靠近高架电线作业之前，应与电力公司联系。为安全起见，要在机器和高压线之间保持表 5-1-1 所示最小距离。

表 5-1-1 安全操作距离

| 电压/kV | 与电线的最小间隙/m | 电压/kV | 与电线的最小间隙/m | 电压/kV | 与电线的最小间隙/m |
|---|---|---|---|---|---|
| 0～1 | 2 | 1～55 | 4 | 5～55 | 6 |

如果工作装置接触到电线，操作员须留在驾驶室内；如果机器还能工作，试着移动工作装置，使其远离高压线，从而断开电路。

3. 允许的水深

当从水中驶出时，如果上车体的后部在水下，发动机风扇可能会受到损坏。这种情况下要当心。允许的作业水深是托链轮的中心。不要完全浸没托链轮。如图 5-1-7 所示。

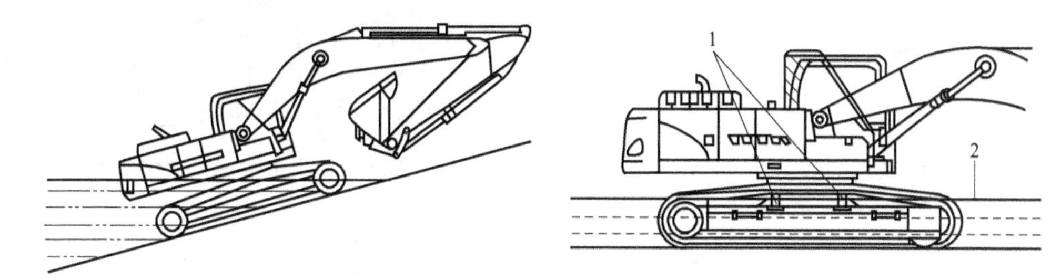


图 5-1-7 作业水深

1—托链轮；2—水位

离开水域时，确保受水影响的区域中所有的润滑脂得到补充，例如，铲斗的销轴等。不管是否处于维护的周期内，都要完全去除旧润滑脂。此外，还要检查行走驱动装置中的润滑油有无污物。必要时，更换润滑油。

4. 使用长前部工作装置的安全规程

① 在一般挖掘中不要使用长工作装置，因为长工作装置是为少量挖掘设计的。

② 动臂和斗杆都非常长，所以要平稳操作机器，以在行驶中保持稳定性和安全性。

③ 突然停止机器可能会导致工作装置的剧烈震动，对其施加过大的外力，最后导致机器损坏。提高警惕，平稳操作。

④ 在安装长工作装置时，不要使用右操纵杆的增压开关。

⑤ 与标准设备相比，动臂、斗杆和铲斗都有较大的惯性。在每个油缸的行程末端，禁止操作机器。

⑥ 最大挖掘高度很高，因为动臂和斗杆很长，力矩很长，所以在行驶过程中，要注意前上部分。

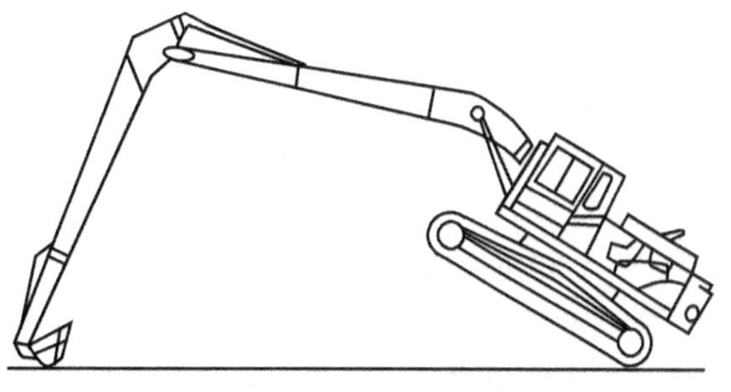

图 5-1-8 使用长前部规则

⑦ 铲斗着地时，不要行驶机器或举起主体。否则可能会对铲斗施加过大的外力。如图 5-1-8 所示。

## 知识与能力拓展

### 设备保养中的安全规程

一定要把一个警告标志挂在驾驶室内的工作装置控制杆上，以警告其他人机器上有人正维护和保养。如果保养时有人操作机器，会造成严重的后果。如图 5-1-9 所示。

• 保持工作区域干净清洁。

• 与其他人一起工作时，要指定一名指挥员。

• 进行保养前要关闭发动机，把机器停在一个平整、没有落石、塌方等任何危险的地方并将工作装置完全降至地面。

• 将启动开关转到 ON 位置。以全行程，向前、后、左、右操作工作装置控制 2 到 3 次，以消除液压油路内的剩余压力，然后安全锁定控制杆扳到锁定位置。如图 5-1-10 所示。

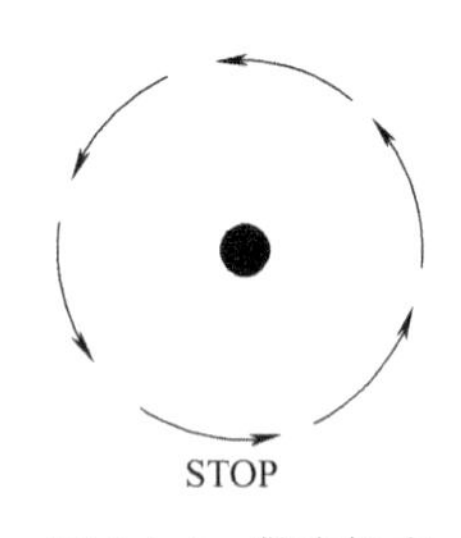


图 5-1-9　警告标志

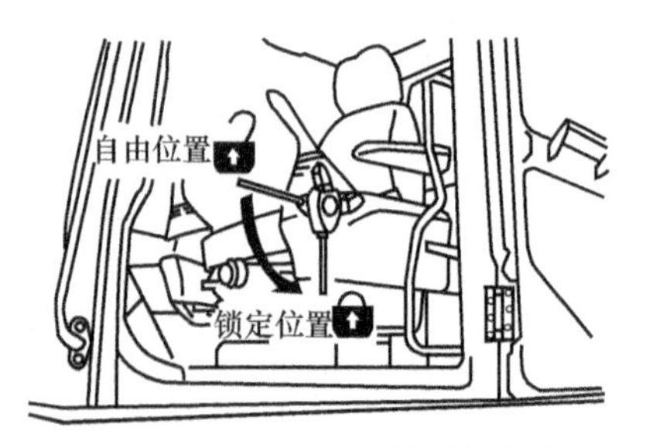


图 5-1-10　安全锁定控制杆方位

• 在履带下面放上垫块，以防止机器移动。如图 5-1-11 所示。

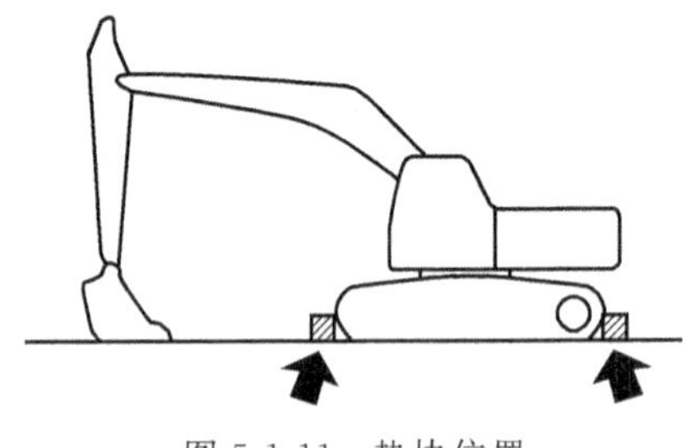

图 5-1-11　垫块位置

• 在发动机运转时，一定要有两个人进行保养，其中一人准备随时关闭发动机。

• 要用合适的工具进行保养。

• 蓄能器内充高压氮气，一定要遵守如下注意事项：

① 不要分解蓄能器。

② 不要靠近火源或使其暴露在火焰中。

③ 不要在蓄能器上打孔，焊接或使用焊炬。

• 未经允许的人员不得进入维护现场。

• 在机器下面进行保养时，要用强度足够的垫块和支架。

• 当使用锤子时，应注意飞溅物。

• 必须由合格的焊工进行焊接作业。

• 当修理电气系统或进行电焊时，要拆下蓄电池的负极端子。

• 当用高压润滑脂调整履带张力时，首先注意安全。

• 不要拆卸缓冲弹簧。

• 有关高压油的安全，注意以下事项：

① 当液压系统内有压力时，不要进行任何操作。

② 检查和更换高压油管时，要配戴必需的防护品。

③ 从小孔泄漏的高压油会透入皮肤，如果透入应及时与医生联系治疗。

• 高压软管的安全操作，遵守以下安全注意事项：

① 如果高压软管漏油或燃油，会造成火灾或操作故障，如果发现螺栓松动，及时将螺栓拧紧到规定扭矩。

② 液压管接头损坏或泄漏，及时更换。

③ 油管包层磨破或断开或加强层钢丝外露，及时更换。

④ 油管包层有些地方膨胀，及时更换。

⑤ 可移动部分扭曲或压坏，及时更换。

⑥ 包层内有杂质，及时更换。

• 应采取适当的方法处理废弃物。
• 如果空调致冷剂进入眼睛，可能会造成失明，接触皮肤会造成冻伤，因此要注意。
• 当用压缩空气进行清洗时，会有飞溅物，应注意。
• 应定期更换安全关键零件。

# 任务 2　挖掘机的操作

## 学习目标

**知识目标：**

1. 掌握挖掘机驾驶室的常用操作部件。
2. 掌握挖掘机作业时的操作技巧。

**能力目标：**

1. 认识挖掘机驾驶室所有的操作杆和按钮的功能。
2. 掌握挖掘机启动、作业和停机的操作技巧。

## 相关知识

### 一、挖掘机驾驶室常用部件说明

1. 启动开关

启动开关用于启动或关闭发动机。

OFF 位置：可以插入或拔出钥匙，除室灯以外，电气系统的所有开关是关闭的，发动机是停止的。

ON 位置：在发动机运转时，要使启动开关钥匙保持在 ON 位置。

START 位置：这是发动机启动位置。启动发动机时，将钥匙保持在这个位置。发动机启动以后，要立刻松开钥匙，它将自动回到 ON 位置上。

2. 操纵杆、脚踏板（见图 5-2-1）

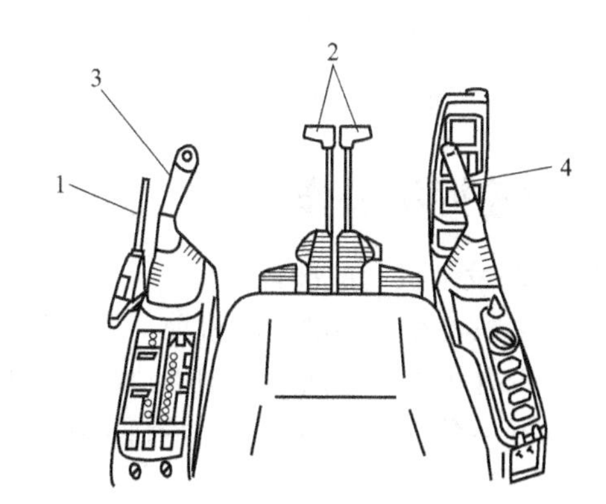

图 5-2-1　操纵杆、脚踏板示意图

1—安全锁定控制杆；2—行走操纵杆（带行走踏板的机器）；3—左侧工作装置操纵杆；4—右侧工作装置操纵杆

(1) 安全锁定控制杆　安全锁定控制杆是一个锁住工作装置、回转、行走操纵杆的装置，向下推操纵杆，施加锁定；锁定操纵杆为液压锁定，因此即使它处在锁定位置，工作装置操纵杆和行走操纵杆也可以移动，但工作装置、行走马达和回转马达将不工作。

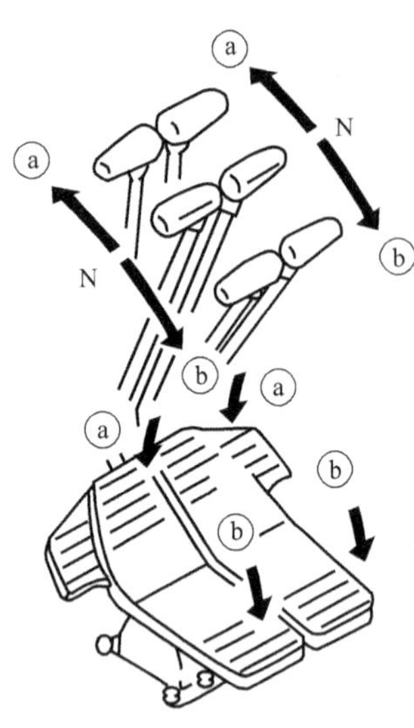

图 5-2-2　行走操纵杆示意图

（注意：当离开驾驶室时，要将安全锁定控制杆牢固地置于锁定位置。当向上拉起或向下推时，注意不要碰到工作装置操纵杆。）

（2）行走操纵杆　行走操纵杆用于转换机器的行走方向。如图 5-2-2 所示。

ⓐ 前进：向前推操纵杆（踏板向前倾斜）。

ⓑ 倒车：向后拉操纵杆（踏板向后倾斜）。

N（中位）：机器停止。

（3）工作装置操纵　左侧工作装置操纵杆可用于操作斗杆和上部结构。如图 5-2-3 所示。

ⓐ 斗杆卸载。

ⓑ 斗杆挖掘。

ⓒ 右回转。

ⓓ 左回转。

N（中位）：上部结构和斗杆保持在原位不动。

右侧工作装置操纵杆用于操作动臂和铲斗，如图 5-2-4 所示。

ⓐ 动臂提升。

ⓑ 动臂下降。

ⓒ 铲斗卸载。

ⓓ 铲斗挖掘。

N（中位）：动臂和铲斗保持不动。

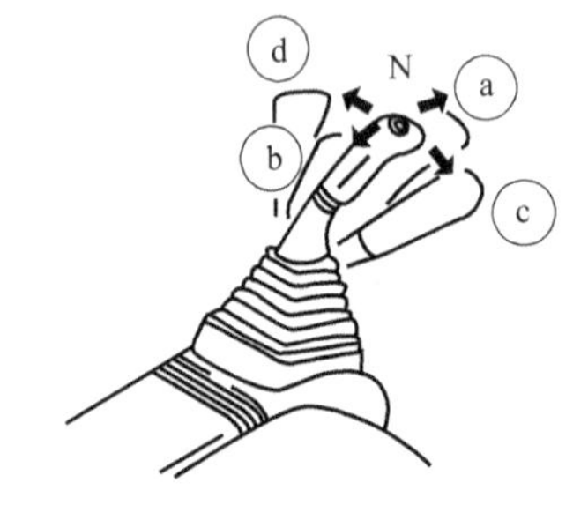

图 5-2-3　左侧工作装置操纵杆示意图

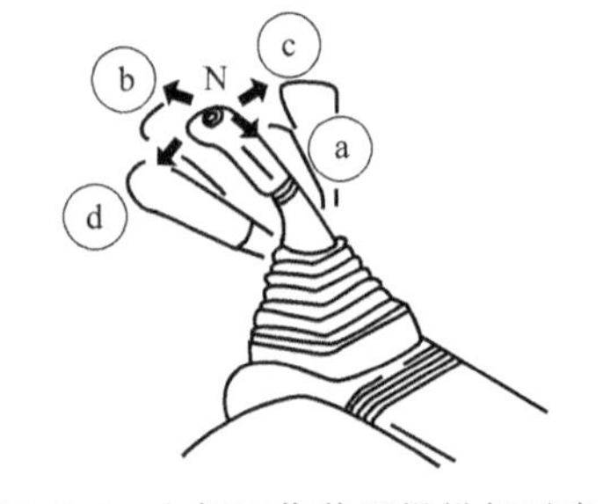

图 5-2-4　右侧工作装置操纵杆示意图

## 二、挖掘机操作

1. 启动发动机前的准备工作

（1）巡视检查　启动发动机前，要巡视检查机器和机器的下面。查看是否有螺栓或螺母松动，是否有机油、燃油和冷却液泄漏，并检查工作装置和液压系统的情况。还要检查靠近高温的地方导线是否松动，是否有间隙和灰尘的聚积。每天启动发动机前，要检查以下事项：

① 检查工作装置、油缸、连杆、软管是否有损坏、磨损或游隙。

② 清除发动机、蓄电池、散热器周围的灰尘和脏物。

③ 检查发动机周围漏水或漏油。

④ 检查液压装置、液压油箱、软管、接头是否漏油。

⑤ 检查下部车体（履带、链轮、引导轮、护罩）有无损坏、磨损、螺栓松动或从轮处漏油。

⑥ 检查扶手是否损坏，螺栓是否松动。修理损坏的地方并拧紧松动的螺栓。

⑦ 检查仪表、监控器是否损坏，螺栓是否松动。检查驾驶室内的仪表和监控器应无损坏，如果发现异常，要更换部件，要清除表面的脏物。

⑧ 清洁后视镜，检查是否损坏。如果损坏，要更换新的后视镜，并调整角度以便从驾驶室人员座椅上可以看到后边的视野。

⑨ 检查带钩铲斗是否损坏。

⑩ 以上项目如有异常，请立即修理和维护。

(2) 检查机油底壳内的油位、加油（如图 5-2-5 所示）

① 打开机器上的发动机罩。

② 拔出油尺（G）并用布把油擦掉。

③ 将油尺（G）完全插入注油口管，然后把油尺拔出。

④ 油位应在油尺（G）上的 H 和 L 标记之间。

⑤ 如果油位高于 H 线，打开发动机油底壳底部的排放阀（P），排掉多余的机油，然后再检查油位。

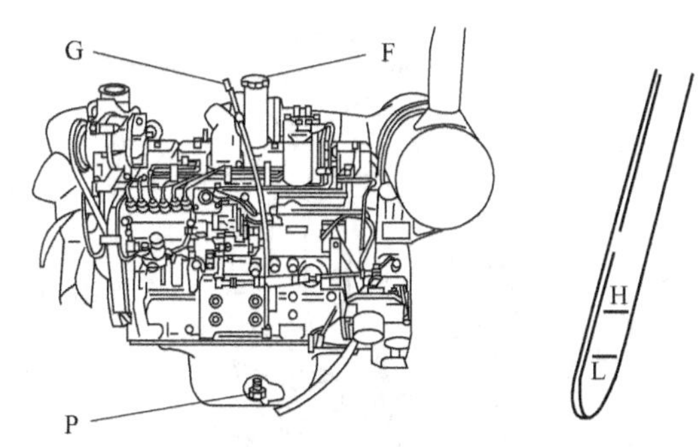


图 5-2-5　机油油位检查

⑥ 如果油位合适，把注油口盖拧紧，关好发动机罩。

备注：发动机关闭后，零件和油仍处在高温，会造成严重的烫伤。开始操作前，要等到油温降下来。发动机运转后检查油位时，应关闭发动机并等待至少 15min 再进行检查。如果机器是斜的，在检查前要使机器保持水平。

(3) 检查燃油位，加燃油　当驾驶室内仪表盘显示缺油，此时需要加注燃油。

① 打开燃油箱上的注油口盖。

② 通过注油口加油，注意油箱内的油不要太满，距离油箱上端面约 50mm 即可。

③ 加油后，将注油口盖牢固地拧紧。

备注：如果盖上通气孔被堵住，油箱内的压力将下降，燃油将不流动，要经常清洁通气孔。

(4) 检查液压油箱中的油位，加油

① 如果工作装置没有处在图 5-2-6 所示的状态，要启动发动机并以低怠速运转发动机，

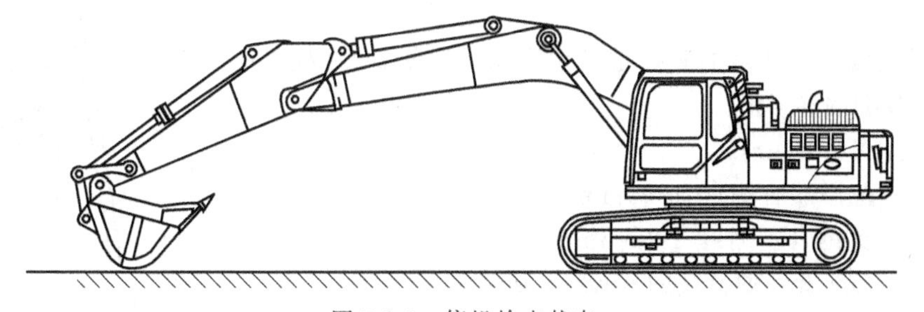

图 5-2-6　停机检查状态

回收斗杆和铲斗油缸，然后落下动臂，把铲斗齿调成与地面接触，关闭发动机。

② 在关闭发动机后的15s内，把启动开关转到ON位置，将安全锁定杆置于水平位置，并以各个方向全程操作操纵杆以释放内部压力。

③ 从驾驶室右侧窗检查油位计，油位应处在高液位线与低液位线之间。

④ 如果油位线低于低液位线，通过液压油箱顶部的注油口加油。注意：不要把油加到高液位线之上，这样将会损坏液压油路或造成油的喷射，如果已经加到高液位线之上以后，要关闭发动机，等到液压油冷却后，从排放螺塞排放过量的油。

备注：油位将根据油温变化，因此，利用下列作为指导。

① 操作前：油位在高液位线和低液位线之间（油温10～30℃之间）。

② 正常操作：油位靠近高液位线（油温50～80℃之间）。

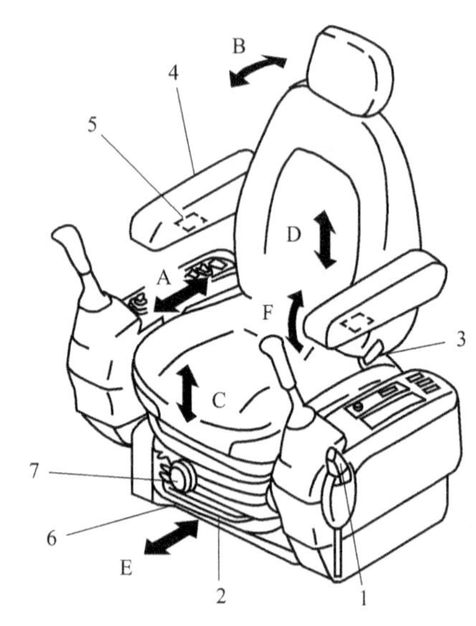

图 5-2-7　座椅调节示意图

(5) 检查电气线路　检查保险丝是否损坏或容量不符，检查电路是否有断路或短路的迹象，还要检查端子是否松动并拧紧任何松动的零件。要特别注意检查“蓄电池”、“启动发动机”和“交流发电机”的线路。当进行巡视检查或启动前的检查时，一定要检查蓄电池周围是否有易燃物聚积，并清除易燃物。

(6) 检查喇叭的功能

① 将启动开关转到ON位置。

② 确认当按下喇叭时，喇叭马上鸣响，如果不响，应马上修理。

2. 操作前的调整

(1) 司机座椅调节（见图5-2-7）

A：前后调节。

使用拉杆2把座椅移动到所需位置时，松开此杆。

B：后靠背的调整。

向上拉手柄3，把后靠背置于能够方便操作的最佳位置时，松开此手柄。

C：座椅高度调节。

向上提座椅，听到咔嚓一声时，即调高了30mm，继续向上提，则又可以提高30mm，再向上提座椅降至最低位置。

(2) 后视镜调节　松开固定镜子的螺母（1）和螺栓（2）调整镜子的位置，以提供从盲区的操作人员座椅到机器后方左右侧两侧的最佳视线。如图5-2-8所示。

① 调整后视镜的安装，以便可以看到机器后方左、右侧的人。

② 把后视镜装到所示的安装位置和尺寸。如图5-2-9提供的数值为视野范围的参考值。

安装位置$X$：100mm。

视野$Y$的范围（右侧）：1500mm。

视野$Z$的范围（左侧）：1830mm。

镜子A：必须看到划斜线的（A）区域。

镜子B：必须看到划斜线的（B）区域。

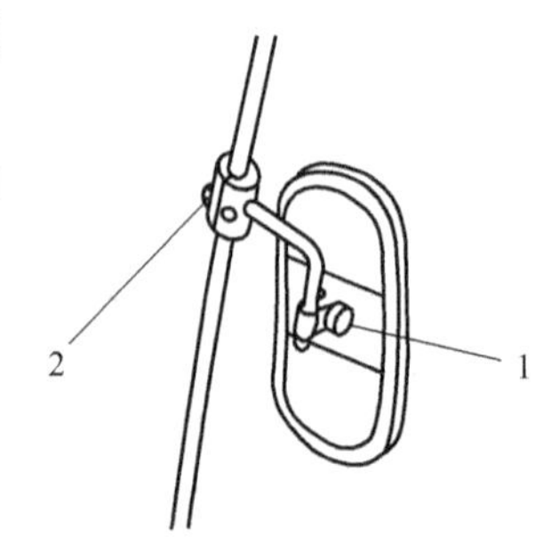

图 5-2-8　后视镜

镜子C：必须看到划斜线的（C）区域。

3. 启动发动机

正常启动发动机前，应检查周围区域没有人或障碍物，然后鸣喇叭并启动发动机。发动机排出的气体是有害的，当在封闭的区域内启动发动机时，要注意保证良好的通风。

① 把钥匙转到START位置，启动发动机。

② 启动后立即松开钥匙，自动复位ON位置。如图5-2-10所示。

注意：①不要连续运转启动发动机超过20min，如果发动机没有启动，至少要等待2min，再重新启动；②检查发动机安全锁定杆是否处在锁定位置，如果安全锁定杆处在自由位置，发动机将不能启动。

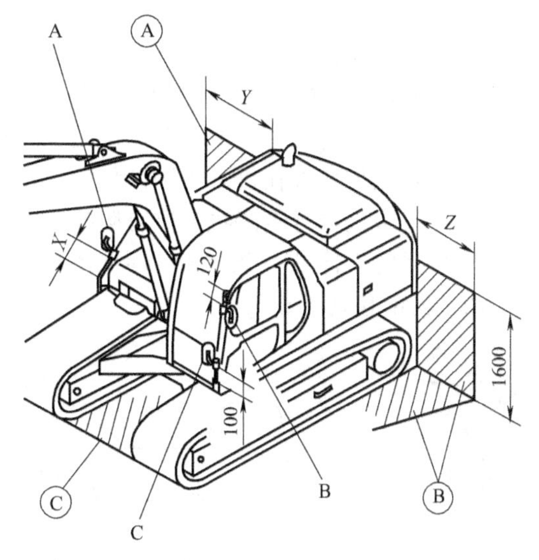


图5-2-9　后视镜安装视野

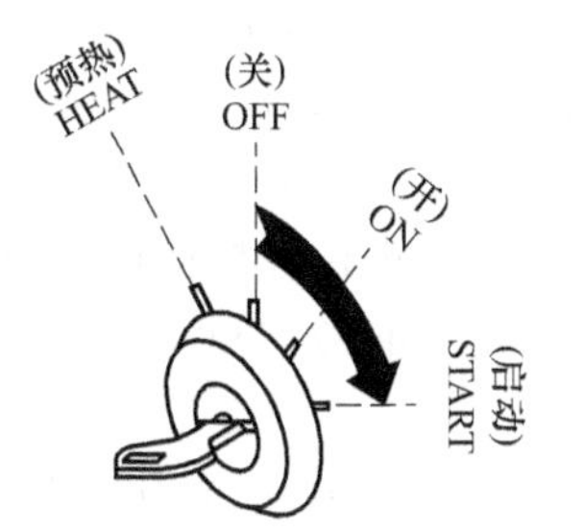


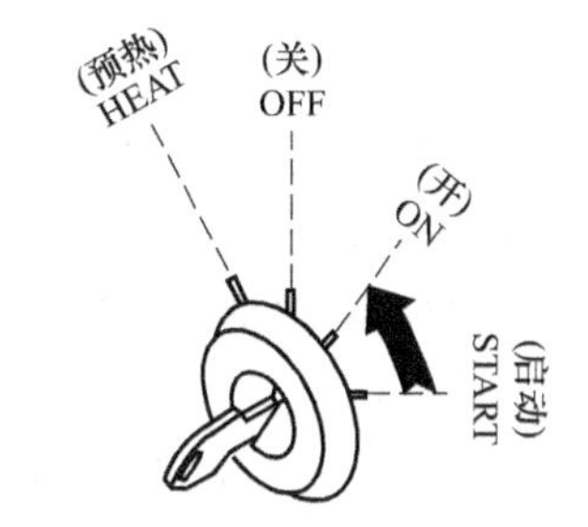


图5-2-10　启动位

4. 新机器的磨合

在最初的100h（按照小时表的显示）一定要磨合机器。在磨合操作期间，要遵守《操作员手册》中所要求的注意事项。

① 启动发动机后，以怠速运转15s，此时不要操作操纵杆。

② 发动机启动以后，要怠速运转5min。

③ 避免重负荷或以高速操作。

④ 除紧急情况外，避免突然启动、突然加速、突然转向和突然停车。

5. 关闭发动机

如果发动机还没有冷却就被突然关闭，会极大地缩短发动机的寿命，因此除紧急情况，不要突然关闭发动机。特别是如果发动机过热时，更不要突然关闭，而应以中速运转，使发动机逐渐冷却，然后再关闭发动机。

关闭发动机后的检查：

① 对机器进行巡视，检查工作装置、机器外部和下部车体，还要检查是否漏油或漏水。

② 给燃油箱加注燃油。

③ 检查发动机室是否有纸片和碎屑，要清理纸片和碎屑避免火灾危险。

④ 清除黏附在下部车体上的泥土。

6. 机器的移动

（1）移动前的准备工作

① 操作转向操纵杆，要检查履带架的方向。

如查链轮在前面，行走操纵杆的操作方向是相反的。

② 当移动设备时，确保机器周围是安全的并在移动前鸣喇叭。

③ 不要让任何人在机器周围区域。

④ 要清除机器行走路线上所有障碍物。

⑤ 机器的后部是一个盲区，因此倒车行走时要特别注意。

（2）向前移动机器

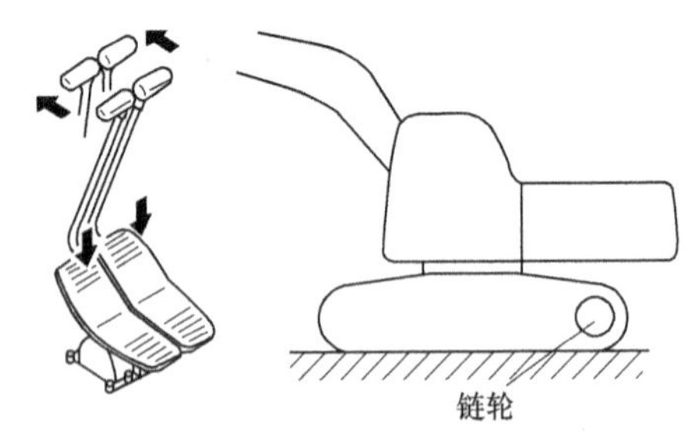


图 5-2-11 链轮在后

① 把安全锁定控制调到自由位置，收起工作装置并抬离地面 40～50cm。

② 按下列步骤操作左右行走操纵杆或左右行走踏板：

a）当链轮在机器的后部时，慢慢地向前推操纵杆或慢慢地踩下踏板的前部使机器行走。如图 5-2-11 所示。

b）当链轮在机器的前部时，慢慢地向后拉操纵杆或慢慢地踩下踏板的后部使机器行走。如图 5-2-12所示。

注意：低温时，如果机器行走速度不正常，要彻底进行暖机操作。另外，如果下部车体被泥土堵塞，机器行走速度不正常，要清除下部车体上的污物和泥土。

（3）向后移动机器

① 把安全锁定控制调到自由位置，收起工作装置并抬离地面 40～50cm。

② 按下列步骤操作左右行走操纵杆或左右行走踏板。

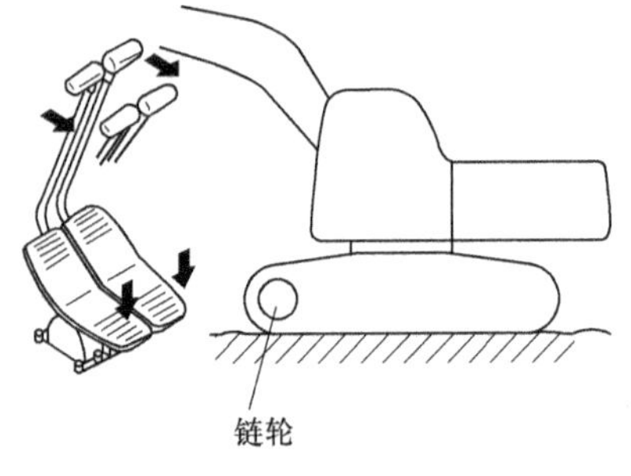


图 5-2-12 链轮在前

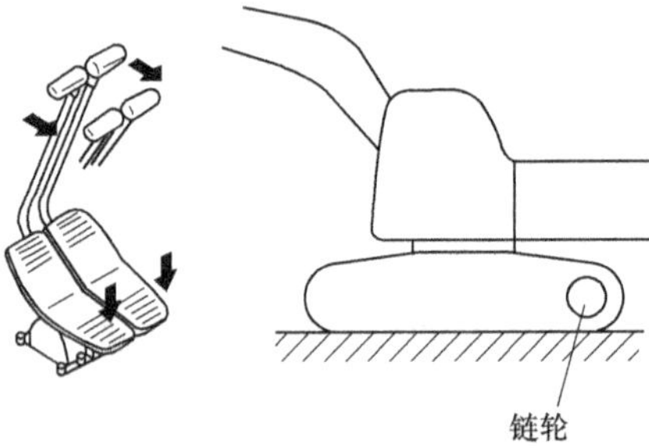

链轮

图 5-2-13 链轮在后

a）当链轮在机器的后部时，慢慢地向后拉操纵杆或慢慢地踩下踏板的后部使机器行走。如图5-2-13所示。

b）当链轮在机器的前部时，慢慢地向前推操纵杆或慢慢地踩下踏板的前部使机器行走。如图5-2-14所示。

（4）停止机器　把左右操纵杆置于中位 N，然后停住机器。

7. 机器的转向

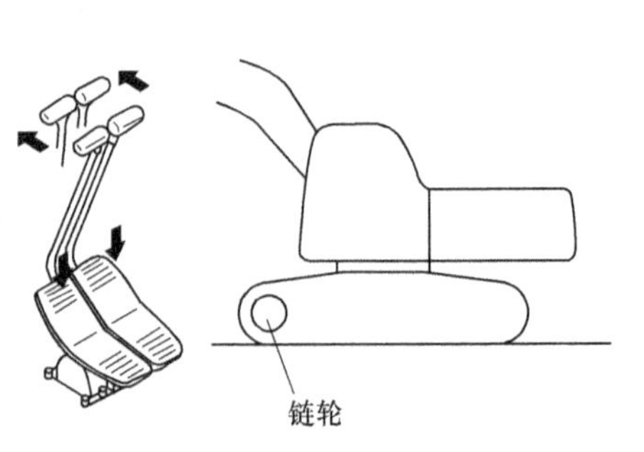


图 5-2-14 链轮在前

（1）用行走操纵杆改变方向　要避免方向的突然改变，特别是当进行逆向转动（原地转向）时，转弯前要先停住机器。可按下列步骤操作两个行走操纵杆。如图 5-2-15 所示。

当向左转弯时，向前行走时，向前推右行走操纵杆，机器向左转，当向后行走时，向回拉右行走操纵杆，机器向左转。

当向右转弯时，以同样的方式操作左行走操纵杆。

（2）操作左侧工作装置操纵杆进行回转操作　如图 5-2-16 所示。

在 N（中位）位置时，弹簧制动器起作用。向左扳动操纵杆机器左转，向右扳动操纵杆机器右转。

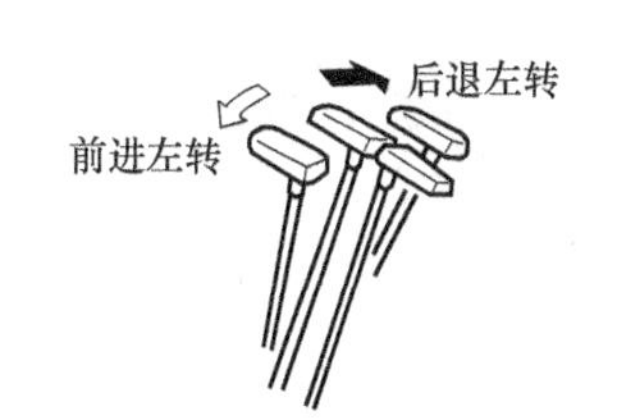


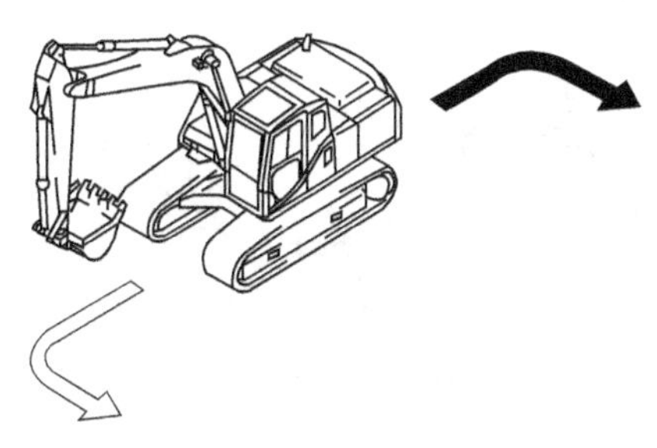

图 5-2-15　行走操纵杆改变方向

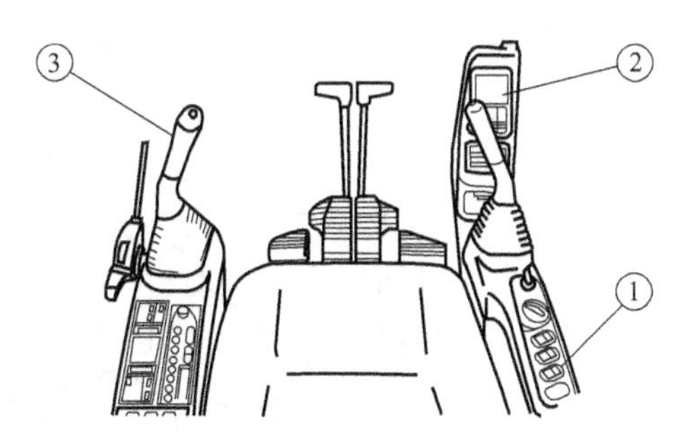


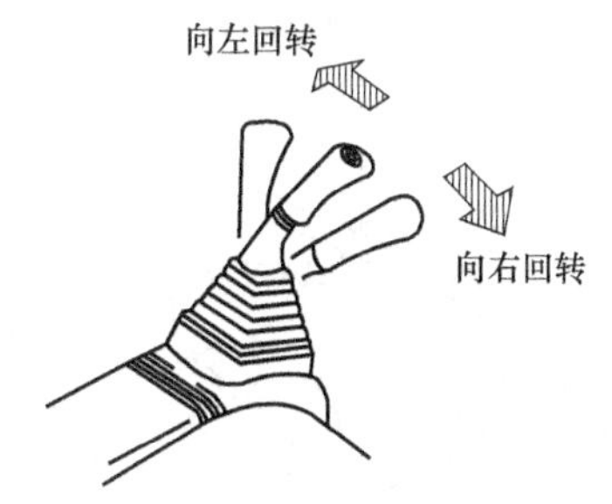


图 5-2-16　左侧工作装置操纵杆改变方向

8. 工作装置的控制和操作

工作装置由左、右两侧工作装置操纵杆操作。左侧工作装置操纵杆操作斗杆和回转，右侧工作装置操纵杆操作动臂和铲斗。操纵杆和工作装置的移动如图 5-2-17、图 5-2-18 所示，当松开操纵杆时，它们会自动回到中位，工作装置保持在原位。

左操纵杆（见图 5-2-17）：

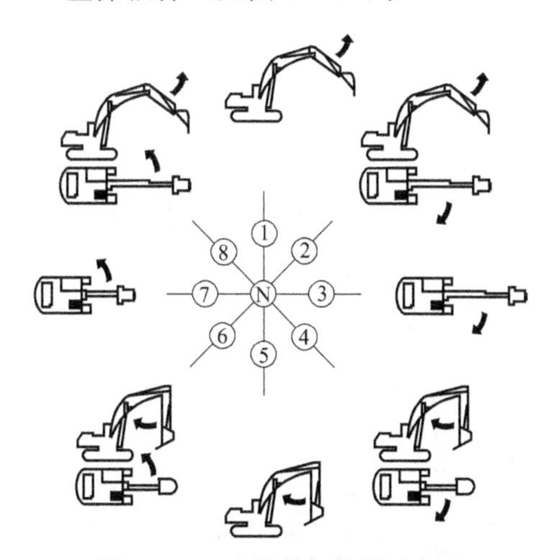


图 5-2-17　左操纵杆控制示意图

N：中位（上车架和斗杆保持在静止位置）

1：斗杆伸出。

2：斗杆伸出和向右回转。

3：向右回转。

4：斗杆收回和向右回转。

5：斗杆收回。

6：斗杆收回和向左回转。

7：向左回转。

8：斗杆伸出和向左回转。

右操纵杆（见图 5-2-18）：

N：中位（动臂和铲斗保持在静止位置）。

1：动臂下降。

2：动臂下降和铲斗伸出。

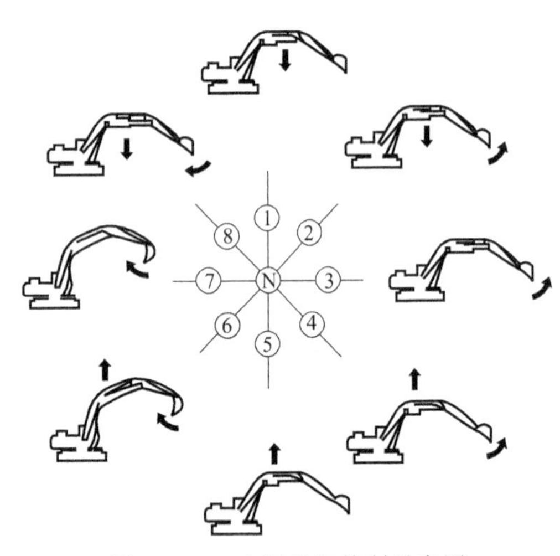

图 5-2-18　右操纵杆控制示意图

3：铲斗伸出。

4：动臂提升和铲斗伸出。

5：动臂提升。

6：动臂提升和铲斗收回。

7：铲斗收进。

8：动臂下降和铲斗收回。

备注：关闭发动机后 15s 以内操作操纵杆，能把工作装置落到地面。另外，还可以操作操纵杆释放液压油路内的剩余压力以及在机器装上挂车以后落下动臂。

9. 禁止的操作方式

(1) 利用回转力的操作（见图 5-2-19）　不要利用回转力压实地面或破碎物体，这样做不仅危险，还将明显地缩短机器的使用寿命。

(2) 利用行走力的操作（见图 5-2-20）　不要把铲斗挖入地中，利用行走进行挖掘，这将损坏机器或工作装置。

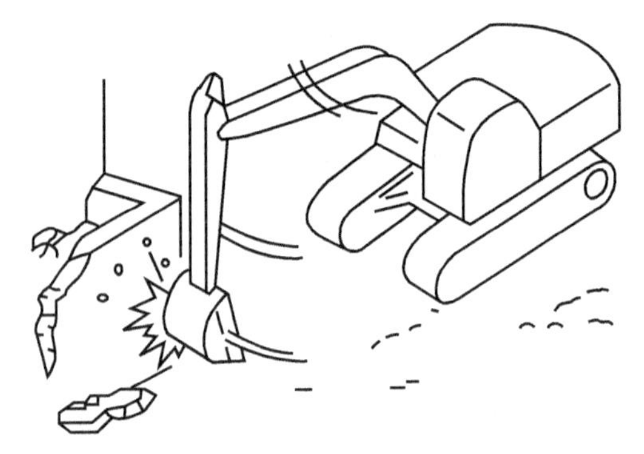
图 5-2-19　利用回转力的操作

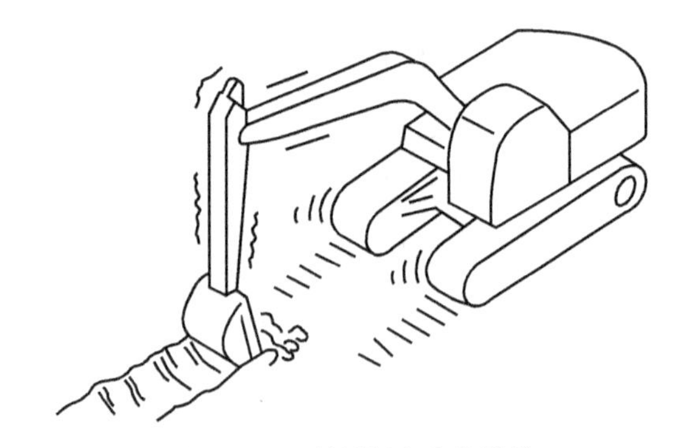
图 5-2-20　利用行走力的操作

(3) 使用液压油缸行程末端的操作（见图 5-2-21）　在操作时，当已经把油缸活塞杆操作到它的行程末端时使用油缸，外力将造成对工作装置的冲击，这将会损坏液压油缸，在液压油缸完全收回或伸出的情况下，避免进行操作。

(4) 利用铲斗下落力的操作　不要利用铲斗下落力挖掘或利用铲斗的下落力作为手镐、

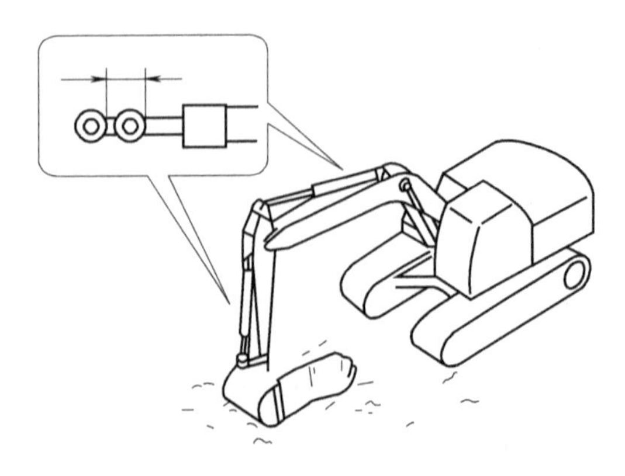
图 5-2-21　使用液压油缸行程末端的操作

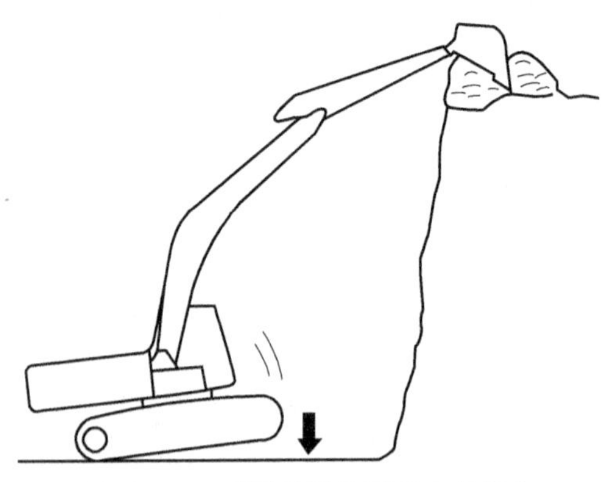
图 5-2-22　利用机器的下落力的操作

破碎器或打桩机，这将明显地缩短机器的使用寿命。

（5）利用机器的下落力的操作（见图 5-2-22） 不要利用机器的下落力进行挖掘。

（6）挖掘硬的岩质地面 挖掘硬的岩质地面最好是在用其他方法破碎以后再挖掘，这样不仅会减轻机器的损坏，而且比较经济。

（7）高速行走时突然转换操纵杆

① 不要突然转换操纵杆，否则会造成突然启动。

② 避免突然把操纵杆从前进转换到后退（或从后退转换到前进）。

③ 避免操纵杆的突然转换，如从高速突然停止（松开操纵杆）。

10. 停放机器

① 避免突然停车，停放机器时，要留出尽可能大的空间。

② 把机器停放在坚实平整的地面上，避免在斜坡上停放机器。如果必须在斜坡上停放，要在履带下面垫上垫块，把工作装置插放地面以防止机器移动。

③ 如果不小心触到工作装置操纵杆，工作装置或机器会突然移动，造成严重的人身伤害或事故，所以在从座椅上站起之前，一定要把安全锁定控制杆牢固地置于锁定位置。

④ 正确的停机步骤如下。

a. 左右行走操纵杆置于中位，停住机器。

b. 水平地落下铲斗，直到铲斗的底部接触地面。

c. 把安全锁定控制杆置于锁定位置。

d. 完成作业后，检查机器监控器上的发动机水温、机油压力和燃油位。

e. 上锁，要锁住以下这些地方：

• 驾驶室门，别忘记关好车窗；
• 燃油箱注油口；
• 发动机罩；
• 蓄电池箱盖；
• 机器的左侧门；
• 机器的右侧门；
• 液压油箱的注油口。

## 技能操作

### 挖掘机一般操作说明

1. 行走

当在障碍物如砾石树桩上行走时，机器（特别是下部车体）会经受很大的冲击，因此要降低行走速度并使履带的中心跨越障碍物，也可以清除这种障碍物或避免在障碍物上行走。

2. 高速行走

在不平坦的路基上，如有大石头的不平的道路，要以低速行走，当高速行走时应将引导轮设定在前进方向。

3. 允许的水深

当机器从水中驶出时，如果机器的角度超过 15°，上部机体的后部将进入水中，水会被散热器风扇打起，这样会造成散热器损坏，当机器从水中驶出时，要特别小心。如图 5-2-23 所示。

不要在水深超过托链轮①中心线的水中驾驶机器。对已经长时间在水下浸泡的零件要加注黄油，直到用过黄油完全被挤出（特别是铲斗销周围）。如图 5-2-24 所示。

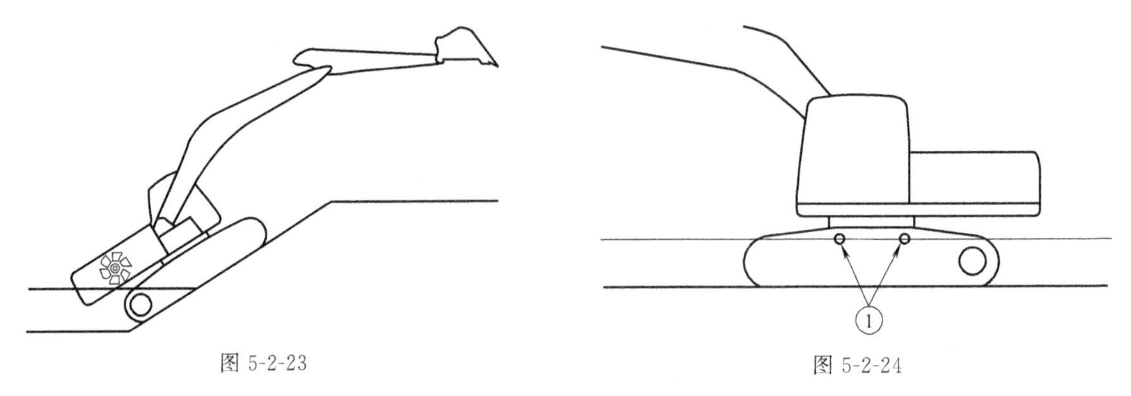


图 5-2-23　　图 5-2-24

4. 在斜坡上行走时

① 当行走时，将铲斗升离地面约 20～30cm。不要倒退着下坡行走，不要在斜坡上转弯或横穿斜坡，一定要到一块平整的地方进行这些操作，虽然路程远一些，但可以保证安全。如图 5-2-25 所示。

② 当在斜坡上转弯或操作工作装置会使机器失去平衡并翻倒，因此要避免这种操作。当铲斗装有负荷时，朝下坡方向回转是非常危险的。如果必须进行这样的操作，要用土堆起一个平台，以便操作时保持平稳。如图 5-2-26 所示。

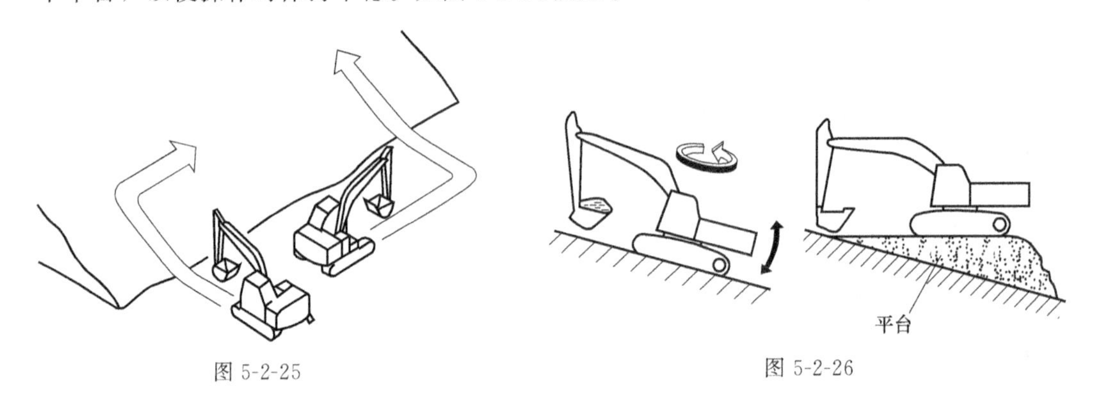


图 5-2-25　　图 5-2-26

③ 当上坡行走时，如果履带板打滑或仅靠履带的力不能上坡时，不要利用斗杆的拉力帮助机器上坡，这样会有机器倾翻的危险。当上超过 15°的陡坡时，为保证平衡，要把工作装置伸向前方，使工作装置升高地面 20～30cm 并以低速行走。如图 5-2-27 所示。

④ 当下陡坡时，选择低速行走模式，用行走操纵杆保持低速行走，当在坡度超过 15°时的陡坡上向下行走时，要把工作装置调到图 5-2-28 所示的状态并降低发动机转速。注意：下坡时链轮一侧在下面。如果机器下坡时，链轮一侧在上面，履带往往会松弛，造成跳齿。

⑤ 当上坡时，如果发动机停机，要将所有操纵杆置于中位，然后再启动发动机。在下坡时，为了制动机器，要将行走操纵杆置于中位，这样会自动地施加制动。

• 当机器在斜坡上时如果发动机停机，不要用左侧工作装置操纵杆进行回转操作，上部结构将借助其自重回转。

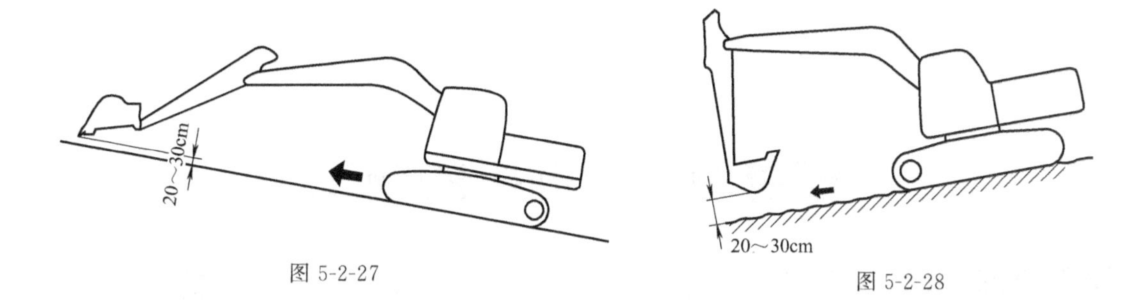


图 5-2-27　　图 5-2-28

• 当在斜坡上开门或关门时，要格外小心，门的重量会使门突然地打开或关闭。

5. 从泥中逃脱

应始终小心操作以避免陷入泥中，如果机器陷入泥中，要按下列步骤将机器驶出。

（1）陷入一侧履带　当只有一侧履带陷入泥中时，用铲斗抬起履带，然后垫上木板或圆木，把机器驶出。如果必要，铲斗下面也放上木板。注意，当用动臂或斗杆抬起机器时，一定使铲斗的底部与地面接触（不要用斗齿推）。动臂与斗杆之间的角度为 90°～110°。如图5-2-29所示。

图 5-2-29　陷入一侧履带

（2）两侧履带都陷入　当两侧的履带都陷入泥中，并且打滑不能移动，采用上面提供的方法垫上圆木和木料，把铲斗掘入前方的地面，按照与挖掘时相同的方式操作斗杆，并把行走操纵杆调到前进位置，以拉出机器。如图 5-2-30 所示。

图 5-2-30　两侧履带都陷入

# 任务 3　挖掘机的施工

## 学习目标

**知识目标：**

1. 熟悉挖掘机的基本作业方法；
2. 熟悉提高挖掘机生产率的途径。

**能力目标：**

1. 初步具备合理运用挖掘机组织施工的能力；
2. 能够采取正确有效的途径提高挖掘机的生产率。

## 相关知识

挖掘机（图 5-3-1）是土石方工程施工的主要机械。据统计，工程施工中约 60%以上的土石方是挖掘机械完成的。挖掘机的作业特点是效率高、产量大，但机动性较差。因此选用大型挖掘机施工时要考虑地形条件、工程量的大小以及运输条件等。在公路、铁路施工中，遇到开挖量较大的路堑和填筑高路堤等大工程量时，选用挖掘机配合运输车辆组织施工是比较合理的。

图 5-3-1　挖掘机

为了使挖掘机发挥最大效能，在使用挖掘机时应考虑最低工作面高度和最小工程量。在使用正铲挖掘机时，如果工作面的高度不足，一次开挖很难满斗。要求的工作面最小高度与开挖土壤的级别、挖掘机铲斗容量两方面的因素有关。工作面最小高度如表 5-3-1 所列。

**表 5-3-1　正铲挖掘机工作面最小高度**

| 工作面高度/m<br>斗容量/m³<br>土壤级别 | 1.5 | 2.0 | 2.5 | 3.0 | 3.5 | 4.0 | 5.0 |
|---|---|---|---|---|---|---|---|
| Ⅰ～Ⅱ | 0.5 | 1.0 | 1.5 | 2.0 | 2.5 | 3.0 | — |
| Ⅲ | — | 0.5 | 1.0 | 1.5 | 2.0 | 2.5 | 3.0 |
| Ⅳ | — | — | 0.5 | 1.0 | 1.5 | 2.0 | 2.5 |

从表5-3-1和工程实践中，人们领悟到：开挖松质土壤一般无需选用挖掘能力强的大斗容正铲挖掘机，而开挖硬质土壤时却不可选用挖掘能力弱的小斗容正铲挖掘机。

使用正铲和拉铲挖掘机尚有最小工程量的要求。由于履带式挖掘机的机动性较差，进出工作场地均需平板拖车运，工程量小时，机械进出场地的成本相对较大，经济上不够合理。如工程量小，而又必须使用挖掘机施工时，选用斗容量较小、机动性强的轮胎式全液压挖掘机比较经济合理。表5-3-2列出了正铲、拉铲挖掘机最小工程量。

**表5-3-2　正铲、拉铲挖掘机最小工程量**

| 铲斗容量/$m^3$ | 正铲挖掘机 | | 拉铲挖掘机 | |
|---|---|---|---|---|
| | 工程量/$m^3$ | 土壤级别 | 工程量/$m^3$ | 土壤级别 |
| 0.5 | 15000 | Ⅰ～Ⅳ | 10000 | Ⅰ～Ⅱ |
| 0.75 | 20000 | Ⅰ～Ⅳ | 15000 | Ⅴ～Ⅵ |
| 0.75 | — | — | 12000 | Ⅲ |
| 1.00 | 15000 | Ⅴ～Ⅵ | 15000 | Ⅰ～Ⅱ |
| 1.00 | 25000 | Ⅰ～Ⅳ | 20000 | Ⅲ |
| 1.50 | 25000 | Ⅴ～Ⅵ | 2000 | Ⅰ～Ⅱ |

挖掘机的作业装置类型除上述的正铲、拉铲以外，还有反铲和抓铲。不同类型的作业装置所适用的工作条件也各不相同。其差别在于：正、反铲挖掘能力较大，能适用Ⅰ～Ⅳ级土壤、软石和爆破后的坚石（只要坚石的块径小于小斗口尺寸）的挖装作业；抓铲和拉铲挖掘能力较弱，仅适于Ⅰ、Ⅱ级土壤和预松后的Ⅲ、Ⅳ级土壤的挖装作业，但它们却很适于松散材料和松软材料（例如煤、砂、砾石以及淤泥）的挖装作业。特别指出的是，它们能在水下挖掘淤积的泥沙。正、反铲所适应的工作条件也有差别，正铲挖掘机适于挖掘停机面以上的物料，且有作业面最小高度的要求；机械操纵式反铲挖掘机适于开挖停机面以下的物料，但液压操纵式反铲挖掘机，除了开挖停机面以下的物料，也可开挖停机面以上的物料。随着近代液压技术的发展和完善，现代挖掘机绝大多数都采用了液压操纵系统，因此现在反铲挖掘机社会保有量远远大于正铲。

1. 挖掘机施工的作业方式

（1）正铲挖掘机的作业方式

① 正铲挖掘机侧向开挖　所谓侧向开挖，就是车辆的运行路线位于挖掘路线的侧面，如图5-3-2所示。它的主要特点是，卸土时平均回转角小于90°，而且车辆可以直线进出，不需调头和倒驶，缩短了循环时间，效率高。这是正铲挖掘机的基本作业方式。

② 正铲挖掘机正向开挖　正向开挖方式如图5-3-3所示。装车时车辆停在挖掘机的后方。它的主要特点是，挖掘机前方挖土，回转至卸料位置，其回转角大于90°，从而增加了循环时间，但其开挖面较宽。此外，由于车辆不能直接开进挖掘道，而要调头和倒驶，增加了施工现场的拥挤，挖掘机不能连续作业，效率降低。因此这种方式只适宜于挖掘进口处使用，仅作为正铲挖掘机的辅助作业方式。

（2）反铲挖掘机的基本作业方式

① 沟端开挖法　开挖时挖掘机从沟的一端开始，然后沿沟中线倒退开挖，如图 5-3-4（a）所示。运输车辆停在沟侧，此时动臂只回转 40°～45°左右即可卸料。如挖的沟宽为机子最大回转半径的 2 倍时，车辆只能停在挖掘机的侧面，动臂要回转 90°处，方可卸料。

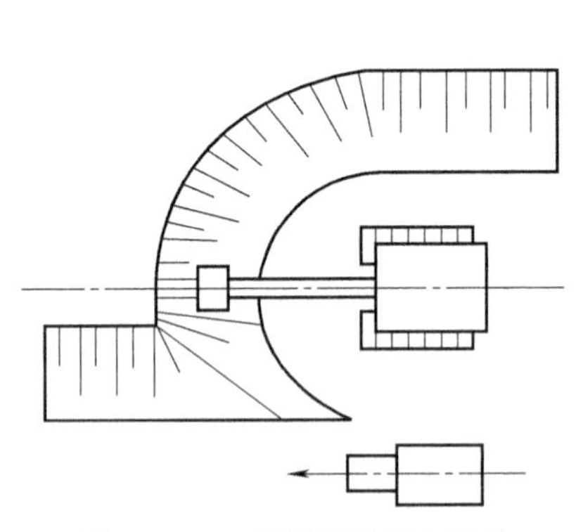

图 5-3-2　正铲挖掘机侧向开挖

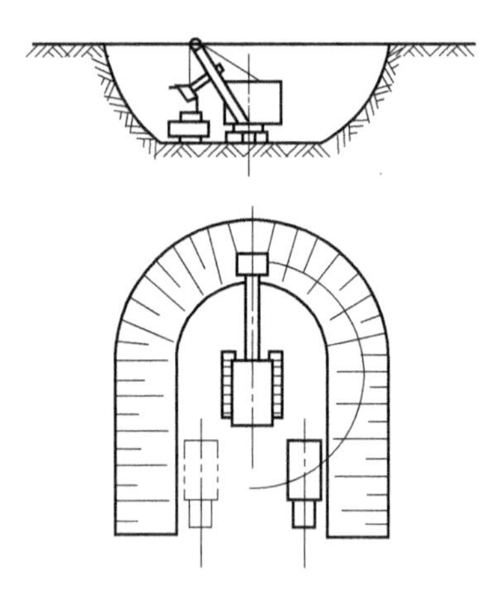

图 5-3-3　正铲挖掘机正向开挖

如挖掘的沟渠较宽时，可分段进行，如图 5-3-4（b）所示。当开挖到尽头时，可调头开挖相比邻的一段。这种分段法每段的挖掘宽度不宜过大，以车辆能在沟侧行驶为原则，这杆可以减少每个循环的时间，提高效率。

沟端开挖是反铲挖掘机的基本作业方式。

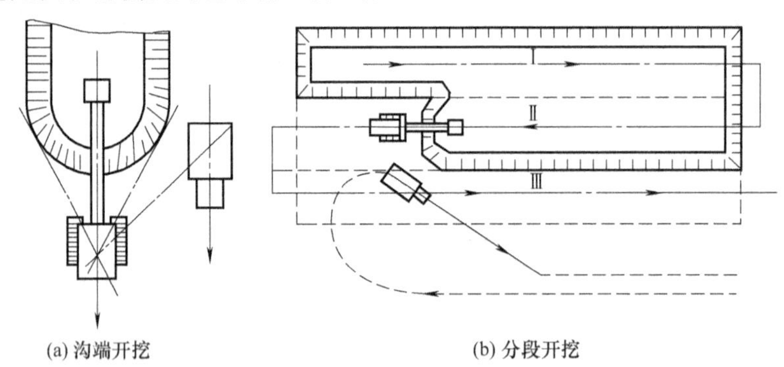


(a) 沟端开挖　　(b) 分段开挖

图 5-3-4　反铲挖掘机沟端开挖

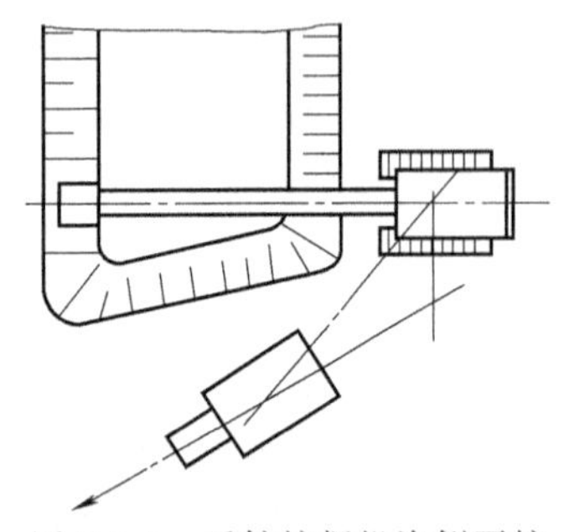

图 5-3-5　反铲挖掘机沟侧开挖

② 沟侧开挖法　它与前者相同的是，车辆停在沟端，挖掘机停在沟侧，动臂只需回转小于 90°处即可卸料，如图 5-3-5所示。由于每循环所用的时间短，所以效率高。但挖掘机始终沿沟侧行驶，因此开挖过的沟边坡较大。这种开挖方式是反铲挖掘机的辅助作业方式。路侧取土坑取土直接填筑路堤，当土质条件较理想时，可以采用这种作业方式。

（3）拉铲挖掘作业方式

① 沟侧开挖法　挖掘机位于沟侧，挖宽可等于或大于甩斗法的挖掘半径。此外，在弃土场工作时，可以使土壤甩出的距离较远。这种开挖方法主要用来取土填筑路堤和开挖基坑，如图 5-3-6（a）所示。

② 沟端开挖　挖掘机停在沟的一端如图 5-3-6（b）所示，开挖的宽度可达挖掘半径的两倍。此法可挖出陡峭的边坡，亦可以两侧卸土。

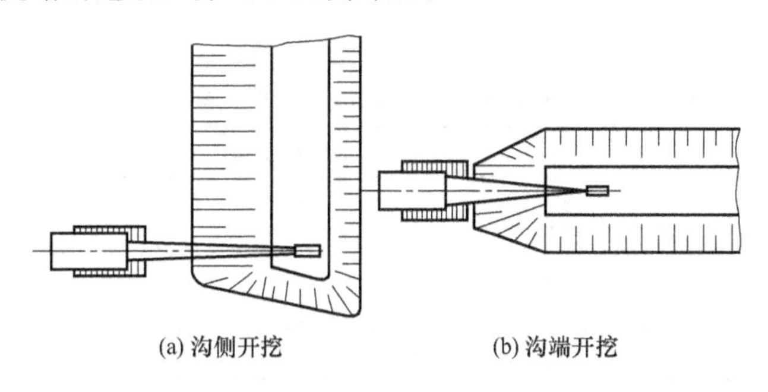

(a) 沟侧开挖　　(b) 沟端开挖

图 5-3-6　拉铲挖掘机开挖路线

2. 挖掘机路基施工

(1) 开挖路堑

① 正铲挖掘机开挖路堑　正铲挖掘机开挖路堑有两种开挖方法，即全断面正向开挖和分层开挖。如路堑的深度在 5m 以下时，可采用全断面正向开挖，挖掘机一次向前开挖全路堑至设计标高。运输车辆停在同一平面上，它可以布置与挖掘机并列或在其后，如图 5-3-7 所示。这样施工比较简单，但挖掘机必须横向移位，方可挖掘到设计宽度。

当路堑深度超过 5m 时，应分层开挖，即挖掘机在纵向行程中先把路堑开通一部分，运输车辆布置在一侧与挖掘机开挖路线平行，这样往返开挖几个行程，直至将路堑全部开通，如图 5-3-8 所示。第一开挖道工作面的最大高度不应超过挖掘机的最大挖土高度。一般以停在路堑边缘的车辆能装料即可。至于其他各次的开挖道都可以按要求位于同一水平之上。这样可以利用前次挖好的开挖道作为运输路线。

各次的开挖道完成后，是退返还是调头作反方向开挖，可视现场具体情况而定。此时，必须注意每一条开挖道的排水工作。

挖掘机各次开挖后在边坡上留下的土角，可以用推土机修整。

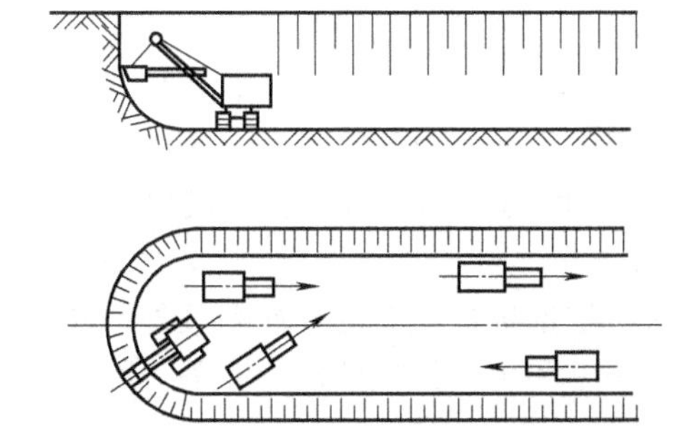

图 5-3-7　正铲挖掘机全断面开挖路堑

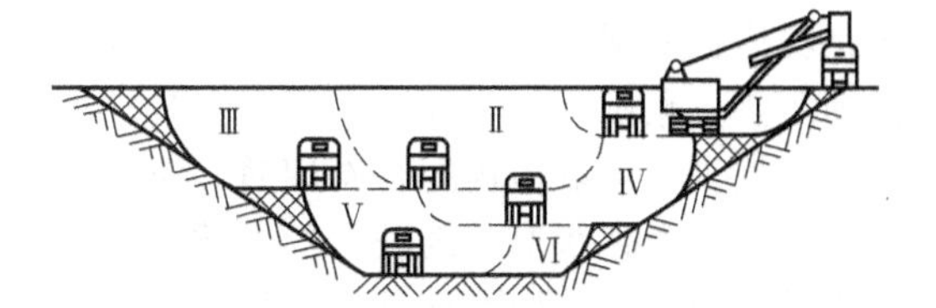


图 5-3-8　正铲挖掘机分层开挖深路堑

② 反铲挖掘机开挖路堑　由于反铲挖掘适于开挖停机面以下的土壤，因此挖掘机应布置在堑顶两侧进行。根据情况可选用沟端法或沟侧法开挖。

③ 拉铲挖掘机开挖路堑　开挖时如卸料半径能及至两侧的弃土堆，则挖掘机可停置在路堑中心线上，如图 5-3-9（a）所示，反之则采取两掘进道进行，如图 5-3-9（b）所示。在

开挖一侧弃土的路堑时，挖掘机应沿路堑边缘进行，为了确保施工安全，挖掘机内侧履带应与路堑边缘保持 1.0～1.5m 距离。拉铲斗容量的选择，应根据所筑路堤或路堑的填挖高度而定，如表 5-3-3 所列。

表 5-3-3　填挖路堤路堑的高度与拉铲斗容量的关系

| 拉铲斗容/m³ | 填挖最大高度/m | | | |
|---|---|---|---|---|
| | 开挖路堑 | | 填筑路堤 | |
| | 卸入弃土堆 | 卸入运输车辆 | 一侧取土 | 两侧取土 |
| 0.35 | 3 | 4.5 | 1.5 | 3.0 |
| 0.50 | 3 | 5.5～6.0 | 1.5 | 3.0 |
| 0.75 | 4 | 7.0 | 2.0 | 3.5 |
| 1.00 | 4 | 7.5 | 2.0 | 3.5 |

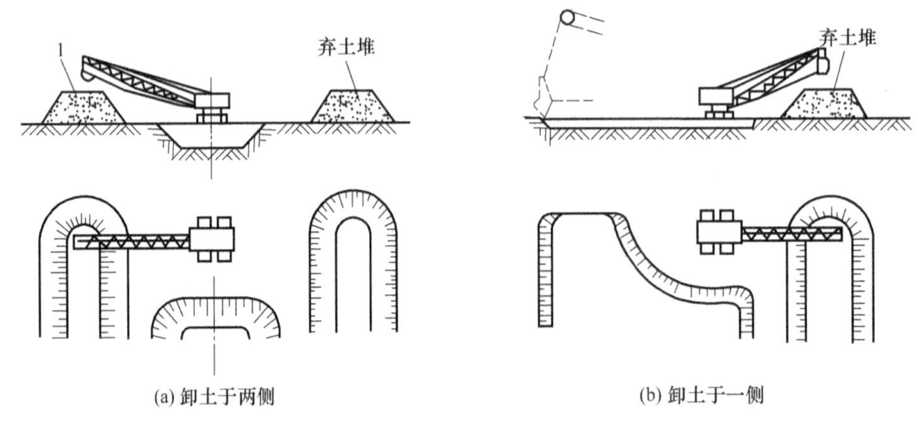


图 5-3-9　拉铲挖掘机开挖路堑示意图

（2）填筑路堤

① 正铲挖掘机与运输车辆配合填筑路堤　挖掘机由取土坑或取土场取土填筑路堤时，对挖掘机来说工作是比较简单的，只要按照以上所介绍的几种形式进行作业，并在选定的取土场开辟有利地形的工作面，挖出所要求的土壤即可。但是挖掘机如何与运输工具配合，则应很好的组织。图 5-3-10 为正铲挖掘机与运输车辆配合填筑路堤时的运行路线图。挖掘机在取土场有四个掘进道，而汽车的运行路线是根据土壤的好坏，分两路运行。适用的土应按照路堤边桩分层，有序地填筑，每层厚度约 30～40cm。可用汽车本身压实，或用羊足碾和振动压路机碾压。

挖掘机与运输车辆配合作用时，所需车辆数，除与挖掘机、汽车的性能有关外，同时与运输距离、道路状况、驾驶员的素质有关。另外也与平整和压实机械的能力有关。因此应尽可能使它们之间机械发挥最大效能。

一般所需运输车辆数，可以通过估算得出数量，然后通过实践再进一步落实，所需汽车数量既能满足挖掘机不断工作，又不使汽车停置不用。

汽车用量可用式（5-3-1）计算

$$n=\frac{t_1}{t_2} \tag{5-3-1}$$

式中　$n$——所需汽车数量；

$t_1$——汽车一个循环（装、运、卸、回）所用时间，min；

$t_2$——挖掘机装满一车所需时间，min。

为了使挖掘机与汽车更经济合理的配合，车箱的容积应为挖掘机斗容的整数倍，一般不低于（1∶3）～（1∶4）。

② 拉铲、抓铲配合运输车辆填筑路堤　拉铲、抓铲配合运输车辆填筑路堤，其运输路线、车辆需要量与正铲挖掘机基本相同，如图 5-3-11 为拉铲挖土装车的情况。拉铲装车比正铲装车要困难，所以要求驾驶员操作技术要更熟练。

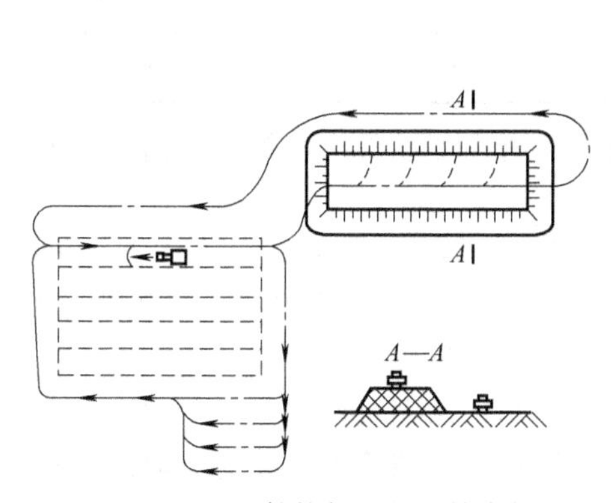


图 5-3-10　正铲挖掘机与运输车辆配合填筑路堤时的运行路线图

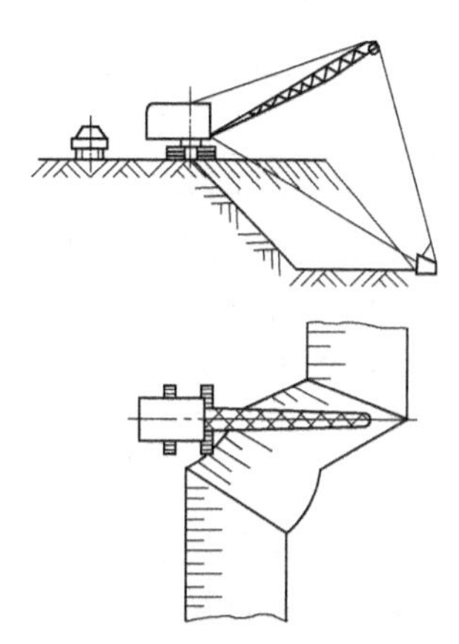

图 5-3-11　拉铲与汽车配合施工的工作过程

3. 挖掘机生产率计算及其影响因素分析

单斗挖掘机的生产率主要取决于铲斗的容量、工作速度，以及土壤的性质，也可按下式计算

$$Q=qn\frac{K_H}{K_S}K_B \tag{5-3-2}$$

式中　$Q$——挖掘机的生产率，$m^3/h$；

$q$——铲斗几何容量，$m^3$；

$K_H$——铲斗充满系数；

$K_S$——土壤松散系数；

$K_B$——时间利用系数（0.7～0.85）；

$n$——挖掘机每小时工作次数，其计算公式如下

$$n=\frac{3600}{t_1+t_2+t_3+t_4+t_5} \tag{5-3-3}$$

式中　$t_1$——挖掘机挖土时间，s；

$t_2$——自挖土处转至卸土处的时间，s；

$t_3$——调整卸料位置和卸土时间，s；

$t_4$——空斗返回挖掘面的时间，s；

$t_5$——铲斗放至挖掘面始点的时间，s。

铲斗充满系数 $K_H$ 为铲斗所装土壤体积与铲斗几何容积的比率，由于土壤的性质和工作装置的形式不同，其最大值如表 5-3-4 所示。挖掘机每小时的挖掘次数，可参考表 5-3-5 所示。

表 5-3-4　挖掘机铲斗充满系数最大值

| 铲斗型式 | 轻质松软土 | 轻质黏性土 | 普通土 | 重质土 | 爆破岩石 |
|---|---|---|---|---|---|
| 正铲 | 1～1.2 | 1.15～1.4 | 0.75～0.95 | 0.55～0.7 | 0.3～0.5 |
| 拉铲 | 1～1.16 | 1.2～1.4 | 0.8～0.9 | 0.5～0.65 | 0.3～0.5 |
| 抓斗 | 0.8～1 | 0.9～1.1 | 0.5～0.7 | 0.4～0.45 | 0.2～0.3 |

表 5-3-5　挖掘机每小时的挖掘次数

| 工作装置 | 斗容量/$m^3$ | | | |
|---|---|---|---|---|
| | 0.25 | 0.5 | 1 | 2 |
| 正铲 | 215 | 200 | 180 | 160 |
| 反铲 | 175 | 155 | 145 | — |
| 抓铲 | 175 | 155 | 145 | 125 |
| 拉铲 | 160 | 150 | 135 | — |

从上述有关挖掘机的施工过程和施工组织的情况分析中可以看出，提高挖掘机的生产率应从以下几方面进行：

一是施工组织设计方面。与挖掘机配合运输的车辆应尽量达到挖掘机生产能力的要求，而装载的容量应为铲斗容量的整数倍。此外挖掘机装车时，应尽量采用装运“双放法”。这样可以使挖掘机装一辆，紧接着又装下一辆。由于两车分别停放在挖掘机铲斗卸土所能及的圆弧线上，这样铲斗顺转装满一车，反转又可装满另一车，从而可以提高装车效率。

此外运输车辆的行驶路线，在施工组织中应事先拟定好，清除不必要的上坡道。对于挖掘机的各掘进道，必须做到各有一条空车放送道，以免进出车辆相互干扰。各运行道应保持良好状态，以利运行。

二是施工技术操作过程方面。挖掘机驾驶员应具有熟练的操作技能，以缩短一个工作循环的时间。如果技术熟练，可以使工作过程进行联合操作，进一步缩短工作循环时间。

此外挖掘机的技术状况、铲斗斗齿的锋利程度等，对挖掘机生产率都有影响，根据试验证明，当斗齿磨损到不能使用时，铲土时其切削阻力将增加 60%～90%。所以在施工中应注意斗齿的磨损情祝，损坏后应及时修复或更新齿。

## 操作技能

1. 反铲作业

反铲适合在低于机器的位置处挖掘。当机器在图 5-3-12 所示状况时，即当铲斗油缸与连杆、斗杆油缸、与半杆呈 90°时，可获得各油缸的最大挖掘力。挖掘时，有效地使用这个角度，可使工作效率最佳化。

斗杆的挖掘范围是离开机器 45°角至朝向机器的 30°角，如图 5-3-13 所示。根据挖掘深度可能会有些不同，但要尽量在上述范围内操作，而不要操作油缸至其行程末端。

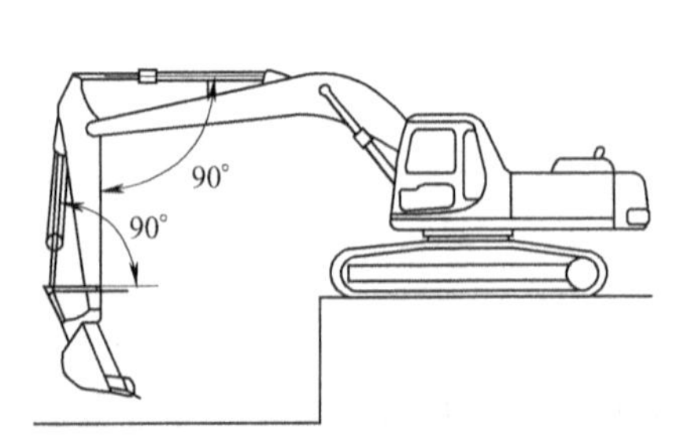


图 5-3-12　反铲适合在低于机器的位置处挖掘

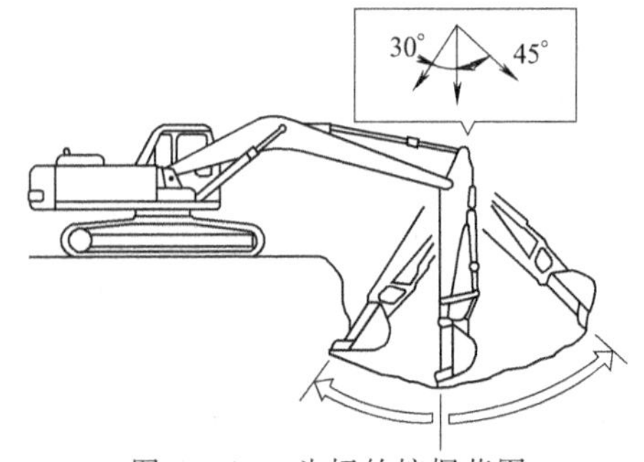


图 5-3-13　斗杆的挖掘范围

2. 挖沟作业

通过安装与沟的宽度相匹配的铲斗，然后把履带调到与将挖掘的沟相平行的位置，便可有效地进行挖沟作业。挖宽沟时，首先要挖出两侧，最后挖去中心部分。如图 5-3-14 所示。

3. 装载作业

在回转角度较小的地方，让自卸车停在操作者可以容易看到的地方，便可以有效地进行作业。如图 5-3-15 所示。

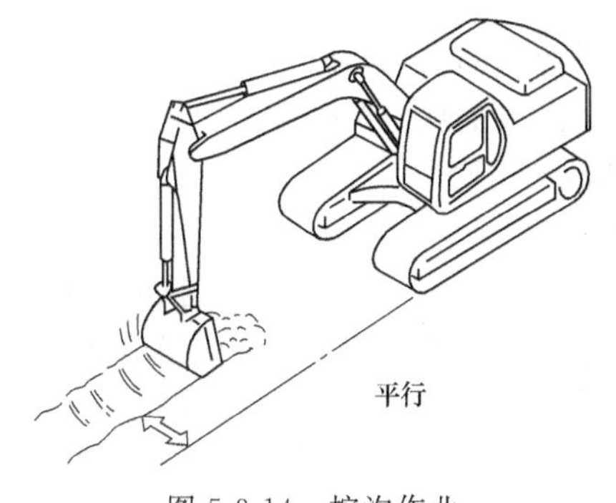


图 5-3-14　挖沟作业

图 5-3-15　装载作业

## 知识与能力拓展

当装/卸机器时，一定要利用坡道或平台，并按下列步骤进行操作。

1. 装车

① 只能在坚实平整的地面上进行装车，并与道路边缘保持一定的距离。

② 适当地对拖车施加制动，并在轮胎下放上垫块以确保拖车不移动，然后在拖车和机器之间安装坡道，确保两侧坡道在同一水平面上。坡道的坡度应最大不超过 15°，把坡道之间的距离调整到与履带中心匹配。如图 5-3-16 所示。

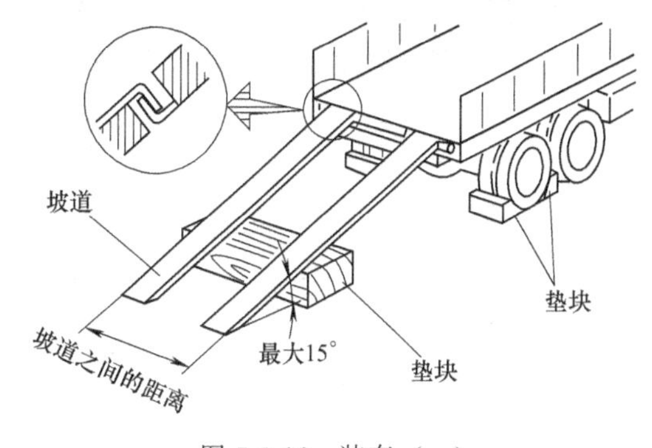


图 5-3-16　装车（一）

③ 如果机器装有工作装置，要把工作装置放在前面，并向前行走装车，如果没有工作装置，则倒退行走装车。如图 5-3-17 所示。

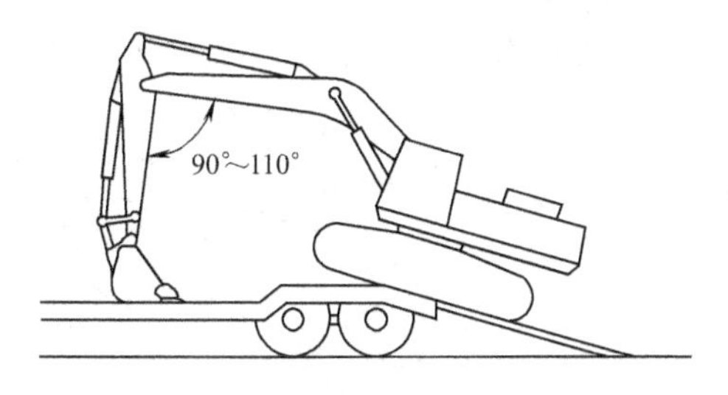


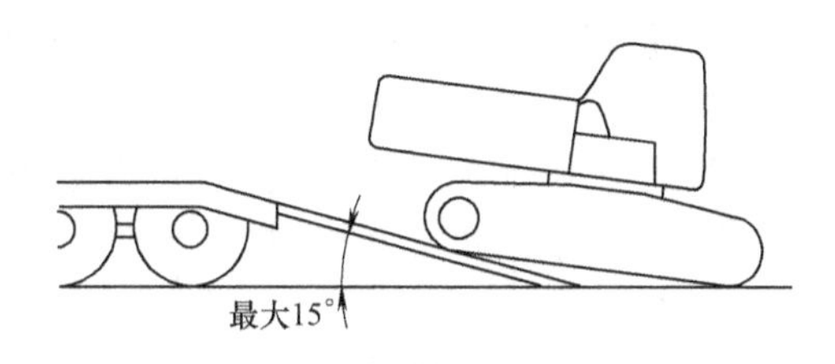


图 5-3-17　装车（二）

④ 对正与坡道的行走方向，并缓慢地行走。

在不造成影响的情况下，尽量不要落下工作装置，在坡道上时，只能操作行走操纵杆，不操作其他任何动作。

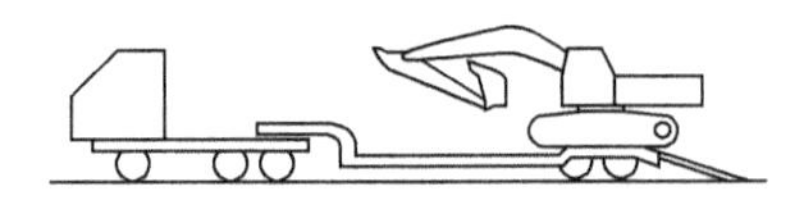

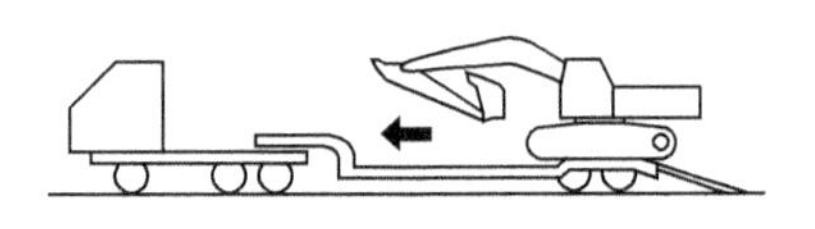

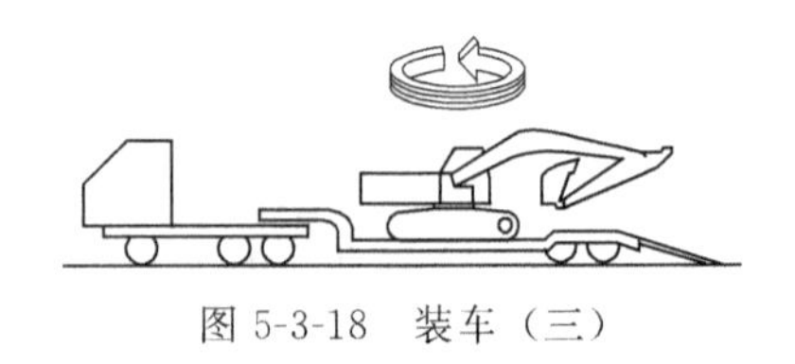

图 5-3-18　装车（三）

⑤ 当机器行走到拖车后轮上方会变得不稳定，因此要缓慢小心地驾驶（不要转向）。

⑥ 在机器经过后轮的一瞬间，会向前倾斜，因此要小心不要让工作装置碰到车体上，把机器向前开到规定的位置，然后停住机器。

⑦ 然后缓慢回转上部结构 180°。

⑧ 把机器停在拖车上规定的位置。

如图 5-3-18 所示。

2. 固定机器

当把机器装上拖车以后，要按下列步骤固定机器：

• 把铲斗和斗杆油缸完全伸出，然后缓慢地落下动臂。

• 关闭发动机，并从启动开关上取下钥匙。

• 使安全锁定控制杆处于锁定位置。

• 锁上驾驶室门、侧门、蓄电池箱盖和发动机罩。

• 在履带两端的下面放上垫块，以防止机器在运输中移动，如图 5-3-19 所示。并用铁链或钢丝绳把机器栓系牢固。要特别注意把机器固定牢固，使它不能滑向一侧。

注意：

① 收好收音机天线，拆下后视镜。把拆下的部件牢固地系在拖车上。

② 为防止在运输过程中损坏铲斗油缸，在铲斗油缸的一端要放置木垫块，以防止它触到底板。

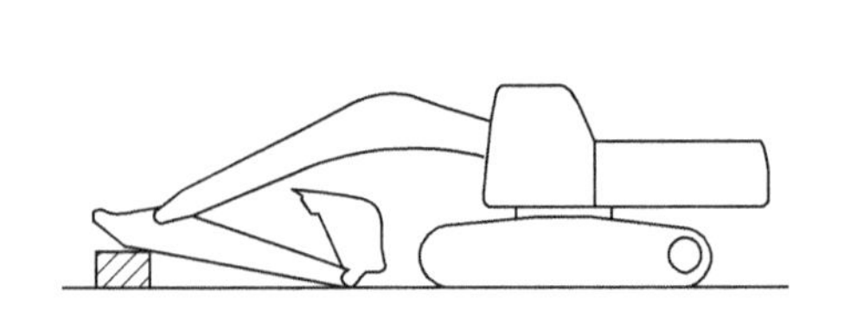

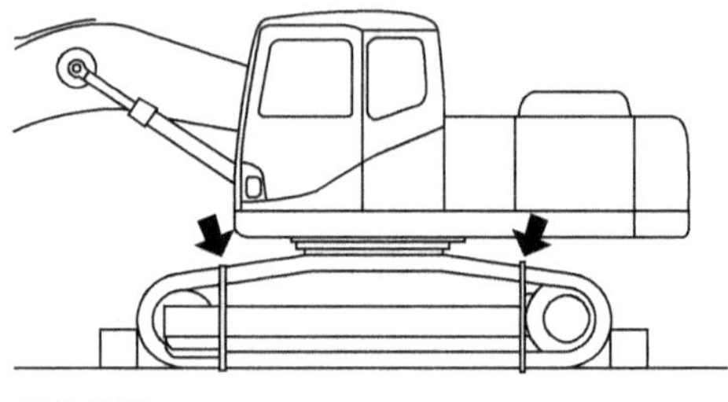

图 5-3-19　固定机器

3. 卸车

① 只能在坚实平整的地面上进行卸车，并与道路边缘保持一个安全距离。

② 适当地对拖车施加制动，并在轮胎下放上垫块以确保拖车不移动。然后在拖车和机器之间安装坡道，确保两侧坡道在同一水平面上。要使坡道在坡度最大不超过 15°，把坡道之间的距离调到与履带中心匹配。如图 5-3-20 所示。

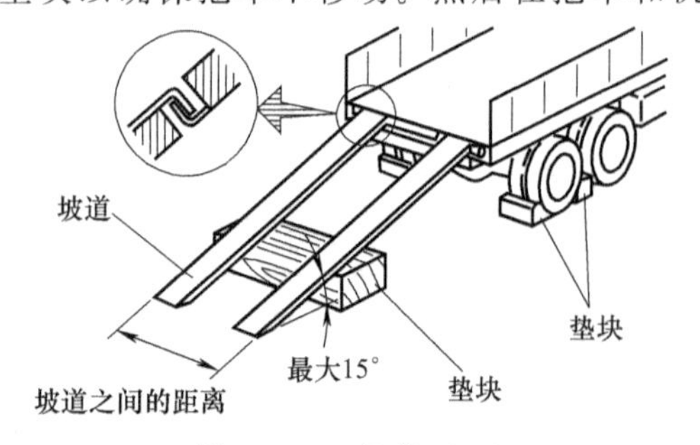


图 5-3-20　卸车（一）

③ 拆下固定机器的铁链或钢丝绳。

④ 启动发动机。

⑤ 把安全锁定控制杆调到自由位置。

⑥ 升起工作装置，把斗杆收到动臂下面，然

后缓慢移动机器。

⑦ 当机器水平处在拖车后轮上方时停止机器。如图 5-3-21 所示。

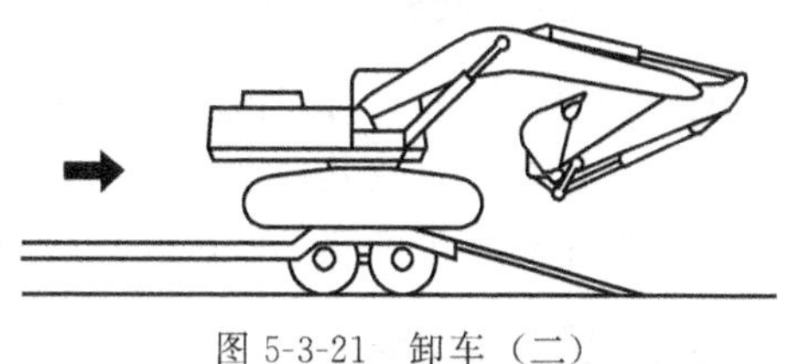
图 5-3-21　卸车（二）

⑧ 当从拖车的后部移向坡道时，要将斗杆与动臂之间的角度调到 90°～110°，把铲斗落至地面，然后慢慢移动机器。如图 5-3-22 所示。

⑨ 当机器移到坡道时，慢慢操作动臂和斗杆，小心地降下机器直到完全离开坡道。如图 5-3-23 所示。

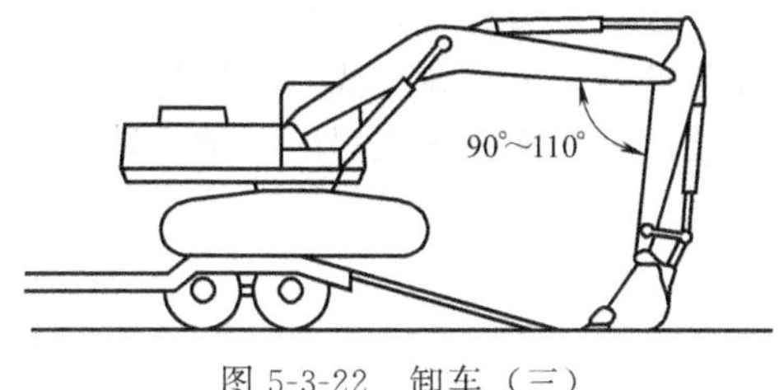

图 5-3-22　卸车（三）

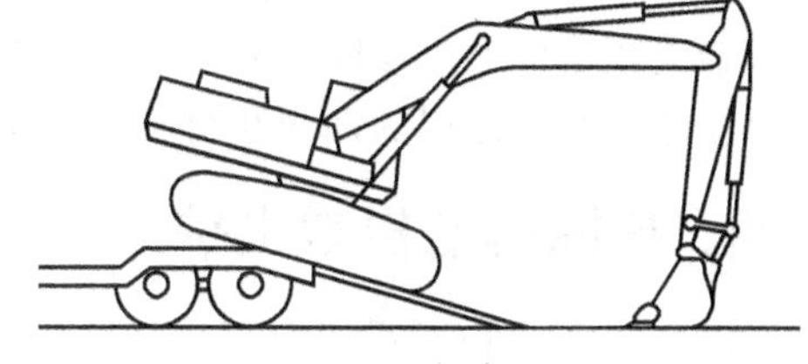
图 5-3-23　卸车（四）

# 任务 4　挖掘机的日常维护

## 学习目标

**知识目标：**

1. 了解挖掘机日常维护的意义；
2. 掌握挖掘机日常维护的步骤和方法。

**能力目标：**

能正确进行挖掘机的日常维护。

## 相关知识

挖掘机购买后，如果使用方法不当，或是不注意保养，将会大大缩短挖掘机使用寿命。对挖掘机实行日常维护保养的目的是：减少机器的故障，延长机器使用寿命；缩短机器的停机时间；提高工作效率，降低作业成本。通常，只要管理好燃油、润滑油、冷却液和空气，就可减少 70％的故障。因此，必须重视挖掘机的维护工作，尤其是设备每天的日常维护。

### 一、燃油的管理

要根据不同的环境温度选用不同牌号的柴油；柴油不能混入杂质、灰土与水，否则将使燃油泵过早磨损；劣质燃油中的石蜡与硫的含量高，会对发动机产生损害；每日作业完后燃油箱要加满燃油，防止油箱内壁产生水滴；每日作业前打开燃油箱底的放水阀放水；在发动机燃料用尽或更换滤芯后，须排尽管路中的空气。

## 二、润滑油脂管理

采用润滑油（脂）可以减少运动表面的磨损，防止出现噪声。润滑脂存放保管时，不能混入灰尘、砂粒、水及其他杂质；用锂基型润滑脂 G2-L1，抗磨性能好，适用于重载工况；加注时，要尽量将旧油全部挤出并擦干净，防止沙土黏附。

## 三、滤芯的保养

滤芯起到过滤油路或气路中杂质的作用，阻止其侵入系统内部而造成故障；各种滤芯要按照《操作保养手册》的要求定期更换；更换滤芯时，应检查是否有金属附在旧滤芯上，如发现有金属颗粒应及时诊断和采取改善措施；使用符合机器规定的纯正滤芯。伪劣滤芯的过滤能力较差，其过滤层的面积和材料质量都不符合要求，会严重影响机器的正常使用。

## 四、挖掘机的日常维护

下面是 VOLVO 挖掘机每天维护的基本保养内容。

1. 发动机机油油位检查

检查发动机油位的步骤：

① 打开发动机罩。

② 把机油尺（A）拉出来，并用一块干净的布将其擦干。

③ 将其重新插入，然后再拔出。

④ 如果发动机油位处于 C 和 D 之间，表明正常。如果油位低于 D，则通过加油口（B）加注油至合适的油位。如图 5-4-1 所示。

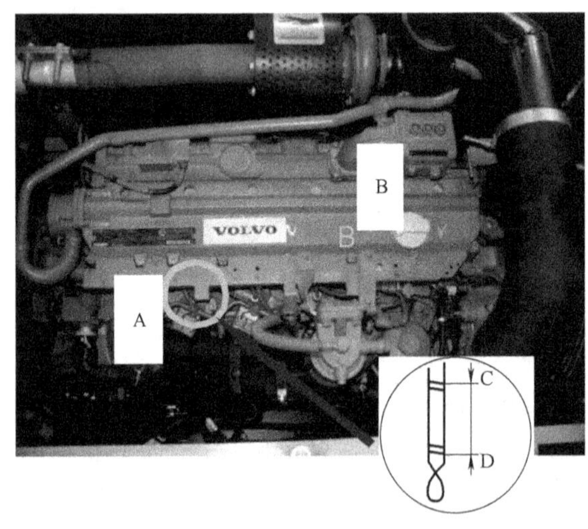


图 5-4-1 发动机机油油位检查

2. 发动机冷却液位检查

发动机冷却液位应每天检查。发动机刚刚操作后，冷却液会很烫。在冷却液冷却以前，不要打开散热器盖。慢慢打开散热器盖，释放内部压力。重新灌注或更换冷却液时，须使用沃尔沃原装冷却液，否则，可能因腐蚀导致损坏冷却系统。

如果冷却液液位低于罐上的“min”（最低）标记，通过“min”（最低）和“max”（最高）液位之间的膨胀箱盖加满冷却液。

3. 液压油油位检查

液压系统液压油油位检查的步骤如下：

① 将铲斗油缸完全伸出；斗杆油缸完全收回；动臂完全降到地面上。

② 安全地向下移动安全杆，以锁紧系统，并关闭发动机。

③ 将发动机启动开关转至“ON”（①）位置。不要启动发动机。

④ 将启动开关转至“OFF”（○）位置。

⑤ 通过空气呼吸器释放液压油箱的内部压力。

⑥ 打开上部总成的右侧，通过目测表检查液压油油位，如图 5-4-2 所示。

⑦ 如果油位在表的中央，则说明液位正常。如果油位低，打开油箱盖，添加液压油。

4. 油水分离器底部放残水

油水分离器用于除去供给发动机的燃油中的水分。排出油水分离器中残水的方法为：在排放软管（F）下面放置一个容器，如果水在排放水位（D）可见时，松开带孔螺钉（L），打开排放阀（E），排水（注：K 为手动泵）。如图 5-4-3 所示。

图 5-4-2　检查液压油油位

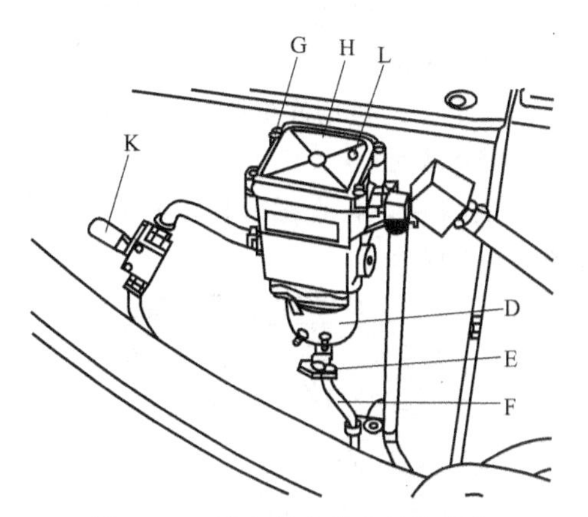


图 5-4-3　油水分离器底部放残水

5. 空气滤清器的维护

在日常维护中，空气滤清器要求保持空气滤芯外罩壳清洁。一般情况下，空气滤清器至少每隔 2000h 或指示灯亮时更换或清洗。滤清器最多可清洗 6 次。此后，必须更换。如果滤清器损坏，也应更换。如果清洗完毕后，指示灯仍然亮着，必须更换滤清器。注意：内部滤清器只能更换，不能清洗。

（1）清洗外部滤清器（见图 5-4-4）

① 机械清洗　靠在一个软而干净的表面，小心地拍打外部滤清器的末端。拍打时，滤清器不要靠在硬的物体上。

② 用压缩空气清洗　使用最高压力为 500kPa（5bar）清洁干燥的压缩空气。不要使喷嘴靠近 3～5cm 的地方。沿着褶皱从里面将滤清器吹干净。

（2）更换滤清器（见图 5-4-5）

① 更换外部滤清器　同时用两个大拇指按住外部滤清器（B），然后将其拉出来。这样做可防止内部滤清器和外部滤清器被一起拉出。

② 更换内部滤清器　如果外部滤清器损坏，内部滤清器（C）将用作一个保护性滤清器。尽管外部滤清器已经更换或清洗过了，但只要滤清器指示灯亮，就表明内部滤清器阻塞。

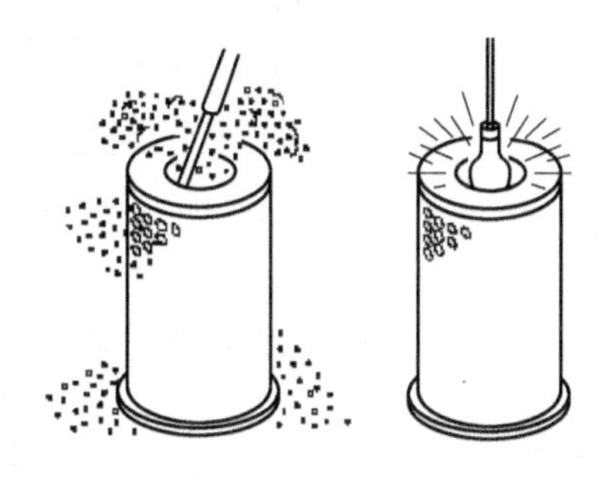

图 5-4-4　清洗外部滤清器

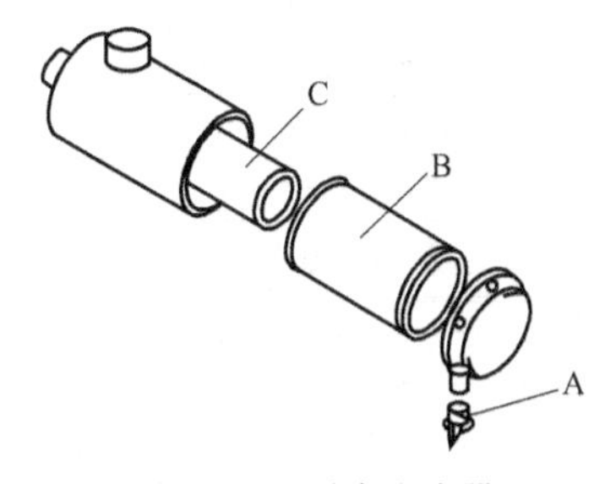


图 5-4-5　更换滤清器

6. 履带板紧固螺栓检查

每天都要检查履带板螺栓。如果履带板螺栓（1）松动，履带板很可能会损坏。如图5-4-6所示，操作步骤如下：

① 旋转上部结构至一侧，并使用动臂向下的操作提起履带。

② 慢慢向前和向后的方向转动履带几分钟。检查是否有丢失、松动或损坏的履带板螺栓和履带板。如果需要，拧紧螺栓到规定的扭矩。VOLVO EC210B 履带板螺栓力矩：(85±5)kgf・m [(834±49)N・m]，其他机型力矩大小查阅维修手册。

非常重要的是彻底拆除松动的履带板螺栓和螺母来彻底清洁螺纹。在安装和拧紧螺栓前清洁履带板表面。

③ 拧紧后，检查螺母和履带板是否与连接件的配合表面充分接触。注意：拧紧顺序应按图 5-4-6 所示。

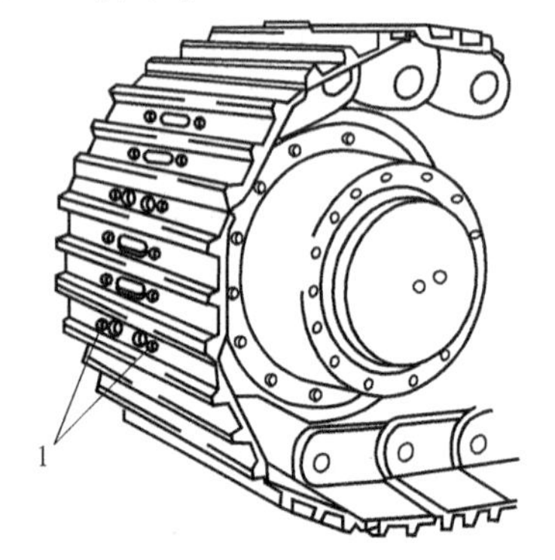


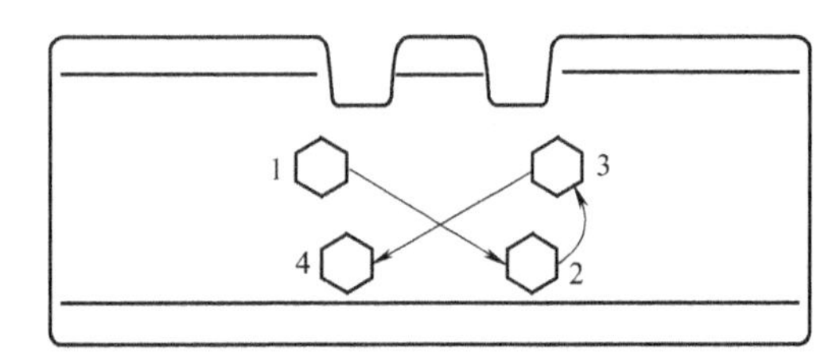


图 5-4-6　履带板紧固螺栓检查

## 知识与能力拓展

《操作员手册》是每天、每周进行维护时确保安全和获取维护步骤的重要信息来源，在进行挖掘机日常维护时，要严格按照《操作员手册》中的保养步骤来进行，以确保设备达到最佳的使用性能。

下面以沃尔沃“EC210BP 挖掘机维护保养周期表”为例来说明设备的保养过程。

EC210BP 挖掘机维护保养周期表（一）

| 定期检查和保养项目 | | | | |
|---|---|---|---|---|
| 保养间隔 | 维护保养内容 | 要求标准 | 规格或配件号 | 数量 |
| 每天 | 发动机机油油位检查 | 适度，如有不足须立即添加 | 沃尔沃特级柴机油 VDS-3 | |
| | 发动机冷却液位检查 | | 沃尔沃 VCS 黄色冷却液 | |
| | 液压油油位检查 | | 沃尔沃 XD3000 液压油 | |
| | 油水分离器底部放残水 | | | |
| | 空气滤芯外罩壳清洁 | | | |
| | 履带板紧固螺栓检查 | 拧紧力矩 80～90kgf・m | | |
| 每 50h | 大小臂/铲斗连接销轴的润滑 | 初期 100h 内，每 10h 或每天加注；恶劣工矿条件，每 10h 或每天加注 | 沃尔沃 2 号极压锂基脂 | |
| | 油缸连接销轴的润滑 | | | |
| | 柴油箱底部放残水和沉积物 | 每天停工前应加满柴油箱，以防止油箱内冷凝水生成 | 柴油箱容积 350L | |

续表

| 保养间隔 | 维护保养内容 | 要求标准 | 规格或配件号 | 数量 |
| --- | --- | --- | --- | --- |
| 每 100h | 履带张紧度检查和调整 | 根据路面土壤特性，调整履带张紧度 | | |
| 每 250h | 蓄电池电解液液位检查 | 电解液液位应保持在电池板以上约 10mm 处 | 如果液位过低，须加注蒸馏水 | |
| | 空调预过滤器清洁 | 安装时注意滤芯壳体的箭头方向 | VOE14503269 | |
| | 回转减速箱齿轮油位检查 | 适度，如有不足须立即添加 | 沃尔沃重负荷齿轮油 GL-5 EP | |
| | 行走减速齿轮油位检查 | | 沃尔沃重负荷齿轮油 CL-5 EP | |
| | 回转轴承润滑脂加注 | 每 250h 加注一次润滑脂，注意：如果加注太多易使油封脱落 | 沃尔沃 2 号极压锂基脂 | |
| | 回转内齿圈润滑脂检查 | 适度，如有不足须立即添加 | 沃尔沃 2 号极压锂基脂 | 17L |
| 每 500h | 发动机散热器翅片清洁 | | | |
| | 液压油冷却器翅片清洁 | | | |
| | 空调冷凝器翅片清洁 | | | |
| | 空调主过滤器清洁 | | VOE 14506997 | |
| | 发动机皮带检查及更换 | 检查皮带张紧度，必要时更换 | VOE15078671 | 1 个 |
| | 空调压缩机皮带检查及更换 | | VOE14881276 | 1 个 |
| 根据工况定期清洁 | 空气外滤芯清洁 | 始终准备一个备用滤芯，存放在防灰良好的地方 | VOE11110175 | 1 个 |

**常见维护保养图例，其余项目请具体参照《操作员手册》**

检查液压油油位：

1. 将设备放置于平地上，暖机至液压油油温在 50℃左右；
2. 铲斗油缸完全伸出，小臂油缸完全缩回，将铲斗放至地面（如右图所示）；
3. 发动机停止运转，并将启动钥匙放在 ON 位置，抬起安全手柄；
4. 前后左右操作控制手柄，释放液压系统压力；
5. 按压液压油箱呼吸器，释放油箱内压力；
6. 检查液压油油位，正常油位在测量管的中部。

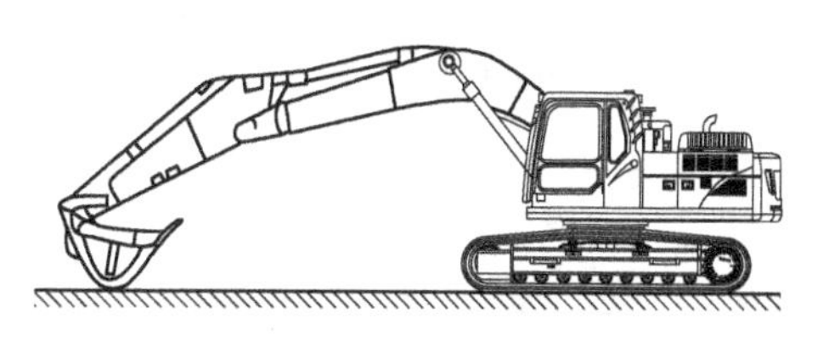

履带张紧度检查：

1. 如下图所示，抬起履带，并转动履带数周，清除履带板表面的积土；
2. 测量履带架底部至履带板上表面的距离 $L$；
3. 根据路面土壤特性，调整履带张紧度。

| 路面土壤工况 | 间隙 $L$/mm |
| --- | --- |
| 一般土壤 | 320～340 |
| 岩石地面 | 300～320 |
| 中等土壤（如砾石、砂子、雪地等） | 340～360 |

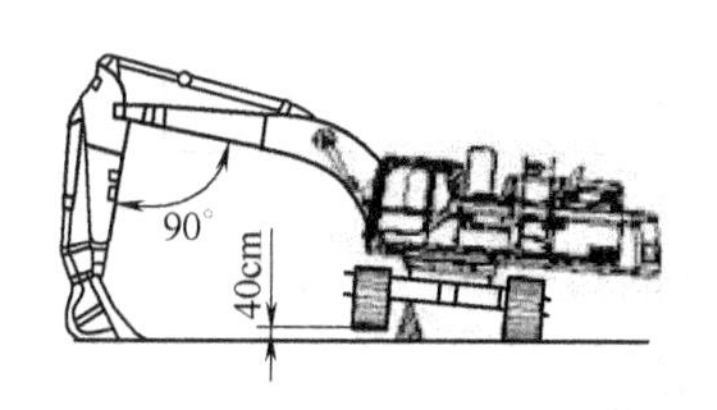


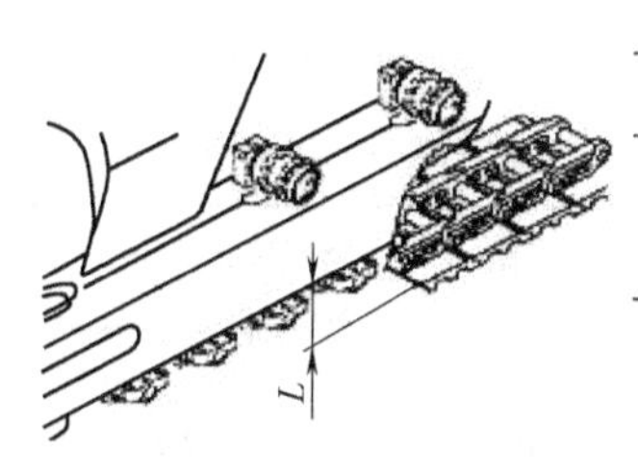

EC210BP挖掘机维护保养周期表（二）

定期更换滤芯及油品项目

| 更换间隔 | 维护保养内容 | 磨合期初次保养时间 | 要求标准 | 规格或配件号 | 数量 |
|---|---|---|---|---|---|
| 每250h | 机油更换 | 100h | | 沃尔沃特级柴机油VDS-3 | 25L |
| | 机油滤芯更换 | | | VOE3831236 | 1个 |
| | 柴油滤芯更换 | | 柴油质量不符合国际标准时应该每天在油水分离器沉淀杯处放水 | VOE20805349 | 1个 |
| 每500h | 油水分离器滤芯更换 | | | VOE11110683 | 1个 |
| | 液压油泄漏滤芯更换 | 250h | | VOE14524170 | 1个 |
| 每1000h | 液压油回油滤芯更换 | 1000h | 50%时间使用破碎锤时，每500h换；100%使用破碎锤时每300h更换 | VOE14509379 | 1个 |
| | 液压油先导滤芯更换 | 250h | | SA1030-61460 | 1个 |
| | 回转减速箱齿轮油更换 | 500h | | 沃尔沃重负荷齿轮油GL-5 EP | 6L |
| | 空调预过滤器 | | 安装时注意滤芯壳体的箭头方向 | VOE14503269 | 1个 |
| | 空调主过滤器 | | | VOE14506997 | 1个 |
| | 空气外滤芯更换 | | 外滤芯因视工况定期清洁，清洁6次后必须更换；如果滤芯破损，应及时更换 | VOE11110175 | 1个 |
| 每2000h | 行走减速箱齿轮油更换 | 500h | | 沃尔沃重负荷齿轮油GL-5 EP | 5.8L×2 |
| | 液压油 | | 50%时间使用破碎锤时，每500h换；100%使用破碎锤时每300h更换 | 沃尔沃XD3000液压油 | 275L |
| | 液压油吸油滤芯清洗或更换 | | | SA1141-00010 | 1个 |
| | 液压油箱呼吸器滤芯更换 | | | VOE14596399 | 1个 |
| | 柴油箱呼吸器滤芯更换 | | | VOE11172907 | 1个 |
| | 空气内滤芯更换 | | 内滤芯不能清洁，如果滤芯破损，应及时更换；外滤换3次时内滤必须更换 | VOE11110176 | 1个 |
| 每6000h | 冷却液更换 | | 注意：不能和沃尔沃绿色冷却液及其他任何防冻液混合！ | 沃尔沃VCS黄色冷却液 | 27.5L |

## 思考题

1. 工程机械使用的安全操作规程和制度重要性体现在哪些方面？
2. 挖掘机在斜坡上行走和作业时的安全规程有哪些？

3. 挖掘机启动前有哪些准备工作?
4. VOLVO 挖掘机行走操纵杆和左右操作杆的功能有哪些?
5. 挖掘机施工的作业方式有哪几种?
6. 提高挖掘机施工效率有哪些?
7. 挖掘机日常维护的意义何在?
8. 挖掘机日常维护内容有哪些?

# 项目六　挖掘机系统维护

## 任务1　发动机维护

### 学习目标

**知识目标：**

1. 了解挖掘机发动机各保养项目及保养周期；
2. 了解挖掘机发动机各保养项目所需耗材的常识；
3. 掌握挖掘机发动机的维护保养的操作规范；
4. 掌握挖掘机发动机维护保养作业的安全注意事项。

**能力目标：**

能完成挖掘机发动机维护保养的各项作业。

### 相关知识

要保证发动机的正常使用，必须严格注意对发动机的保养。不正确的保养，可能会导致发动机部件严重损坏，甚至是发动机的报废。在实际工作中，加强燃油、机油、冷却液、空气管理，可减少发动机70%的故障，延长发动机寿命，提高工作效率。

本项目将以VOLVO-EC210B挖掘机为蓝本，讲述挖掘机维护保养的相关内容，其他型号挖掘机的维护保养与之相类似，可参考相关维护保养手册。

#### 一、发动机室清洁

在灰尘很大的环境中或者暴露于火灾隐患的环境中操作的机器，例如木材处理、木屑处理和动物饲养工业，发动机室和周围区域需要每天关注和清洗。

在其他环境中操作时，每星期至少需要进行一次检查和清洁。

松动的材料要用例如压缩空气等方法进行清除。

清洁最好在工作日程结束停放机器前进行。

使用人员保护设备，例如护目镜、手套和呼吸面罩。

清洁后，检查并保证没有渗漏。关闭所有盖罩。

#### 二、发动机机油保养

1. 机油液位检查

当仪表盘的中央警告灯闪动并且蜂鸣器响起时（故障信息：128 PID 98 1），如图6-1-1

所示，应检查机油液位。此外，每天检查一次机油液位。机油液位的检查在前面已介绍。

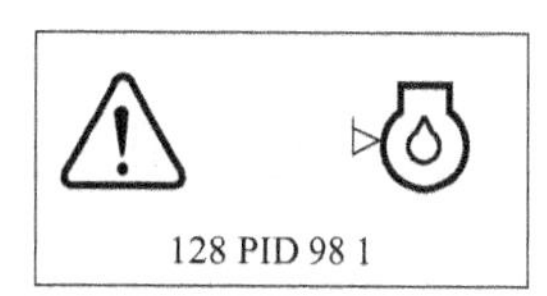


(故障信息)

图 6-1-1　机油液位检查信息

2. 机油排放

每 500h 更换一次机油。注意！最长的机油更换间隔是 12 个月。

机油更换间隔为 500h，注意以下事项：

每次更换机油时要更换机油滤清器；机油滤清器必须是原装的 VOLVO 滤清器。

如图 6-1-2 所示，操作步骤如下：

① 把本机器放在水平维修保养位置（参阅知识拓展部分）。

② 在发动机机油盘底部的保护帽（E）下放一个大小合适的容器。

③ 打开机油加注口帽。

④ 松开螺栓（G）并旋转盖子（H）。

⑤ 拆下保护帽（E）并附加一根排油软管（F），该软管是作为随机维护工具提供的。

⑥ 将机油排到一个容器中（重要：使用环保安全方式来处理滤清器、机油、液体）。

⑦ 断开软管并安装保护帽。

⑧ 从机油加注口盖加注机油。

⑨ 检查油尺上的机油液位。

⑩ 再次关闭加注口盖。

⑪ 关闭盖子（H）并拧紧螺栓（G）。

更换的机油容量为 25L，其他型号请参阅其维护手册。

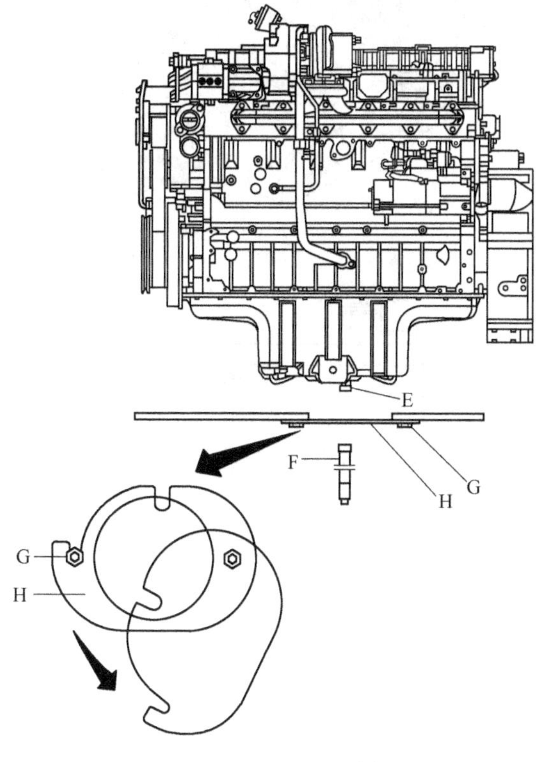


图 6-1-2　机油排放

E—保护帽；F—排油软管；G—螺栓；H—盖子

3. 发动机机油滤清器更换

每次更换机油时要更换机油滤清器。机油滤清器是一次性的，即不能清洗，而应该更换。机油滤清器在机器上的位置如图 6-1-3 所示。操作步骤如下：

① 使用一个合适的滤清器扳手，拆下滤清器（重要：使用环保安全方式来处理滤清器，机油，液体）。

② 给新滤清器加注发动机机油。

③ 清洗滤清器壳体底座，并给新滤清器的垫圈涂一层薄薄的发动机机油。

④ 用手旋上滤清器，直到底座刚好碰到密封表面。

⑤ 再拧紧滤清器 1/2 圈。

⑥ 启动发动机并检查底座是否密封。如果不密封，渗漏机油，则拆卸滤清器，检查密封表面。

重要！滤清器安装前加满油很重要。这可以确保发动机在启动后，立即有机油润滑。

重要！更换机油滤清器后，以低怠速运转发动机至少 1min。

## 三、发动机气门间隙调节

每 2000h 检查一次气门间隙。相关步骤见维修手册。

## 四、燃油系统

燃油的清洁对避免柴油发动机运转故障是至关重要的。

1. 燃油加注

机器位置处于如图 6-1-4 所示状态，操作步骤如下：

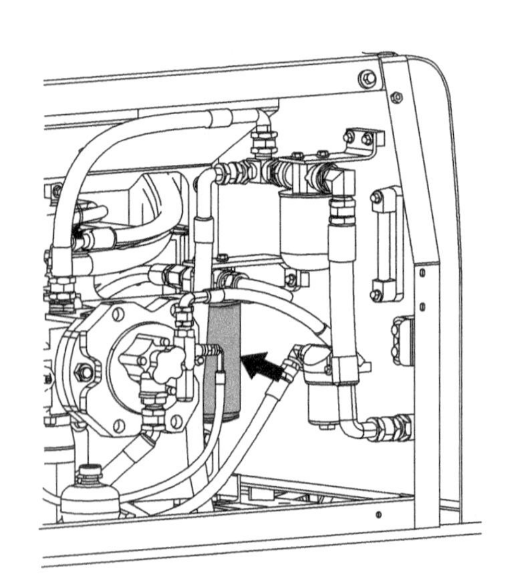

图 6-1-3　发动机机油滤清器位置

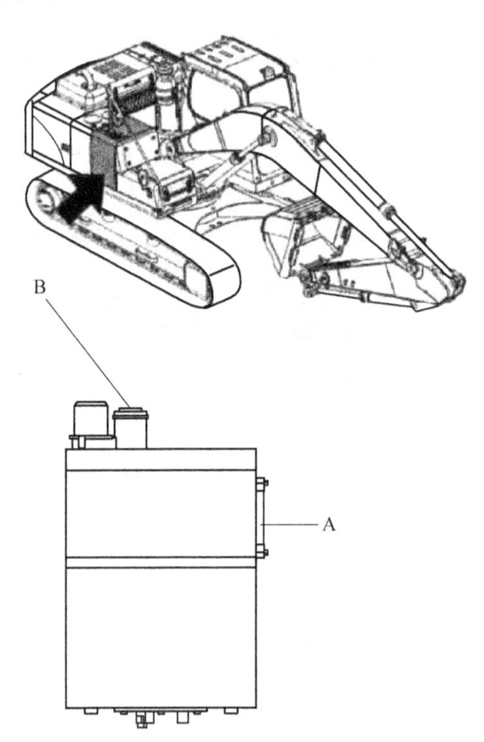


图 6-1-4　燃油箱位置及燃油加注口

A—燃油油位表；B—燃油加注口盖

① 拆除加注口前，仔细清洁燃油箱上的加注口盖周围。

② 打开燃油加注口盖。

③ 给油箱加注燃油并同时观察燃油液位计。

加注时避免燃油溅出，这会沾染上污物。如果有燃油溅出，应立即将其擦拭干净。

在寒冷季节，应每日下班前加满燃油箱，以防止水在油箱中冷凝。

关于燃油质量，参阅知识拓展部分。

注意！小心不要因沾上稀释剂或油而损坏燃油箱上的液位计。

燃油加注泵安装在工具箱中，当给油箱加注燃油时使用。如图 6-1-5 所示，用电泵加注燃油，操作步骤如下：

① 拆下滤网盖（C），安装滤网盖是为了保护滤网不会沾染软管（A）末端的灰尘。

② 将泵软管和滤网放到燃油桶中。

③ 操作开关（B）以启动泵。

④ 加注燃油同时观察燃油油位表。

⑤ 燃油加够时，停下开关来停止泵油。

⑥ 折叠软管并重新安装滤网盖（C）。

重要！千万不要让燃油加注泵空转。该泵可能损坏。

2. 燃油箱沉淀物排放

每过 100h 排放一次燃油箱沉积物。

如果使用低质量的燃油运行机器，需要缩短沉淀物排放间隔。如图 6-1-6 所示，操作步骤如下：

① 将一个大小合适的容器放在排放软管的下面。

② 打开油箱底部的排放阀帽（B）。

③ 打开加注口帽。

④ 连接排油软管（F）并排放掉所有沉积物。（重要：使用环保安全方式来处理滤清器，机油，液体）

⑤ 断开排放软管并再次安装阀帽。

⑥ 关闭加注口盖。

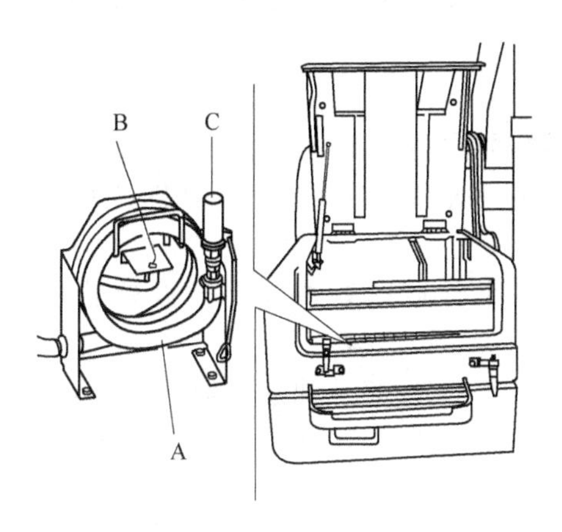


图 6-1-5　燃油加注泵

A—燃油加注泵软管；B—操作开关（ON/OFF 开/关）；C—滤网盖

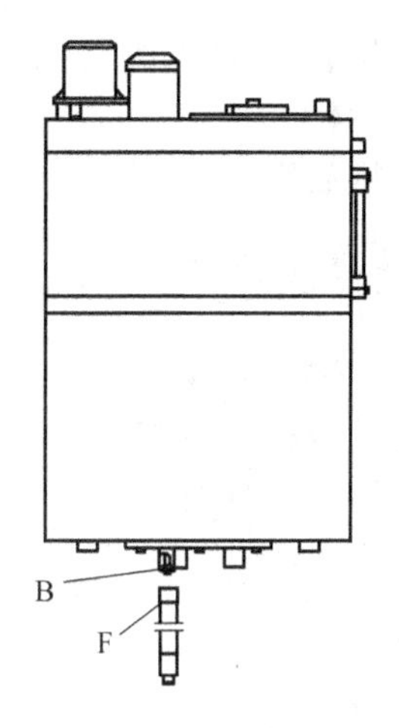


图 6-1-6　燃油箱排放

B—排放阀帽；F—排油软管

3. 主燃油滤清器的更换

每 500 个作业小时要更换燃油滤清器。如果使用质量较低的燃油，要更经常地更换滤清器。燃油滤清器是一次性的，即不能清洗，而必须更换。如图 6-1-7 所示，操作步骤如下：

① 用一个合适的滤清器扳手松开燃油滤清器并将它拆除。（重要：使用环保安全方式来处理滤清器，机油，液体）

② 给新滤清器的垫圈涂上柴油。

③ 用手旋上滤清器，直到底座刚好碰到密封表面。

④ 再拧紧滤清器 1/2 圈。

⑤ 由于使用了自动排放空气系统，更换滤清器后不需要再放气。

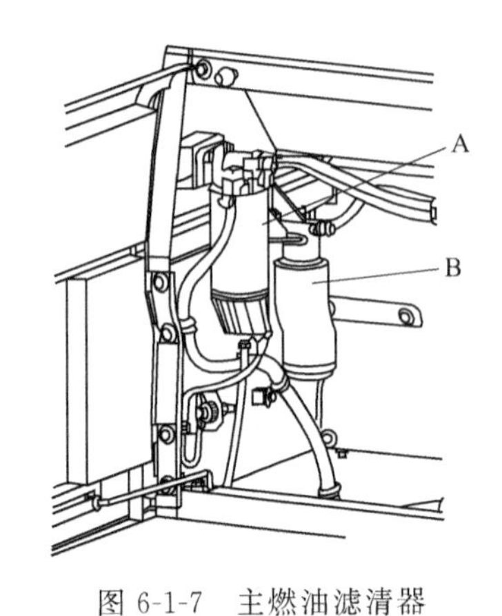


图 6-1-7　主燃油滤清器

A—油水分离器；B—主燃油滤清器油水分离器，排放

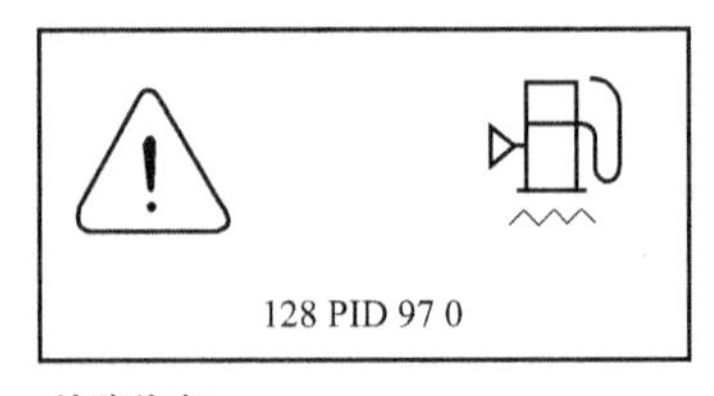


(故障信息)

图 6-1-8　燃油系统故障信息

油水分离器设计用于将向发动机供应的燃油中的水分去除。如图 6-1-8 所示，当仪表盘上有指示（中央警告灯闪动并且蜂鸣器响起）（故障信息：128 PID 97 0）时，检查并排出油水分离器中的水。

① 将一个大小合适的容器放在排放软管的下面（E）。

② 打开排放塞（C）并将沉淀物排放到容器中。（重要！使用环保安全方式来处理滤清器，机油，液体）

③ 关闭排放塞。

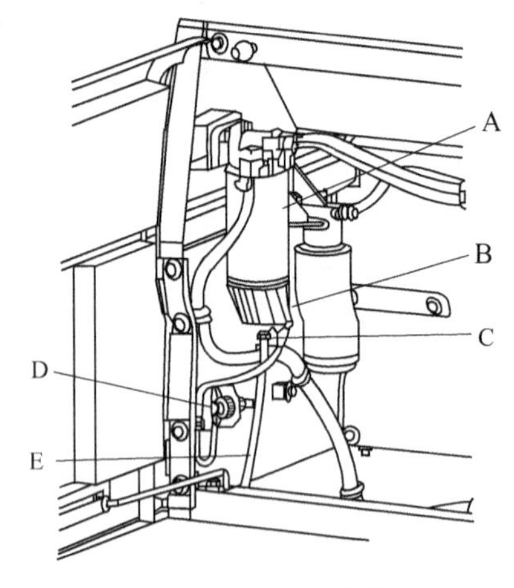


图 6-1-9　油水分离器芯更换

A—滤清器滤芯；B—杯形总成；C—排放旋塞；D—传感器连接器；E—排油软管维修和保养

4. 油水分离器芯更换

每 500h 更换一次油水分离器芯。如图 6-1-9 所示，操作步骤如下：

① 将一个大小合适的容器放在排放软管的下面（E）。

② 打开排放塞（C）并从油水分离器中排出燃油。（重要！使用环保安全方式来处理滤清器，机油，液体。）

③ 关闭排放塞。

④ 断开传感器连接器（D）。

⑤ 拆除滤清器（A）包括杯形总成（B）（带传感器）和排放塞（C）。擦去所有溅出的燃油。

⑥ 拆除杯形总成并将它放在一边以便稍后安装。

⑦ 检查 O 形圈的状况。如果损坏，则进行更换。

⑧ 小心用新滤清器安装杯形总成。只用手拧紧。

⑨ 清洁分离器芯的安装面，给滤清器加满燃油，并给新滤清器的垫片涂抹少量燃油。

⑩ 安装新滤清器，直到其接触到安装面。拧紧滤清器和杯形总成。

⑪ 再连接传感器连接器（D）。

⑫ 给系统放气。

5. 燃油系统排气

当发动机运转时，无论机器何时耗尽燃油，都必须使空气从燃油系统中排出。（重要！

不要在任何情况下试图启动发动机，直到系统中的空气完全放出，否则高压油泵会严重损坏）

如图 6-1-10 所示，操作步骤如下：

① 清洁通气孔塞（F）周围。

② 打开通气孔塞，并将切断阀转到关闭位置（H）。

③ 开动手动输送泵（E），直到燃油流出且没有气泡。

④ 关闭通气孔塞。

⑤ 按压手动输送泵（E），直到手泵上感觉到阻力。

⑥ 转动切断阀到正常位置（G）并锁上手动输送泵。

⑦ 启动发动机并让它怠速运转 3min。

⑧ 如果发动机难以启动，重复①～⑥。

⑨ 检查是否渗漏。

注意！不要把燃油溅到电气部件上。

6. 燃油箱上的通风滤清器更换

每 2000h 更换一次通风滤清器。通风滤清器是一次性的，即不能清洗，而必须更换。

如图 6-1-11 所示，操作步骤如下：

① 松开两个螺钉（1）后拆除保护盖（3）。

② 松开一个夹钳（2）后拆除通风滤清器（4）。

③ 更换通风滤清器（4），然后用夹钳（2）拧紧新的通风滤清器（4）。

④ 装上保护盖（3）并拧紧两个螺钉（1）。

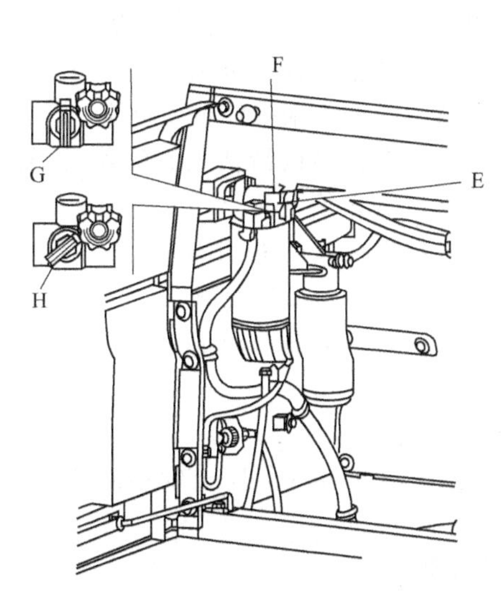


图 6-1-10　燃油系统排气

E—手动输送泵；F—通气孔塞；G—切断阀，正常位置；H—切断阀，闭合位置

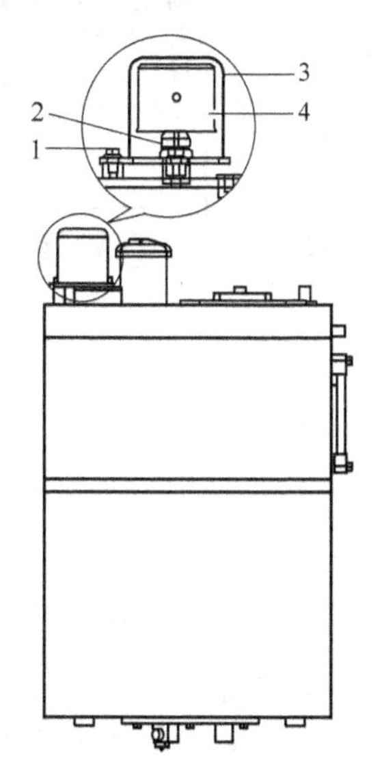


图 6-1-11　燃油箱的通风滤清器更换

1—螺钉；2—夹钳；3—保护盖；4—通风滤清器

7. 增压中冷器叶片的清洁

发动机配有一个由外界空气冷却增压后空气的中冷器。中冷器降低吸入发动机空气的温度，使得进气变得更密集，这样可以喷射并燃烧更多的燃油。

这会带来高发动机输出，但是较冷的空气也会带来较少的阀门和活塞压力。

中冷器外表的叶片需保持清洁，以保证热交换的正常进行。

8. 涡轮增压器的维护

涡轮增压器是通过发动机的润滑系统来润滑和冷却。涡轮增压器发挥功能的一个极为重要的条件是发动机机油和滤清器都按预定计划定期更换。空气滤清器的保养、排气系统和润滑管道的密封性对此功能也非常重要。如果听到任何摇晃声音或者涡轮增压器振动，就必须立刻重新调整或更换。

只有获得授权的经销代理维修部门可以执行涡轮增压器的维修工作。

重要！在启动后及熄火之前要让发动机在低怠速运转至少大约数分钟。这是涡轮增压器获得润滑的保障，以免增压器轴承损坏。

9. 空气滤清器的清洁

空气滤清器防止灰尘和其他脏物进入发动机。空气首先通过主滤清器，然后通过辅助滤清器。

发动机磨损程度大部分是取决于进入空气的清洁程度。因此，非常重要的是空气滤清器要定期检查并正确保养。在空气滤清器和其他滤清器作业上作业要注意保持非常清洁。

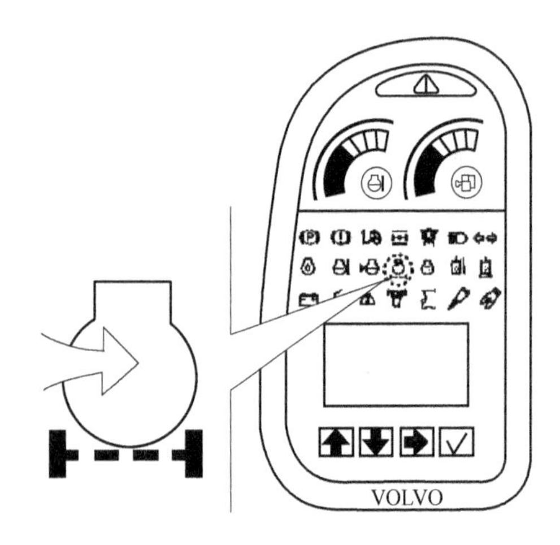


图 6-1-12　空气滤清器维护提示

重要！在任何情况下，如果没有滤清器或滤清器损坏，都不得运行发动机。应始终备有一个备用滤清器并防止其被污物污染。

定期检查从空气滤清器到发动机进气歧管的软管和管道连接是否有泄漏。

（1）主滤清器的清洁和更换　如图 6-1-12 所示，当仪表盘上的指示灯亮起时，清洁滤清器。滤清器最多可以清洁 5 次。此后，应该至少每年更换一次滤清器。如果未损坏也要更换。

如果指示灯在更换或清洁主滤清器后仍然亮起，则辅助滤清器必须更换。

滤清器各次更换之间的间隔长度完全取决于机器使用的环境，有时必须更频繁地更换。

如图 6-1-13 所示，操作步骤如下。

① 机械清洁

a. 打开盖子。

b. 用两个拇指压住主滤清器（C），同时将它向外拉。这主要为了防止辅助滤清器（D）与主滤清器一起拉出来。

c. 对准一个柔软和清洁表面小心地敲主滤清器的端部。

d. 安装主滤清器和盖子。（注意！不要对准坚硬的表面敲）

② 用压缩空气清洁及损伤检查

a. 使用清洁干燥的压缩空气，最大压力 500kPa（5bar），喷嘴距离滤芯不少于 3～5cm。

b. 从内部沿折叠部位吹滤清器。

c. 借助一个灯来检查滤清器是否有破损。

d. 如果有最小的孔、划痕、裂纹或其他损伤，该滤清器就必须报废扔掉。

e. 安装主滤清器和盖子。

注意！为更容易地发现滤清器的损伤，可以在暗房做此项检查。

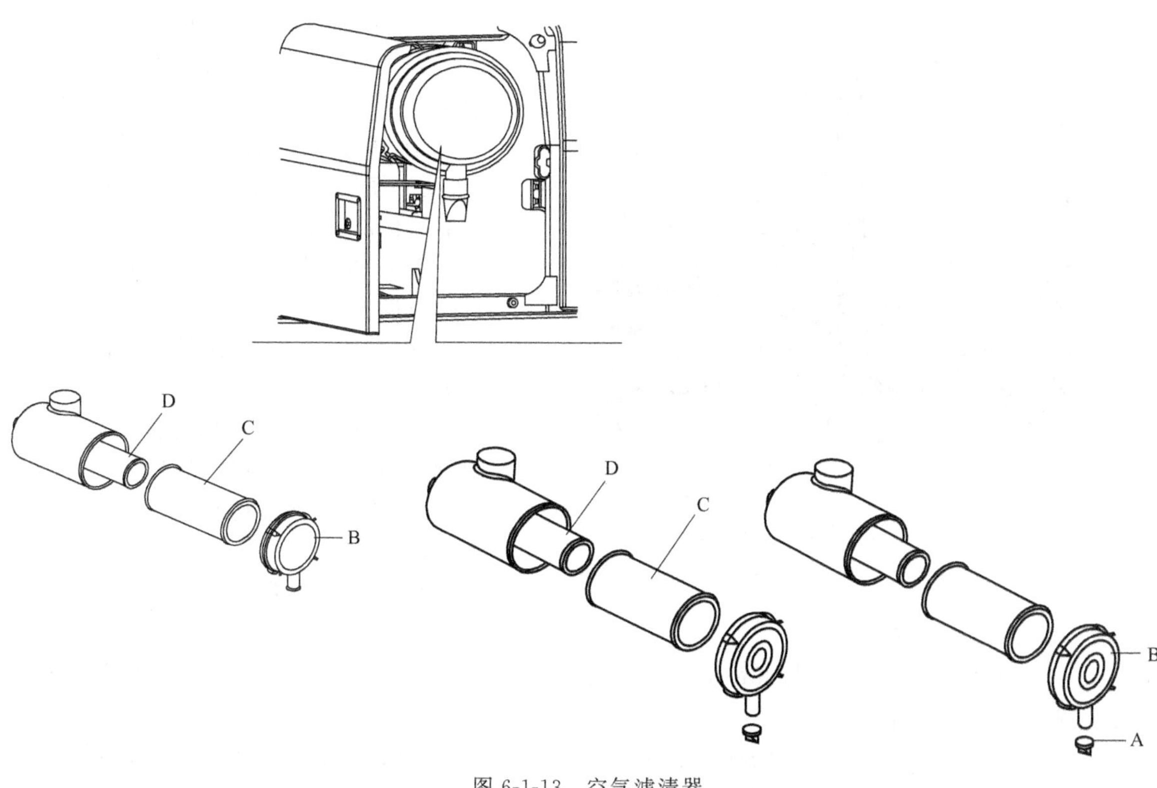


图 6-1-13　空气滤清器

A—抽真空阀；B—盖子；C—主滤清器；D—辅助滤清器

(2) 辅助过滤器更换　辅助滤清器（D）作为保护性滤清器进行工作，防止主滤清器（C）可能损坏（见图 6-1-13）。

每更换主滤清器三次时更换一次辅助滤清器，或者即使已经清洁或更换了主滤清器而警告灯依然点亮时，应当更换辅助滤清器。

注意！辅助滤清器只可更换，不可清洁。

注意！除非是要更换，否则绝对不要拆卸辅助滤清器。

① 辅助滤清器应该小心准确地拆除，以防杂质进入发动机。

② 小心检查新辅助滤清器是否安装正确。

重要！使用环保安全方式来处理滤清器，机油，液体。

(3) 油浴式预清器（选装设备）　在灰尘特别大的环境中工作时，油浴预清器可以串联在已有的干型空气滤清器前安装。这可以进一步保护发动机不受损伤。

可拆卸和固定的滤清器是预清器最敏感的操作部分。除非它们能保持清洁，否则预清器无法正常工作。堵塞的滤清器不仅导致过度的发动机磨损，还可能造成发动机动力损失。

(4) 油浴预清器的检查　每日检查油杯内外侧和油位。可拆卸滤网式滤清器总成应该从油杯中取出，并在每次油杯维护时检查。

(5) 油浴预清器的换油和清洁　每 250h 更换一次油浴式预滤清器内的机油。

滤清器体总成的下部应该在每次空气滤清器维护时进行检查。如果有任何聚集或堵塞的迹象，器体总成应该拆除并加以清洁。至少一年一次，如图 6-1-14 所示，拆除器体总成和执行维护应该如下进行：

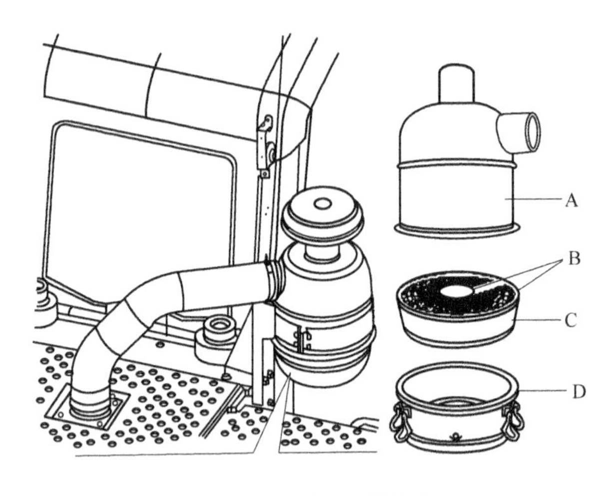


图 6-1-14　油浴式预清器

A—预清器壳体；B—滤芯密封；C—网式滤清器；D—机油容器回转系统

① 关闭发动机。

② 打开机油容器上的扣件。

③ 小心地将机油容器从底部取出。

④ 清空机油容器并加以清洁。（重要！使用环保安全方式来处理滤清器，机油，液体）

⑤ 检查密封是否损坏，如果必要进行更换。

⑥ 用机油清洗壳体和网式滤清器。

⑦ 用发动机机油加注机油容器，要刚好到容器上的机油标记处。

⑧ 将机油容器放到壳体上，并扣上扣件。

⑨ 注意位置要正确。

10. 冷却系统维护

(1) 散热器、机油冷却器和冷凝器片清洁　如果高冷却液温度的警告灯点亮而蜂鸣器响起，发动机应该立即停止。

清洁间隔取决于机器操作的环境条件。因此在需要时或至少每 500h 清洁所有冷凝器片。

即使冷却液液位正确，如果发动机温度还是变得太高，应该清洁散热器（如图 6-1-15 所示）。

① 拆下螺栓（A）。

② 旋转盖子（D）。

③ 拆下五个蝶形螺母（E）并将网（B）分离。

④ 用压缩空气除去附着在冷却器散热片和冷凝器散热片上的污泥或灰尘。

⑤ 清洁拆下的网。

⑥ 检查橡胶软管是否有磨损和裂缝。如果损坏，要更换。检查软管的夹具是否松动。

⑦ 重新安装网并拧紧螺栓（A）。

重要！当使用压缩空气时，使喷气嘴与散热器芯片保持一定距离以免损坏。如果芯片损坏，可能引起渗漏或过热。在灰尘多的环境条件下，保养间隔要缩短。

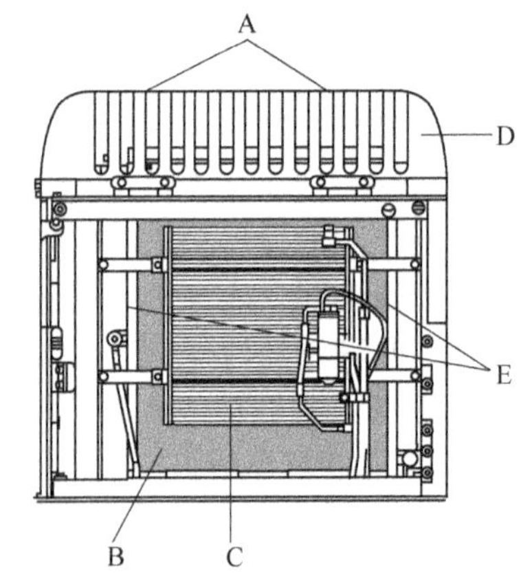


图 6-1-15　各散热单元

A—螺栓；B—网；C—冷凝器；D—盖子；E—蝶形螺母

如果发动机温度在清洁冷却器后仍然保持很高，联系一家授权的维修厂进行补救措施。

(2) 对冷却液要求　每 2000h 或每年检查一次防冻液浓度含量（%）。

给系统加注 VOLVO 冷却液 VCS，这满足了关于防冻、防腐蚀和防气蚀的最高要求。为了避免损坏发动机，当加注或更换冷却液时，使用 VOLVO 冷却液 VCS 是非常重要的。

VOLVO 冷却液 VCS 是黄色的，并且加注点旁边的一个标牌显示系统注满了该种冷却液。

重要！VOLVO冷却液VCS不可混合其他冷却液或腐蚀保护剂，否则会对发动机造成损坏。

当更换时，冷却系统的容量为32L，其他机型参阅其保养手册。

（3）冷却液液位检查　每日检查冷却液液位。当低冷却液液位警告屏幕在I-ECU中弹出时，检查冷却液液位（前面日常维护已介绍）。

（4）膨胀箱冷却液更换　每6000h或每4年更换一次冷却液。

重要！VOLVO冷却液VCS不可混合其他冷却液或腐蚀保护剂，否则会对发动机造成损坏。

① 打开侧门并将一个大小合适的容器放在排放软管（C）的下面，见图6-1-16。

② 打开膨胀箱盖（A），见图6-1-17。在打开盖子前释放膨胀箱的内部压力。

③ 打开旋塞（B）并将冷却液排放到容器中。（重要！使用环保安全方式来处理滤清器，机油，液体）

④ 拆下封盖并断开驾驶室加热器软管（D），见图6-1-18，将冷却液从回流管中排出。（使用环保安全方式来处理滤清器，机油，液体）

注意！即使排掉了液体，冷却系统也不能完全防冻。也许还有积水留存。

⑤ 排完冷却液后，关上排放旋塞（B）并使用封盖重新安装软管（D）。

⑥ 从箱盖（A）加注推荐的冷却液。

⑦ 低怠速运行发动机大约5min。

⑧ 停下发动机，给膨胀箱加注冷却液到合适的液位。

⑨ 安装膨胀箱盖。

重要！千万不要在热机中加冷的冷却液，这会导致缸体和缸盖裂缝。不更换冷却液会导致冷却系统的堵塞，发动机有卡死的危险。

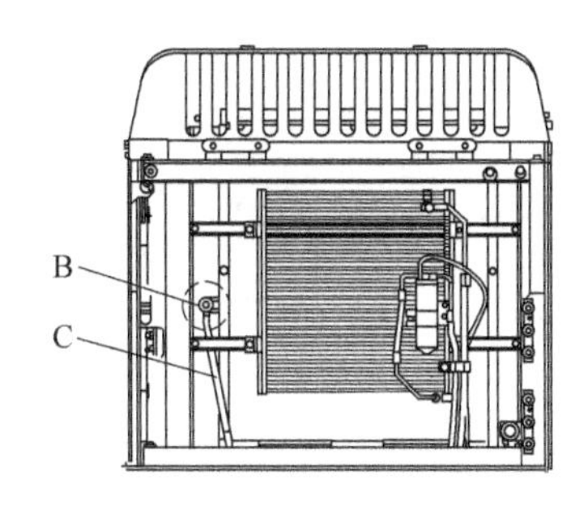


图6-1-16　冷却液排放

B—排放旋塞；C—排放软管

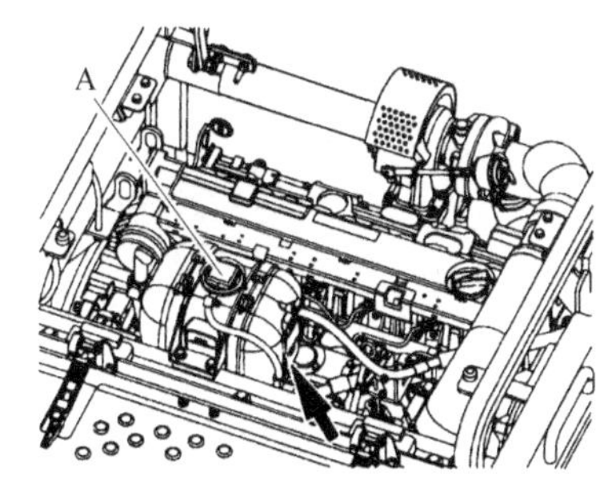


图6-1-17　膨胀箱盖位置

A—膨胀箱盖

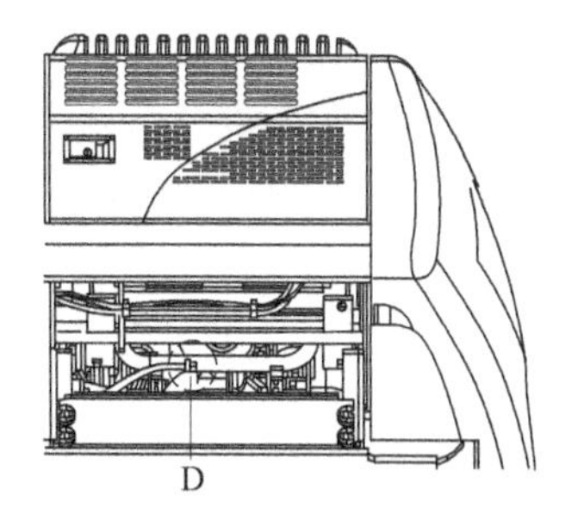


图6-1-18　驾驶室加热器软管

D—驾驶室加热器软管

## 技能操作

| 任务名称 | VOLVO挖掘机发动机维护 |
| --- | --- |
| 任务载体 | 沃尔沃＿＿＿＿＿挖掘机 |
| 能力目标 | 掌握挖掘机发动机的维护操作 |

一、请填写操作对象的基本信息

机型：＿＿＿＿＿＿＿＿＿＿＿＿　组别：＿＿＿＿＿＿＿＿＿＿

发动机型号：＿＿＿＿＿＿＿＿＿＿　日期：＿＿＿＿＿＿＿＿＿＿

续表

二、决策与计划

根据任务要求确定所需要的仪器与工具，对小组成员进行合理分工，制订实施方案。

1. 请列出需要的仪器与工具：

仪器名称：________________　　工具名称：________________

________________　　________________

________________　　________________

________________　　________________

2. 小组成员分工：

________________________________

________________________________

________________________________

3. 实施方案：

________________________________

________________________________

________________________________

三、实施

记录发动机保养操作的过程要点：

1. 机油保养：

2. 气门间隙调节：

3. 燃油系统保养：

4. 进排气系统：

5. 冷却系统：

6. 发动机维护作业注意事项：

四、检查与评估

检查

发动机维护保养后，进行如下检查：

1. 检查发动机机油油位、冷却液液位：________________。

2. 启动发动机，检查燃油系统、润滑系统的密封：________________。

3. 启动发动机，检查发动机运转情况：________________。

4. 启动空调制冷检查冷凝器、散热器工作情况：________________。

其他检查：________________________________

________________________________

________________________________。

续表

评估

1. 自评

| 工量具使用 | A | B | C | D |
|---|---|---|---|---|
| 技能操作 | A | B | C | D |
| 工单填写 | A | B | C | D |

2. 互评

| 工量具使用 | A | B | C | D |
|---|---|---|---|---|
| 技能操作 | A | B | C | D |
| 工单填写 | A | B | C | D |

3. 教师评价

| 工量具使用 | A | B | C | D |
|---|---|---|---|---|
| 技能操作 | A | B | C | D |
| 工单填写 | A | B | C | D |

评语：____________________________________________

____________________________________________

____________________________________________

学生成绩：__________

操作前需认真阅读内容：任务1　发动机维护。

## 知识拓展

### 一、机器保养位置

进行任何机器维护保养工作之前，必须将机器停放在图6-1-19、图6-1-20所示的任何一种维修位置，注意：

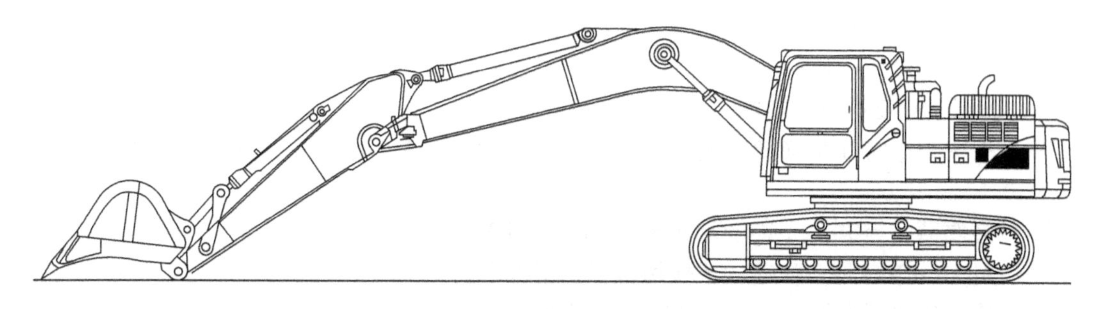

图6-1-19　维修位置A：完全缩回铲斗和动臂油缸，然后降低动臂到地面

① 把机器停放在平坦、坚实和水平地面。

② 将工作装置放到地面。如果配备推土板，将其放在地面上。

③ 关闭发动机，释放液压系统和液压油箱压力后，拔下钥匙开关。

④ 确保向下移动液压控制锁止杆以牢固锁定液压系统，以防维护保养期间，工作装置突然移动造成危险。

⑤ 加压的管道和容器都应该逐渐放掉压力，以免造成危险。

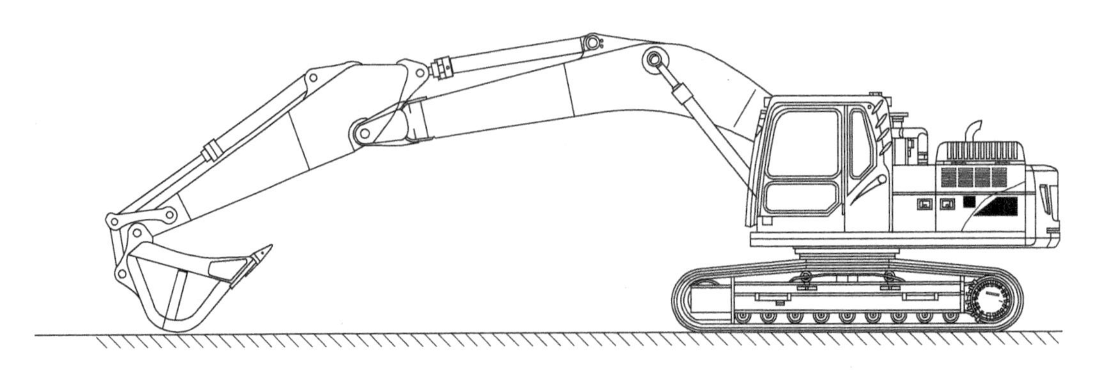

图 6-1-20 维修位置 B：完全伸展铲斗油缸，完全缩进斗杆油缸并把动臂降低到地面

⑥ 要让机器充分冷却。

警告！如果工作要在机器没有冷却时进行，小心热的液体和机器热的部位，以免烫伤。

在不同维修操作的描述中说明了一个合适的位置。如果没有说明任何特别的位置，机器应该以维修位置 A 停放，如图 6-1-19 所示。

## 二、发动机维护的注意事项

1. 燃油系统保养的注意事项

① 不使用含水、含砂、含硫、含重油、含石蜡偏高的燃油。

② 每天工作结束后，加满油箱，每天工作前从油箱排除水和沉淀物。

③ 每天从油水分离器底部排水。

④ 当向新的柴油滤芯中加油时，柴油滤清不要预加燃油。

⑤ 避免燃油在运输、储存、加注、使用过程中被污染。

⑥ 根据施工地点的环境温度选用合适的燃油。

⑦ 严格按规定时间，更换柴油滤芯。

⑧ 使用 VOLVO 纯正滤芯，不使用伪劣滤芯。

2. 润滑系统保养的注意事项

① 每天工作前，应检查机油油位。同时还应通过眼、鼻、手来检查机油中是否混入柴油、水、金属颗粒及机油黏度等。

② 严格按规定时间更换机油及机油滤芯，同时检查旧机油中是否有金属颗粒或其他杂物。

③ 严格按黏度等级、质量等级的要求使用 VOLVO 纯正机油。

④ 使用 VOLVO 纯正滤芯，不使用假冒伪劣滤芯。

⑤ 严禁在机油压力报警的时候仍然操作机器。

⑥ 严禁发动机刚刚启动，就加负荷。

⑦ 避免长时间怠速运转。

3. 冷却系统保养的注意事项

① 使用软水（矿物质含量低），不使用硬水（矿物质含量高）。

② 即使在夏季也应使用防冻液。因为防冻液除了具有降低冰点（防冻）作用外，同时还有防锈、防腐蚀、抑制气泡生成、提高沸点等功能。

③ 避免在冬季，因不使用防冻液怕冻结而每天都排放冷却液这种做法，因为在排放

冷却液时，也将防腐滤芯中具有抑制水垢生成、防锈、防腐蚀等功能的添加剂同时排放出去。

④ 每天启动前检查冷却液的液位。

⑤ 不要让发动机在无节温器的情况下工作。

⑥ 选用合适的防冻液，同时根据环境温度来配防冻液浓度。

⑦ 按规定时间定期更换防冻液及防腐滤清器（安装有该滤芯的设备）。

4. 进气系统保养的注意事项

① 使用VOLVO纯正空气滤芯，不使用假冒伪劣滤芯。

② 不要让发动机长时间怠速运转，这将损伤涡轮增压器和发动机的寿命。

③ 重视日常检查，及时清扫或更换空气滤芯。清扫时使用干燥压缩空气，气压不可高于5kgf/cm²。清扫后，要检查空气滤芯是否有吹破或吹薄的地方，若有，立即更换。清扫过一定次数后，更换新滤芯。禁止使用敲击、振动方法清扫滤芯。

④ 检查空气滤清器的所有连接管路，确保其紧固无破损 。

## 三、用于“润滑和保养”的符号

标准符号是用在润滑和保养图内，如图6-1-21所示。

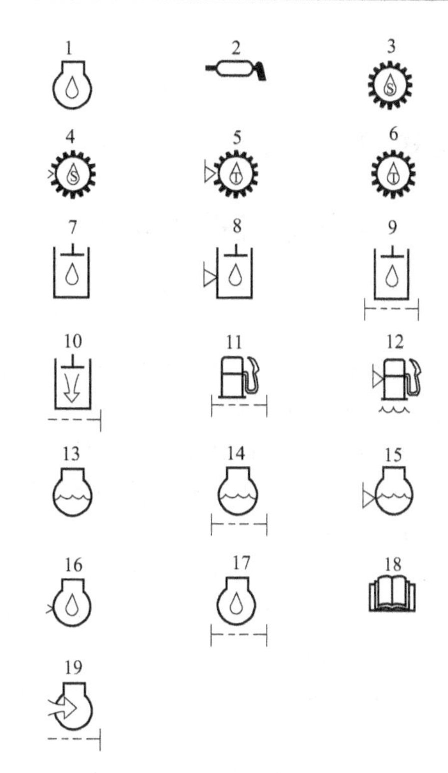


图 6-1-21　润滑和保养的符号

1—发动机机油；2—润滑脂润滑；3—回转驱动齿轮油更换；4—回转驱动齿轮油检查；5—履带驱动齿轮油检查；6—履带驱动齿轮油更换；7—液压油；8—液压油油位；9—液压油滤清器；10—液压油箱通气装置滤清器；11—燃油滤清器；12—油水分离器；13—发动机冷却液；14—发动机冷却液滤清器；15—发动机冷却液液位；16—发动机机油油位；17—发动机机油滤清器；18—操作员手册；19—空气滤清器

# 任务2　液压系统维护

## 学习目标

知识目标：

1. 了解挖掘机液压系统各保养项目及保养周期；
2. 了解挖掘机液压系统各保养项目所需耗材的常识；
3. 掌握挖掘机液压系统的维护保养操作规范；
4. 掌握挖掘机液压系统维护保养的注意事项及安全操作要领。

**能力目标：**

能完成挖掘机液压系统的各项维护保养作业。

## 相关知识

### 一、液压系统重要提示

1. 液压系统清洁的重要性

重要！在本系统的任何作业都要求非常清洁。即使很小的颗粒进入该系统也会引起损坏或塞住该系统。因此，在执行任何作业前要清洁干净相关的场地、部位。

2. 液压系统压力不可随意调整

液压系统的限压阀在工厂被设置到校正值。如果限压阀被 VCE 授权维修车间的维修人员之外的人更改，则来自制造商的质量担保及保修将会无效。

3. 液压油

重要！必须使用经 VCE 认证的原装沃尔沃液压油。关于其规格，参阅知识拓展部分。

重要！不要混合不同品牌的液压油，因为这样可能引起液压系统的损坏。

4. 更换生物液压油

① 当从一种矿物油更换到一种生物液压油时，必须尽量将油排空并按要求清洗液压系统。

② 关于排放点和更换方法，请联系 VCE 授权的维修车间。

### 二、液压系统维护

1. 释放液压系统压力

对液压系统工作时，要非常小心。

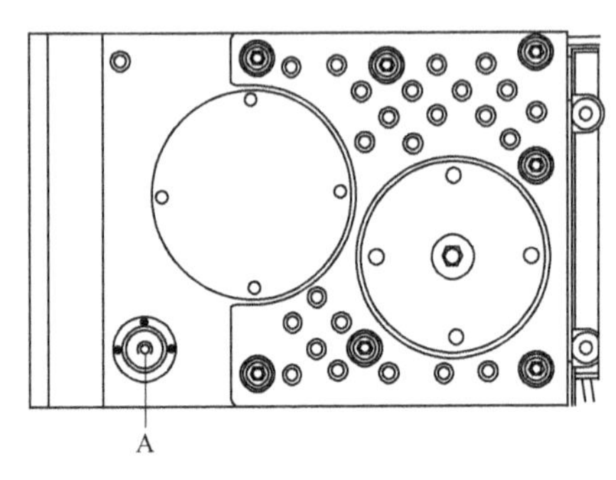


图 6-2-1　液压油箱通气阀的位置
A—液压油箱上的通气阀

排除系统压力和油箱压力的操作，如图 6-2-1 所示，步骤如下：

① 将附属装置放在地上并关闭发动机。

② 在发动机被关闭后，转动钥匙开关到运转位置（不要启动发动机）。

③ 保持控制锁止杆在向上位置（解锁位置）并移动所有的控制杆和踏板，从所有管路释放主系统压力。

④ 转动钥匙开关到关闭位置，拔下钥匙并给机器贴上标签，如“维修中，勿动!”这样的字样，表示该装置正在维修。

⑤ 降低控制锁止杆（锁定位置）。

⑥ 按下位于液压油箱通气阀上的预压阀来释放油箱压力。

2. 液压油油位检查

每天检查一次油位，如图 6-2-2 所示。

① 将机器停放在维修位置 B（参阅任务一知识拓展部分）。

② 在各个方向移动左右操纵杆至最大行程，以释放液压回路的内部压力。

③ 向下移动控制锁止杆，安全地锁止系统并停止发动机。

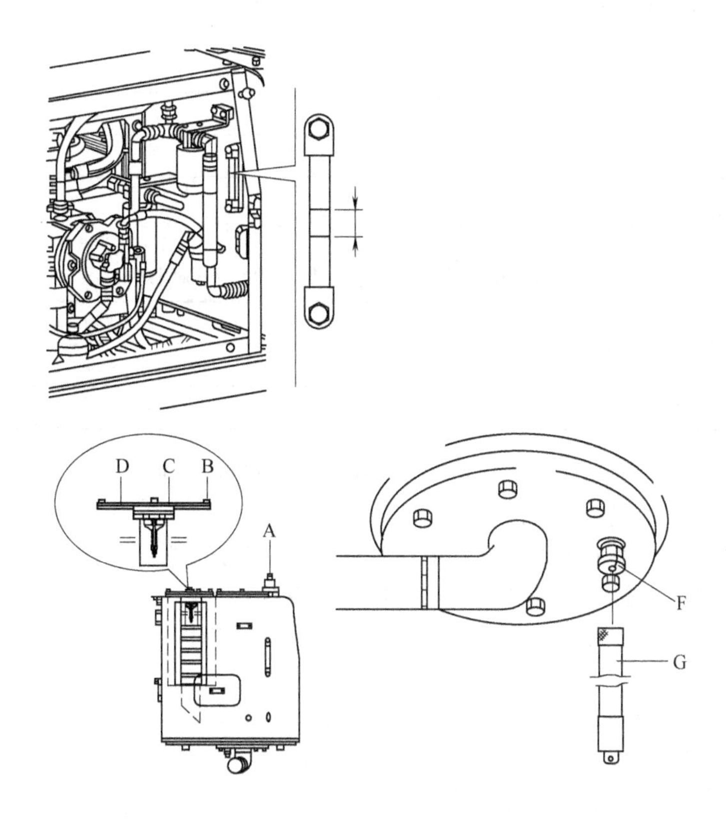


图 6-2-2 液压油油位检查

A—通气装置；B—螺栓；C—弹簧；D—盖子；F—保护帽；G—排放软管

④ 打开机器右侧的侧门并用观测计检查液压油油位。如果液位在量表的中心，则液位正确。

⑤ 如果液位低，则：

a. 按下通气装置（A），以释放油箱的内部压力。

b. 松开螺栓（B）。

c. 拆除盖子（D）和弹簧（C）。

d. 加满液压油。再次按下通气装置，有效地注满液压油。

e. 检查液位。

如果液位正常，清洁拆卸的部件并安装。

重要！当重新注满液压油时，应使用与系统充满的相同的液压油。

⑥ 如果液位高，则：

a. 在液压油箱下放一个大小合适的容器。

b. 拆下保护帽（F）并连接排放软管（G），这是用来排放发动机机油的同一根软管。

c. 将液压油排到一个容器中。

d. 断开排放软管并安装保护帽。

重要！报废液压油、液体要用环保安全方式来处理。

3. 液压油更换

关于更换液压油保养周期，参见表 6-2-1。

**表 6-2-1　液压油更换间隔周期**

| 液压油 | 更换间隔时间 |
|---|---|
| 矿物油 | 每 2000h |

重要！当使用液压锤时，关于更换液压油，参见表 6-2-2。

**表 6-2-2　使用液压锤时，液压油更换间隔周期**

| 液压锤使用的频率 | 更换间隔时间 |
|---|---|
| 50% | 每 1000h |
| 100% | 每 600h |

重要！当注满或更换液压油时，使用与原系统相同的液压油。

如图 6-2-3 所示，操作步骤如下：

① 回转上部结构，使液压油箱底部的保护帽（F）位于左右履带之间。

② 完全缩回铲斗油缸和斗杆油缸，然后降低动臂到地面。

③ 向下移动控制锁止杆，安全地锁止系统并停止发动机。

④ 通过通气装置（A）来释放油箱内的压力。

⑤ 拆除螺钉（E）后打开盖子（B）。

⑥ 拆除 O 形圈（C）。

⑦ 在液压油箱下放一个大小合适的容器。

⑧ 拆下保护帽（F）并连接排放软管（G），这是用来排放发动机机油的同一根软管。

⑨ 将液压油排到一个容器中。

重要！报废液压油、液体要用环保安全方式来处理。

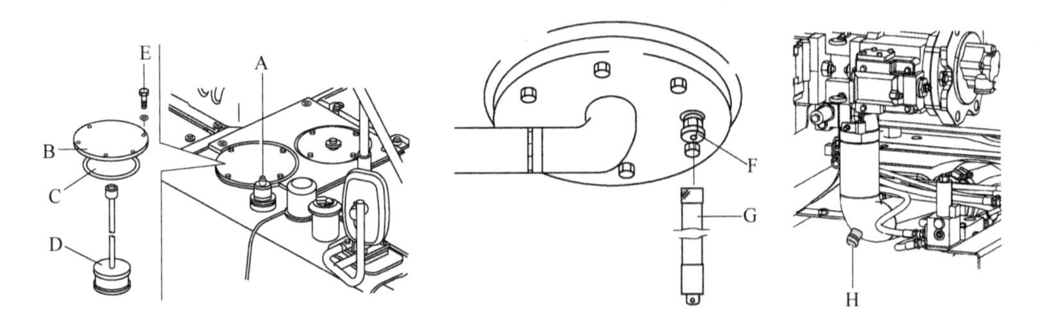


图 6-2-3　液压油的排放

A—通气装置；B—盖子；C—O 形圈；D—滤网；E—螺钉；F—保护帽；G—排放软管；H—排放塞

⑩ 断开排放软管并安装保护帽。

⑪ 在液压泵的吸入管的排放塞（H）下面放一个大小合适的容器。

⑫ 拆除排放塞（H）并将液压油排放到一个容器中。

重要！报废液压油、液体要用环保安全方式来处理。

针对本机型：

液压油箱容量：160L。

液压系统总容量：285L。

其他机型参阅相关手册。

4．液压排放滤清器更换

在最初的250h后更换排放滤清器的滤芯，然后每500h更换一次。如图6-2-4所示，操作步骤如下：

① 按下油箱上的通气装置，以释放油箱的内部压力。

② 在排放滤清器下面放一个容器，逆时针转动滤清器，拆卸它。

重要！报废液压油、液体要用环保安全方式来处理。

③ 给新滤清器加注液压油，给O形环涂薄薄一层机油。

④ 安装新滤清器。

5．先导滤清器的更换

在最初的250h后更换先导滤清器中的滤芯，以后每1000h更换一次。如图6-2-5所示，操作步骤如下：

① 在滤清器下面放一个容器。

② 拆下滤清器外壳。

③ 更换先导滤清器的纸质滤芯。

重要！报废液压油、液体要用环保安全方式来处理。

④ 重新安装滤清器外壳。

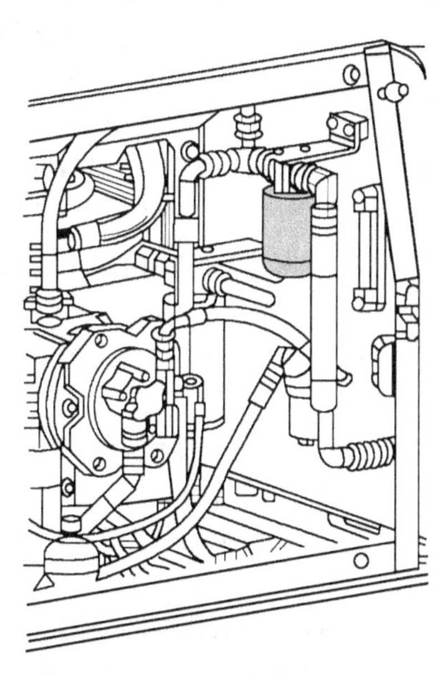

图6-2-4　排放滤清器的位置

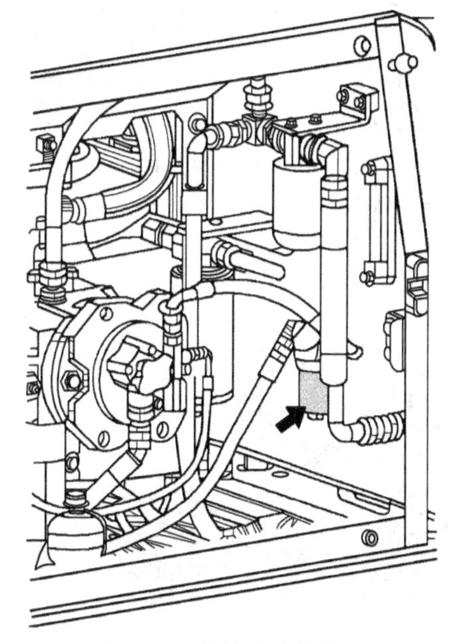

图6-2-5　先导滤清器的位置

6．液压油箱滤网的清洁和更换

每2000h清洁一次滤网，在必要或损坏时更换。如图6-2-6所示，操作步骤如下：

① 将机器放置在维护位置B（参阅任务一知识拓展部分）。

② 按下通气装置（A），以释放油箱的内部压力。

③ 清洁盖子（B）周围的区域。

④ 拆除盖子（B）并拉出滤网（D）。

⑤ 清洁滤网，在损坏时更换。

⑥ 检查O形环（C），在损坏时更换。

⑦ 重新安装盖子。

7. 液压油箱上的通气装置滤清器更换

每2000h更换一次通气装置中的滤清器。

在尘土大的作业环境中，通气装置将会在短时间内堵塞。

注意！该滤清器无法清洗，只能更换。如图6-2-7所示，操作步骤如下：

① 按下通气装置（A），以释放油箱的内部压力。

② 拆除橡胶盖（B）。

③ 旋开螺母（C）并拆除滤清器壳体（D）。

④ 把通气装置滤芯更换成新的。

⑤ 重新安装滤清器壳体并拧紧螺母。

⑥ 安装橡胶盖。

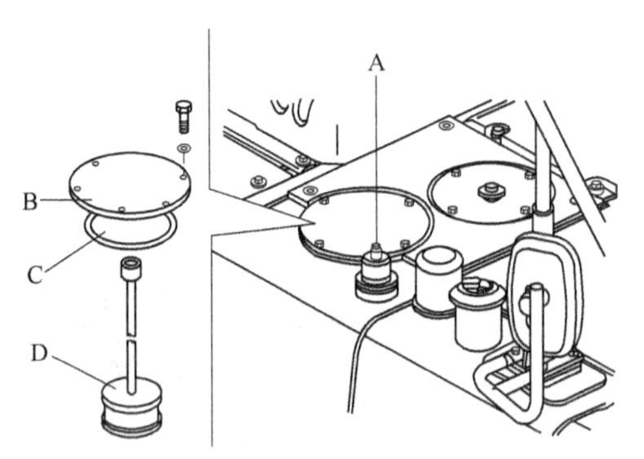


图6-2-6 液压油箱滤网

A—通气装置；B—盖子；C—O形环；D—滤网

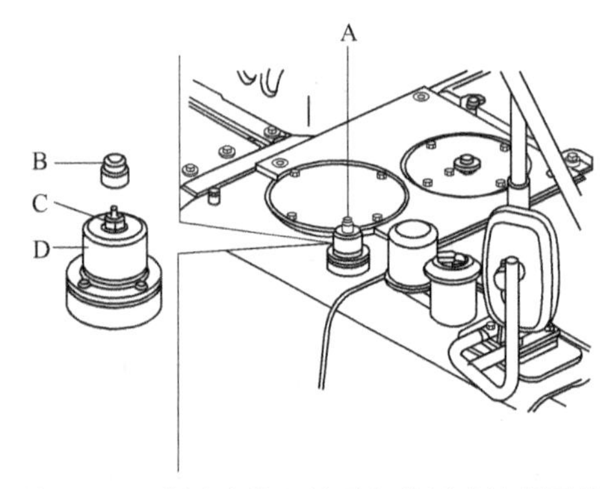


图6-2-7 液压油箱上的通气装置滤清器更换

A—通气装置；B—橡胶盖；C—螺母；D—滤清器壳体

8. 液压锤油路的回流滤清器的更换（选装设备）

每200h更换一次回流滤清器中的滤芯（以液压锤工作小时为基础）。如图6-2-8所示，操作步骤如下：

① 让发动机熄火。

② 使用一个扳手拆下滤清器壳体（D）。

③ 拆下滤清器滤芯（C）。

④ 检查O形环（A）和支承环（B）是否损坏，如果损坏，应将其更换。

⑤ 安装一个新的滤清器滤芯。

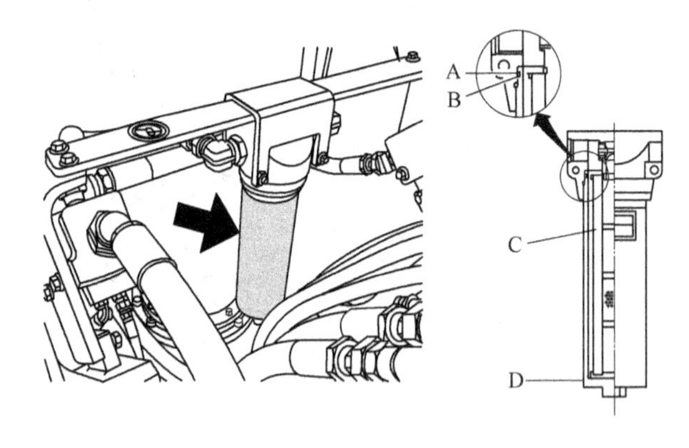


图6-2-8 液压锤油路的回流滤清器

A—O形环；B—支承环；C—滤芯；D—滤清器壳体

⑥ 安装滤清器壳体［滤清器壳体（D）的拧紧力矩：33～49N·m］。

9. 蓄能器的操作

① 不要敲击、钻孔或焊接蓄能器。

② 保持它远离明火或其他高热源。

③ 如果在发动机刚停下后操作操纵杆向下，蓄能器能使附属装置通过自身的重量而移动。

④ 在释放蓄能器中的压力后，向下移动控制锁止杆，安全地锁止系统。

（紧急情况下）压力蓄能器的操作：

① 关闭发动机，方法是把钥匙开关转到停机位置。

② 转动钥匙开关到运行位置。

③ 移动控制锁止杆，以解锁系统。

④ 操纵杆放到动臂向下位置，以用其自身重量降下附属装置。

⑤ 移动控制锁止杆向下，安全地锁止系统。

蓄能器压力释放：

① 把附属装置完全降到地面。

② 保持附属装置例如破碎锤都关闭。

③ 关闭发动机后，转动钥匙开关到运行位置。

④ 移动控制锁止杆向上，以解锁系统。

⑤ 要释放该控制回路和蓄能器内的压力，把操纵杆和踏板向前、向后和向左、向右分别移动到其终点位置。

⑥ 把钥匙开关转到“停机”（STOP）位置。

⑦ 移动控制锁止杆向下，安全地锁止系统。

⑧ 要完全释放压力，断开蓄能器时缓慢松开蓄能器的软管连接。万一油喷出，闪向一旁。

## 技能操作

| 任务名称 | VOLVO 挖掘机液压系统维护 |
|---|---|
| 任务载体 | 沃尔沃＿＿＿＿＿挖掘机 |
| 能力目标 | 掌握挖掘机液压系统的维护操作 |

一、请填写操作对象的基本信息

机型：＿＿＿＿＿＿＿＿＿＿＿＿　组别：＿＿＿＿＿＿＿＿＿＿

发动机型号：＿＿＿＿＿＿＿＿＿＿　日期：＿＿＿＿＿＿＿＿＿＿

二、决策与计划

根据任务要求确定所需要的仪器与工具，对小组成员进行合理分工，制订实施方案。

1. 请列出需要的仪器与工具：

仪器名称：　　工具名称：

＿＿＿＿＿＿＿＿＿＿＿＿＿＿＿＿　＿＿＿＿＿＿＿＿＿＿＿＿＿＿＿＿

＿＿＿＿＿＿＿＿＿＿＿＿＿＿＿＿　＿＿＿＿＿＿＿＿＿＿＿＿＿＿＿＿

＿＿＿＿＿＿＿＿＿＿＿＿＿＿＿＿　＿＿＿＿＿＿＿＿＿＿＿＿＿＿＿＿

＿＿＿＿＿＿＿＿＿＿＿＿＿＿＿＿　＿＿＿＿＿＿＿＿＿＿＿＿＿＿＿＿

2. 小组成员分工：

＿＿＿＿＿＿＿＿＿＿＿＿＿＿＿＿＿＿＿＿＿＿＿＿＿＿＿＿＿＿＿＿

＿＿＿＿＿＿＿＿＿＿＿＿＿＿＿＿＿＿＿＿＿＿＿＿＿＿＿＿＿＿＿＿

＿＿＿＿＿＿＿＿＿＿＿＿＿＿＿＿＿＿＿＿＿＿＿＿＿＿＿＿＿＿＿＿

3. 实施方案：

＿＿＿＿＿＿＿＿＿＿＿＿＿＿＿＿＿＿＿＿＿＿＿＿＿＿＿＿＿＿＿＿

＿＿＿＿＿＿＿＿＿＿＿＿＿＿＿＿＿＿＿＿＿＿＿＿＿＿＿＿＿＿＿＿

＿＿＿＿＿＿＿＿＿＿＿＿＿＿＿＿＿＿＿＿＿＿＿＿＿＿＿＿＿＿＿＿

续表

三、实施

记录液压系统保养操作的过程要点：

1. 液压油油位检查

2. 液压油更换

3. 液压排放滤清器更换

4. 先导滤清器的更换

5. 液压油箱滤网的清洁和更换

6. 液压油箱上的通气装置滤清器更换

7. 液压锤油路的回流滤清器的更换

8. 蓄能器压力释放的操作

9. 液压系统维护作业注意事项与安全事项：

四、检查与评估

维护后检查

液压系统维护保养后，进行如下检查：

1. 启动发动机，将各液压油缸伸缩至极限位置数次，各液压马达运转数圈，检查液压油液位：______________________________。

2. 启动发动机，检查液压系统的密封：______________________________。

其他检查：______________________________。

评估

1. 自评

| 工量具使用 | A | B | C | D |
|---|---|---|---|---|
| 技能操作 | A | B | C | D |
| 工单填写 | A | B | C | D |

续表

| 2. 互评 | | | | |
|---|---|---|---|---|
| 工量具使用 | A | B | C | D |
| 技能操作 | A | B | C | D |
| 工单填写 | A | B | C | D |
| 3. 教师评价 | | | | |
| 工量具使用 | A | B | C | D |
| 技能操作 | A | B | C | D |
| 工单填写 | A | B | C | D |
| 评语：______________________________ | | | | |
| 学生成绩：__________ | | | | |

操作前需认真阅读内容：任务 2 液压系统维护。

## 知识与能力拓展

### 管路维修和保养

管路维修和保养的间隔周期如表 6-2-3 所示。

**表 6-2-3　管路维修和保养的间隔周期**

| 检查间隔时间 | 项目 |
|---|---|
| 每日 | 燃油，液压管-接头及端部配件泄漏 |
| 每月 | 燃油，液压管-接头及端部配件泄漏、损坏 |
| 每年 | 燃油，液压管-接头及端部配件泄漏、损坏、变形和老化 |

<table>
<tr><td colspan="2">要定期更换的安全重要部件</td><td colspan="2">更换间隔时间</td></tr>
<tr><td colspan="2" rowspan="4">发动机</td><td>燃油软管</td><td rowspan="10">每 2 年或每 4000 作业小时，看哪一项先到</td></tr>
<tr><td>加热器软管</td></tr>
<tr><td>涡轮增压器润滑机油软管</td></tr>
<tr><td>泵，输入软管</td></tr>
<tr><td rowspan="6">液压</td><td rowspan="4">器体</td><td>泵，输出软管</td></tr>
<tr><td>泵，输出软管</td></tr>
<tr><td>回转管路软管</td></tr>
<tr><td>动臂油缸软管</td></tr>
<tr><td rowspan="2">附属装置</td><td>斗杆油缸管路软管</td></tr>
<tr><td>铲斗油缸管路软管</td></tr>
</table>

# 任务 3　电气系统维护

## 学习目标

**知识目标：**

1. 了解挖掘机电气系统各保养项目及保养周期；
2. 了解挖掘机电气系统所需耗材的常识；
3. 掌握挖掘机电气系统的维护保养操作规范；
4. 掌握挖掘机电气系统维护保养的安全注意事项。

**能力目标：**

能完成挖掘机电气系统维护保养各项作业。

## 相关知识

### 一、继电器和慢熔保险丝

如图 6-3-1 所示，机器有一个安装在燃油箱侧面的配电箱。该配电箱中包含继电器和慢熔保险丝。当大容量电流流动时，慢熔保险丝保护部件，使它们继续工作直到超载造成了一个电路断开。

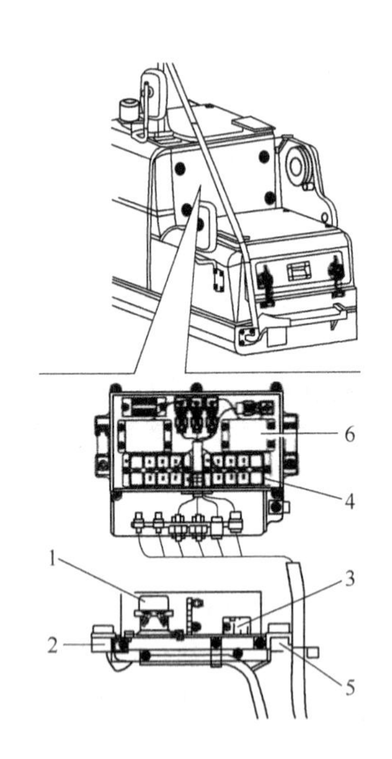


图 6-3-1　继电器和慢熔保险丝

1—蓄电池继电器；2—慢熔保险丝（30A，2 个）；3—预热继电器；4—继电器盘；5—慢熔保险丝（80A，140A）；6—雨刮器控制单元

如果电器系统修理后还不能工作，检查慢熔保险丝。

### 二、驾驶室内保险丝盒

如图 6-3-2 所示，机器在驾驶室的右控制盒上安装有一个保险丝盒。该盒子包含机器上的大多数保险丝。

打开保险丝盒的盖子后能方便地取到保险丝。盒盖内的一个贴纸显示了各保险丝的准确位置及规格。

注意！如果同一个位置的一个保险丝反复熔断，故障的原因必须查明。

### 三、玻璃清洗器储液罐

玻璃清洗器储液罐如图 6-3-3 所示。

每日检查液体液位。

注意！当温度低于冷凝点时，应在清洗液中添加防冻液。添加防冻液遵照制造商关于环境温度方面的建议进行操作。

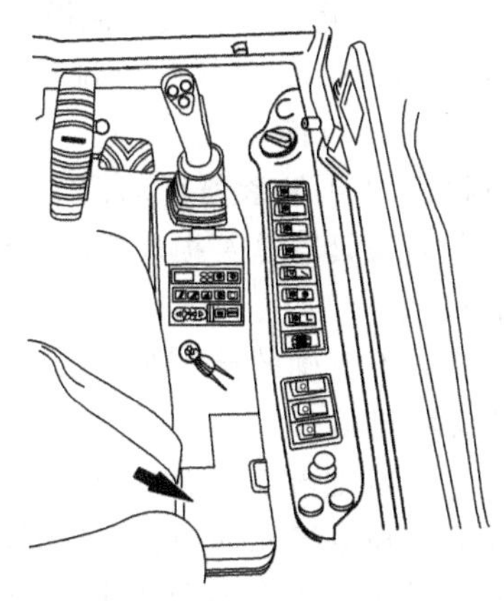

图 6-3-2　驾驶室内保险丝盒位置

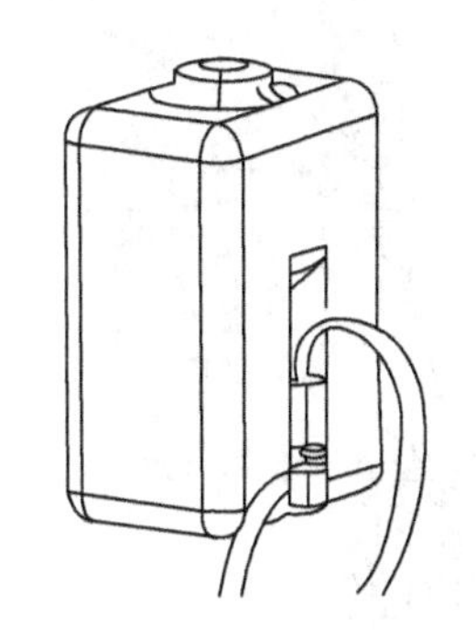

图 6-3-3　玻璃清洗器储液罐

## 四、蓄电池

1. 蓄电池电解液液位检查

蓄电池在机器的位置如图 6-3-4 所示。

每 250h 检查电解液液位（在高于＋15℃/＋59℉的温度下要更频繁）。

① 打开机器右侧的蓄电池盒的盖子。

② 松开封帽（A），电解液液位应该在腔室隔板上大约 10mm 处。

③ 需要时就添加蒸馏水。

④ 添加后操作机器，使水和蓄电池电解液混合，这在寒冷气候下更重要。

⑤ 检查电缆端子和电极接线柱是否干净、完全密封，并涂上凡士林油或其他类似物品。

2. 蓄电池充电

如图 6-3-5 所示，充电时必须注意：

在拆下充电电缆的卡夹前，始终要关闭充电电流。

通风要良好，特别是在封闭场所进行充电时。

蓄电池电解液含有有腐蚀性的硫酸，洒到身上的电解液要立即冲洗掉，用肥皂和大量清水冲洗。如果有电解液溅入眼睛，或者身体的其他敏感部位，要立即用大量清水冲洗，并就医诊治。

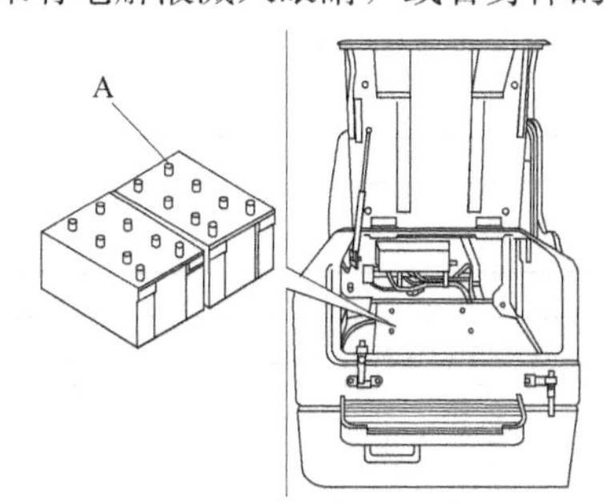


图 6-3-4　蓄电池在机器中的位置

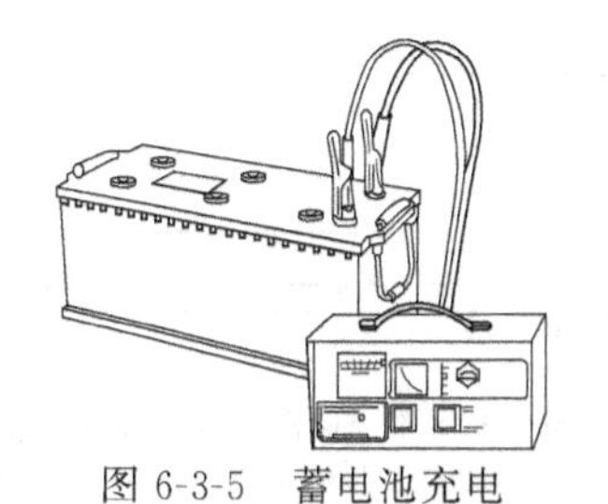

图 6-3-5　蓄电池充电

## 五、电子系统

1. 交流发电机的皮带张力检查

如图 6-3-6 所示，每 500h 检查一次皮带。

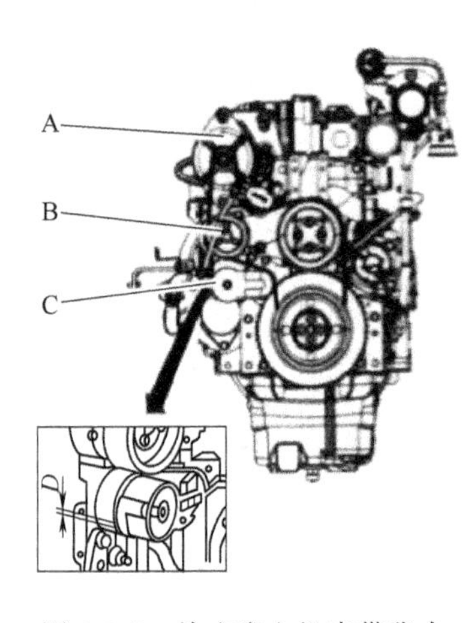


图 6-3-6　检查发电机皮带张力

A—交流发电机；B—自动张紧器；C—皮带；D—距离

① 检查皮带是否有裂缝、磨损或其他损坏。

② 皮带张力可以由皮带张力器自动调节。如果距离（*D*）小于 3mm，必须更换皮带。

调节皮带张力将由自动张紧器自动调节。如果皮带张力异常，检查自动张紧器是否损坏或者皮带规格。

2. 交流发电机安装

交流发电机安装对不正确的接头非常敏感，因此，始终要遵照以下的说明进行：

发动机运转时，蓄电池和交流发电机电缆不可断开，否则交流发电机内和电气元件中会出现故障。

执行交流发电机设备方面的任何维修工作前，断开蓄电池电缆并要绝缘处理。

蓄电池的电极绝对不可搞错。各个电极都分别清楚标记了（+）或（−）号。

如果电缆接错，发电机的整流器会立刻烧坏。

## 技能操作

| 任务名称 | VOLVO 挖掘机电气系统维护 |
|---|---|
| 任务载体 | 沃尔沃＿＿＿＿＿挖掘机 |
| 能力目标 | 掌握挖掘机电气系统的维护操作 |

一、请填写操作对象的基本信息

机型：＿＿＿＿＿＿＿＿＿＿＿＿＿＿　　组别：＿＿＿＿＿＿＿＿

发动机型号：＿＿＿＿＿＿＿＿＿＿＿＿　　日期：＿＿＿＿＿＿＿＿

二、决策与计划

根据任务要求确定所需要的仪器与工具，对小组成员进行合理分工，制订实施方案。

1. 请列出需要的仪器与工具：

仪器名称：　　工具名称：

＿＿＿＿＿＿＿＿＿＿＿＿＿＿＿＿　＿＿＿＿＿＿＿＿＿＿＿＿＿＿＿＿

＿＿＿＿＿＿＿＿＿＿＿＿＿＿＿＿　＿＿＿＿＿＿＿＿＿＿＿＿＿＿＿＿

＿＿＿＿＿＿＿＿＿＿＿＿＿＿＿＿　＿＿＿＿＿＿＿＿＿＿＿＿＿＿＿＿

＿＿＿＿＿＿＿＿＿＿＿＿＿＿＿＿　＿＿＿＿＿＿＿＿＿＿＿＿＿＿＿＿

2. 小组成员分工：

＿＿＿＿＿＿＿＿＿＿＿＿＿＿＿＿＿＿＿＿＿＿＿＿＿＿＿＿＿＿＿＿

＿＿＿＿＿＿＿＿＿＿＿＿＿＿＿＿＿＿＿＿＿＿＿＿＿＿＿＿＿＿＿＿

3. 实施方案：

＿＿＿＿＿＿＿＿＿＿＿＿＿＿＿＿＿＿＿＿＿＿＿＿＿＿＿＿＿＿＿＿

＿＿＿＿＿＿＿＿＿＿＿＿＿＿＿＿＿＿＿＿＿＿＿＿＿＿＿＿＿＿＿＿

＿＿＿＿＿＿＿＿＿＿＿＿＿＿＿＿＿＿＿＿＿＿＿＿＿＿＿＿＿＿＿＿

三、实施

记录电气系统维护操作的过程要点：

1. 车上继电器和慢熔保险丝的认识、驾驶室内保险丝盒位置：

2. 玻璃清洗器液位检查：

续表

3. 蓄电池电解液液位检查

4. 蓄电池充电

5. 交流发电机的皮带张力检查

6. 交流发电机安装

7. 电焊注意事项：

8. 电气系统维护作业注意事项：

________________________________________

________________________________________

________________________________________

________________________________________

四、检查与评估

检查

电气系统维护保养后，进行如下检查：

1. 启动发动机，检查各电气系统情况：________________。

2. 检查玻璃清洗液液位：________________。

3. 启动发动机，检查发电机皮带传动情况：________________。

4. 启动发动机，检查发电机充电情况：________________。

其他检查：________________。

评估

1. 自评

| 工量具使用 | A | B | C | D |
| --- | --- | --- | --- | --- |
| 技能操作 | A | B | C | D |
| 工单填写 | A | B | C | D |

2. 互评

| 工量具使用 | A | B | C | D |
| --- | --- | --- | --- | --- |
| 技能操作 | A | B | C | D |
| 工单填写 | A | B | C | D |

3. 教师评价

| 工量具使用 | A | B | C | D |
| --- | --- | --- | --- | --- |
| 技能操作 | A | B | C | D |
| 工单填写 | A | B | C | D |

评语：________________

________________

学生成绩：________

操作前需认真阅读内容：任务 3 电气系统维护

## 知识拓展

### 一、电气系统加装

当安装无线电对讲机、移动电话或类似设备时，必须根据制造商的说明进行安装，以消除对用于机器功能的电子系统和部件的干扰。

## 二、操作管路

操作机器上的管路、管道和软管时，注意：

a. 不要弯曲高压管路。

b. 不要敲打高压管路。

c. 不要安装任何弯曲或损坏的管路。

d. 不要徒手检查是否有渗漏。

e. 拧紧所有的接头。关于推荐的拧紧力矩，查询维修保养手册。

f. 如果发现任何下列状况，咨询经销商进行部件更换；

管路端部配件被损坏或渗漏；

管路外壳被擦破或切破。

g. 加固暴露在外的导线。

确保所有管路的固定夹、防护装置和热隔离装置都正确安装。在机器操作期间，这可帮助防止振动、摩擦其他部件和过热。

检查燃油管路、液压和制动软管以及电缆是否被擦伤，或是否因为安装不正确或被挤压而有那样被损伤的危险。这点对非保险线路尤其重要，其颜色是红色并有 R（B+）标记，线路是：

在蓄电池之间；

在蓄电池和启动电动机之间；

在交流发电机和启动电动机之间。

电缆不可直接靠紧机油或燃油管路。

## 三、蓄电池

a. 不要在蓄电池附近吸烟，蓄电池会释放出爆炸性气体。

b. 确保金属物品，例如工具、戒指和表带不要接触蓄电池的正负极柱。

c. 确保蓄电池极柱上总是安装有保护件。

d. 不要朝任何方向倾斜蓄电池。蓄电池电解液会渗出。

e. 不要串联放电的蓄电池到一个充满电的蓄电池上。有爆炸危险。

f. 拆除蓄电池时，首先断开接地线，安装时，最后连接地线，以减少短路危险。

g. 丢弃的蓄电池必须根据国家环保要求进行。

h. 给蓄电池充电，注意相关事项。

i. 跨接蓄电池助力启动，注意相关事项

## 四、电焊注意事项

在机器上执行电焊工作或者安装任何附属装置前，必须切断电流。

在机器上执行电焊工作前，蓄电池电缆应该切断，接头必须拨出电子控制单元。

在断开和重新连接时，导线上不得有电流。

连接电焊设备的地线（接地）导线要尽量靠近焊点。

焊接前，要把从焊点周围至少 10cm 以内的漆面清除，油漆加热后会分解出有毒气体。

## 五、被加热的油漆

警告！所有油漆在加热时都会分解，并形成可能有刺激性的化合物，长期或频繁暴露其中对健康十分有害。

加热的油漆释放出有毒气体。因此，执行焊接、打磨或气体切割前，油漆必须从一个半径至少 10cm 的区域清理干净。除了健康危害，油漆对焊接还会造成劣质不牢，以后焊接容易断裂。

需去除漆面时的技术和注意事项：

a. 强力吹风，同时使用呼吸保护设备和护目镜。

b. 使用油漆去除剂或其他化学品时，使用便携式抽气机、呼吸保护设备和护目镜。

c. 打磨机器时，使用便携式抽气机、呼吸保护设备和防护手套以及护目镜。

d. 燃烧油漆过的部件切勿丢弃，它们应该由有执照的工厂进行处理。

# 任务 4　回转驱动单元维护

## 学习目标

**知识目标：**

1. 了解挖掘机回转驱动单元保养的具体项目及周期；
2. 了解挖掘机回转驱动单元保养所需耗材的常识；
3. 掌握挖掘机回转驱动单元维护保养的操作方法；
4. 掌握挖掘机回转驱动单元维护保养的安全注意事项。

**能力目标：**

能完成挖掘机回转驱动单元维护保养各项作业。

## 相关知识

### 一、回转驱动机构

1. 回转驱动单元的油位检查

每 250h 要检查回转驱动单元齿轮油油位。非常重要的是要保持齿轮油油位正确，要在工作温度下检查油位。油太少可能导致回转驱动单元无法正确工作，因此损坏；太多齿轮油会导致起泡沫，导致回转驱动机构过热。

检查齿轮油油位前始终要清洁齿轮油油位尺周围。齿轮油中的污垢会损坏回转驱动机构。

将机器处于水平位置，如图 6-4-1 所示，操作步骤如下：

① 拉出油尺（A）并用干净的布擦拭。

② 插入油尺，再次拉出。

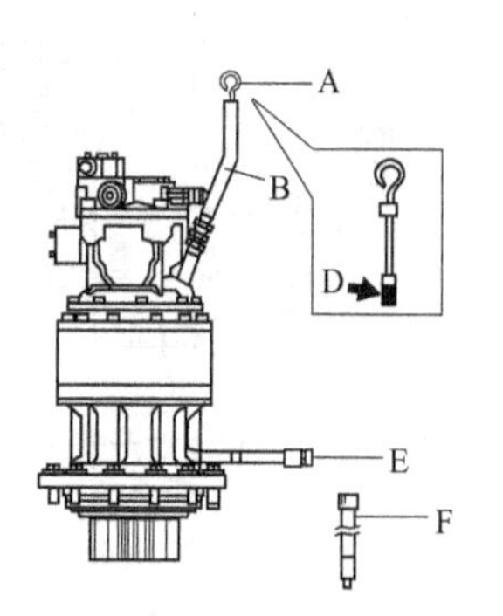

图 6-4-1　回转驱动机构

③ 检查油位。如果液位处于“D”的中间，液位是正确的。

④ 如果液位低，从齿轮油油尺孔（B）加注到正确液位。

⑤ 如果液位高：

——将一个大小合适的容器放在排放阀（E）的下面；

——打开排放阀（E）的保护盖；

——安装排放软管（F），排放齿轮油直到正确液位；

——断开排放软管连接；

——关闭保护帽。

2. 回转驱动单元的齿轮油更换

在第一个500h后更换一次齿轮油，以后每1000h更换一次。

① 放置一个尺寸合适的容器在回转驱动单元的阀门下，收集排出的齿轮油。

② 打开排放阀（E）的保护盖。

③ 安装排放软管（F）并排放齿轮油。软管和用于发动机机油排放的是一样的。

重要！报废齿轮油、液体要用环保安全方式来处理。

④ 断开排放软管连接。

⑤ 关闭保护帽。

⑥ 拉出油尺（A），从齿轮油油尺孔（B）加注齿轮油到正确液位。

⑦ 如果需要，再次检查齿轮油液位，加到合适液位。

加注齿轮油后等待大约5min，然后准确地检查液位。

## 二、回转支承

1. 回转支承轴承润滑

每250作业小时润滑回转支承轴承。如图6-4-2所示，操作步骤如下：

① 将机器停放在水平的地面上。

② 把铲斗降低到地面。

③ 把钥匙开关转到“停机”（STOP）位置。

④ 向下移动控制锁止杆，安全地锁止液压系统。

⑤ 用一把手动或电动黄油枪在两点处给黄油嘴（A）加注润滑脂。

⑥ 给回转轴承上润滑脂，直到从回转轴承密封处能看见旧润滑脂被挤出。

⑦ 小心不要施用过量的润滑脂。

⑧ 挤入润滑脂后，完全清除多余而溢出的油脂。

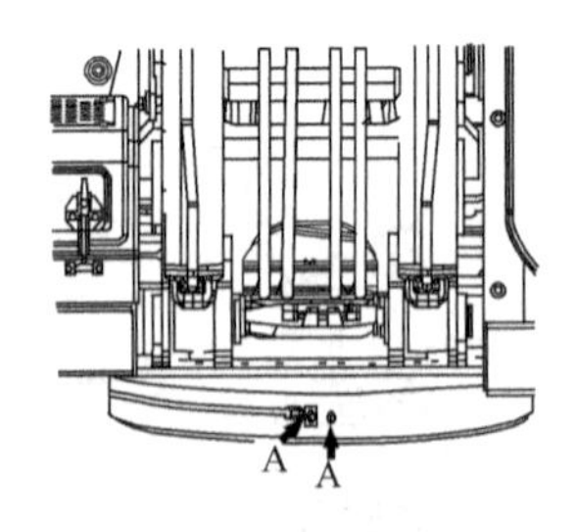


图6-4-2 回转支承轴承润滑

2. 回转齿圈油浴润滑脂检查

每1000h检查一次润滑脂情况和油位。如图6-4-3所示，操作步骤如下：

① 将机器停放在一个水平的地面上，如图6-4-3所示移动上部构造。

② 把铲斗降低到地面。

③ 把钥匙开关转到“停机”（STOP）位置。

④ 向下移动控制锁止杆，安全地锁紧液压系统。

⑤ 拆卸螺母（B）和盖子（C）。

⑥ 检查润滑脂的油位和油脂好坏状态。有必要时添加。

⑦ 检查密封件。如果损坏就更换该密封件。

⑧ 安装盖子。

如果润滑脂已被污染或因水变色，拆除螺栓（E）和排放盖（F），然后更换润滑脂。

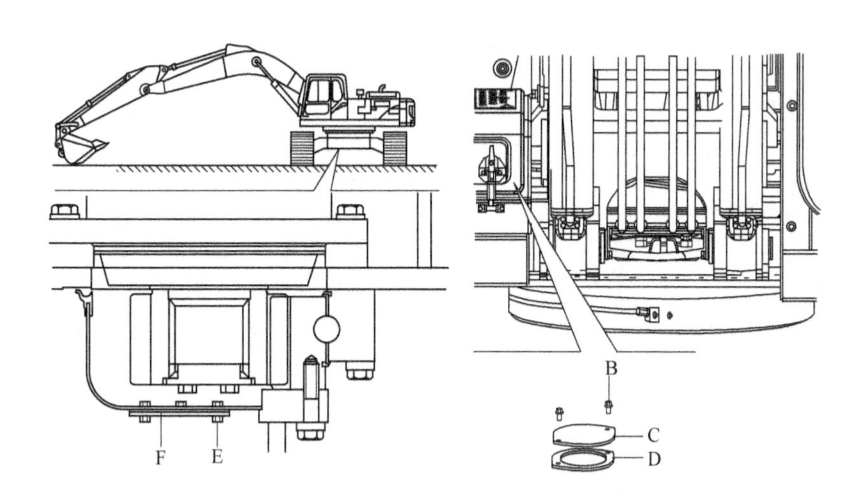


图 6-4-3　回转齿圈油浴润滑脂检查

## 技能操作

| 任务名称 | VOLVO 挖掘机回转驱动单元维护 |
| --- | --- |
| 任务载体 | 沃尔沃__________挖掘机 |
| 能力目标 | 掌握挖掘机回转驱动单元的维护操作 |

一、请填写操作对象的基本信息

机型：______________________　　组别：______________

发动机型号：__________________　　日期：______________

二、决策与计划

根据任务要求确定所需要的仪器与工具，对小组成员进行合理分工，制订实施方案。

1. 请列出需要的仪器与工具：

仪器名称：　　工具名称：

2. 小组成员分工：

3. 实施方案：

续表

三、实施

记录发动机保养操作的过程要点：

1. 回转驱动单元的油位检查：

2. 回转驱动单元的齿轮油更换：

3. 回转支承轴承润滑：

4. 回转齿圈油浴润滑脂检查：

5. 回转驱动单元维护作业注意事项：

四、检查与评估

检查

回转驱动单元维护保养后，进行如下检查：

1. 启动发动机，操作回转机构，检查回转驱动单元运转情况：

2. 启动发动机，操作回转机构，检查回转齿圈运转情况：

3. 其他检查：________________________________。

评估

1. 自评

| | | | | |
|---|---|---|---|---|
| 工量具使用 | A | B | C | D |
| 技能操作 | A | B | C | D |
| 工单填写 | A | B | C | D |

2. 互评

| | | | | |
|---|---|---|---|---|
| 工量具使用 | A | B | C | D |
| 技能操作 | A | B | C | D |
| 工单填写 | A | B | C | D |

3. 教师评价

| | | | | |
|---|---|---|---|---|
| 工量具使用 | A | B | C | D |
| 技能操作 | A | B | C | D |
| 工单填写 | A | B | C | D |

评语：________________________________

________________________________

学生成绩：____________

操作前需认真阅读内容：任务 4 回转驱动单元维护。

# 任务 5　行走驱动单元维护

## 学习目标

**知识目标：**

1. 了解挖掘机行走驱动单元的保养项目及保养周期；
2. 了解挖掘机行走驱动单元各保养项目所需耗材的常识；
3. 掌握挖掘机行走驱动单元维护保养的操作方法；
4. 掌握挖掘机行走驱动单元维护保养的安全注意事项。

**能力目标：**

能完成挖掘机行走驱动单元维护保养各项作业。

## 相关知识

### 一、履带驱动机构

1. 履带驱动单元的齿轮油油位检查

每 1000h 检查一次齿轮油油位。非常重要的是要保持齿轮油油位正确，要在工作温度下检查油位。油太少可能导致履带驱动单元无法正确工作，因此损坏；油太多会导致齿轮油起泡沫，导致履带驱动机构过热。

检查齿轮油油位前始终要清洁齿轮油油位塞周围，齿轮油中的污垢会损坏履带驱动单元。

如图 6-5-1 所示，操作步骤如下：

① 转动壳体，使加注塞（B）处于水平位置。

② 拆下排放旋塞（A）。如果齿轮油即将流出该孔，液位就是正确的。

如果齿轮油低，从塞子（B）处加注齿轮油到正确液位。

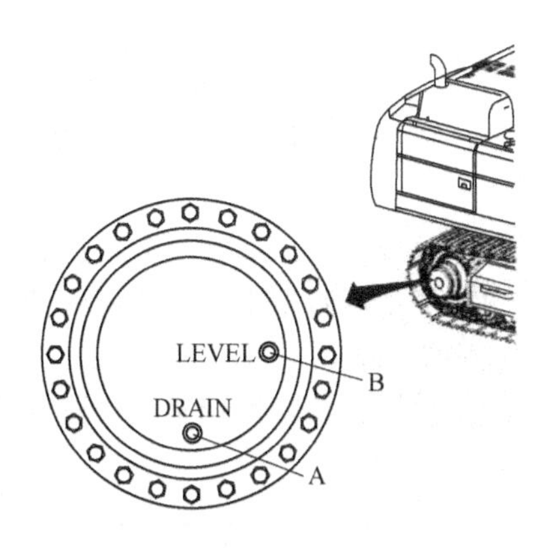

图 6-5-1　履带驱动单元齿轮油检查

2. 履带驱动单元内的齿轮油更换

在新机第一个 500h 后更换一次齿轮油，以后每 2000h 更换一次。如图 6-5-1 所示：

① 转动壳体使排放塞（A）位于底部。

② 放置一个容器在排放塞（A）下，以接取排出的齿轮油。

③ 拆除排放塞（A）和加注塞（B），然后排放齿轮油。（重要！报废齿轮油、液体要用环保安全方式来处理）

④ 检查塞子上的 O 形环，如果损坏就更换。

⑤ 安装排放塞（A）。

⑥ 通过加注孔（B）加注齿轮油到正确的液位。如果齿轮油即将从加注塞（B）流出，

液位就是正确的。

⑦ 安装塞子（B）。

## 二、履带张紧单元

1. 履带张紧度检查

每100h检查一次履带张紧度。

注意！两个人同时工作时，操作员应该遵循保养工人的示意。

履带连接销和衬套的磨损状况等级随着工作条件和土壤特性而不同。经常检查履带张紧度并保持其在指定值。

在湿沙或黏土地带作业，沙土会黏结在活动的底盘和部件之间。这会阻碍对接部分互相的完美结合，引起干扰和高负载。由于这种材料的摩擦分子，链轮、销、垫圈、怠速器和履带连杆的磨损会大大加快，因为履带负载和张力都增高了。一般来说，填塞影响是无法控制的，除非不断清洁，去除这些杂质。

因此至少要每天都彻底清洁底盘，或根据作业地点泥土状况更频繁地清洁。

履带张紧度的检查如图6-5-2所示。

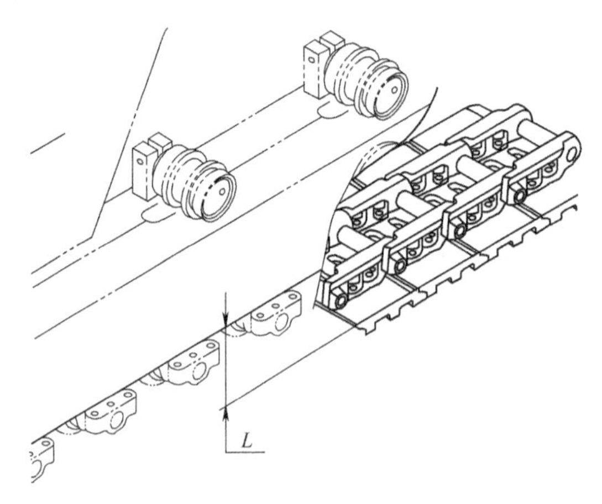


图6-5-2　履带张紧度检查

① 使用动臂和斗杆将上部结构向一侧回转，并升起履带。缓慢地操作控制杆完成此运动。

② 缓慢地以正向和反向多次转动履带。反向移动时停止履带。

③ 测量履带架中心处的履带架与履带之间的间隙（$L$），即履带架底部和履带板上部表面之间的间隙。

④ 根据土壤特性调整履带张紧度（见表6-5-1）。

表6-5-1　建议的履带张紧度

| 工作条件 | 间隙 $L$/mm |
| --- | --- |
| 一般泥土 | 320～340 |
| 多石地面 | 300～320 |
| 硬度适中的土壤，如砂砾、沙子、积雪等 | 340～360 |

2. 履带张紧度调整

重要！阀门（A）可能突然因油缸中压缩润滑脂的高压而突然脱开。松开阀门（A）时，不要松开超过一圈。

重要！不要松开其他部件，除了阀门（A）。站在阀门弹出轨迹的范围外。如果张力无法通过说明的方法调整，请联系 Volvo CE 授权经销商的维修部。

张紧履带的操作如图 6-5-3 所示：

① 使用高压黄油枪通过黄油嘴（B）来填充润滑脂。

② 移动机器向前向后以检查张紧度。

③ 再次检查张紧度。如果不正确，再次调整。

放松履带操作如图 6-5-3 所示：

① 缓慢松开阀门（A）以排放润滑脂，但是不要超过一圈。如果润滑脂无法顺利排放，向前向后移动机器。

② 关闭阀门（A），但是不要过度拧紧，因为安装件可能损坏。

③ 把移动机器向前向后移动以检查张紧度。

④ 再次检查张紧度。如果不正确，再次调整。

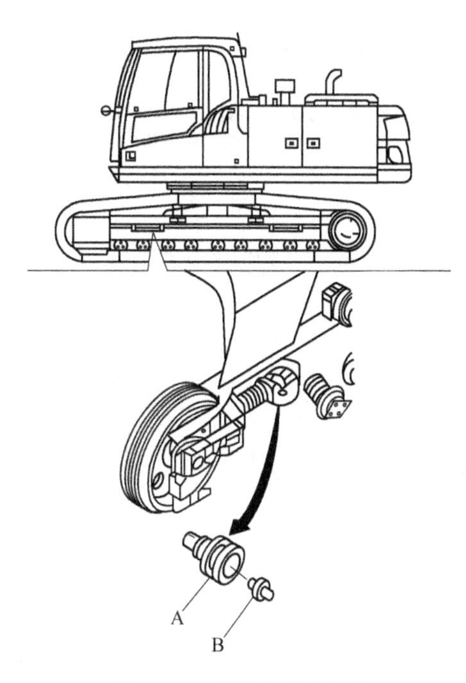


图 6-5-3　履带张紧度调整
A—阀门；B—黄油嘴

## 三、履带板螺栓检查

每天都要检查履带板螺栓。如果履带板螺栓（A）松动，履带板很可能会损坏。前面已介绍过其检查和调整方法。

## 技能操作

| 任务名称 | VOLVO 挖掘机行走驱动单元维护 |
|---|---|
| 任务载体 | 沃尔沃________挖掘机 |
| 能力目标 | 掌握挖掘机行走驱动单元的维护操作 |

一、请填写操作对象的基本信息

机型：________________　　组别：__________

发动机型号：________________　　日期：__________

二、决策与计划

根据任务要求确定所需要的仪器与工具，对小组成员进行合理分工，制订实施方案。

1. 请列出需要的仪器与工具：

仪器名称：　　　　　　工具名称：

2. 小组成员分工：

3. 实施方案：

续表

三、实施

记录行走驱动单元保养操作的过程要点：

1. 履带驱动单元的齿轮油液位检查：

2. 履带驱动单元内的齿轮油更换：

3. 履带张紧度检查：

4. 履带张紧度调整：

5. 履带板螺栓检查：

6. 行走驱动单元作业注意事项：

四、检查与评估

检查

行走驱动单元维护保养后，记录如下数据：

1. 履带的张紧度：________________ mm。

2. 履带板螺栓扭矩抽查：________________ N·m。

其他检查：________________。

评估

1. 自评

| | | | | |
|---|---|---|---|---|
| 工量具使用 | A | B | C | D |
| 技能操作 | A | B | C | D |
| 工单填写 | A | B | C | D |

2. 互评

| | | | | |
|---|---|---|---|---|
| 工量具使用 | A | B | C | D |
| 技能操作 | A | B | C | D |
| 工单填写 | A | B | C | D |

3. 教师评价

| | | | | |
|---|---|---|---|---|
| 工量具使用 | A | B | C | D |
| 技能操作 | A | B | C | D |
| 工单填写 | A | B | C | D |

评语：________________

________________

学生成绩：________

操作前需认真阅读内容：任务 5 行走驱动单元维护。

# 任务 6　空调系统维护

## 学习目标

**知识目标：**

1. 了解挖掘机空调系统保养项目及保养周期；
2. 了解挖掘机空调系统维护保养所需耗材的常识；
3. 掌握挖掘机空调系统维护保养的操作方法；
4. 掌握挖掘机空调系统维护保养的安全事项。

**能力目标：**

能完成挖掘机空调系统维护保养各项作业。

## 相关知识

### 一、空调滤清器的清洁

如果空调滤清器堵塞，空气流、制冷和制暖能力将减少。因此要定期清洁。一般每250h 清洁一次预滤器，每 500h 清洁一次主滤清器。每 1000h 更换一次滤清器。

重要！本系统含有加压的制冷剂 HFC（R134a）。根据法律，HFC 不可有意释放出来。修理制冷系统和给该系统加注制冷剂的工作只可由受过专门训练的人员执行。

如图 6-6-1 所示，步骤如下：

① 松开螺栓（A）。

② 拉动预滤器（C）上的滤清器杆（B）。

③ 打开 4 个栓销，打开盖子（D）并取出主滤清器。

④ 用压缩空气清洁滤清器。

⑤ 如果该滤清器已经损坏，或严重污染，就用新的更换。

⑥ 安装滤清器，按相反顺序组装它们。

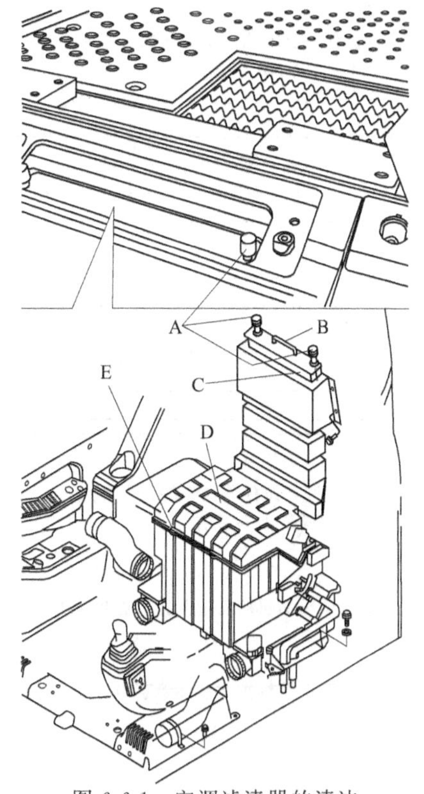

图 6-6-1　空调滤清器的清洁

### 二、空调压缩机的皮带张力检查

每 500h 检查一次皮带。在正确的皮带张力下，可以压下皮带大约（110±10）mm。如果必要，进行调节。如图 6-6-2 所示，操作步骤如下：

① 松开螺母（C）。

② 用调节螺母（B）调节张力。

③ 拧紧螺母（C）。

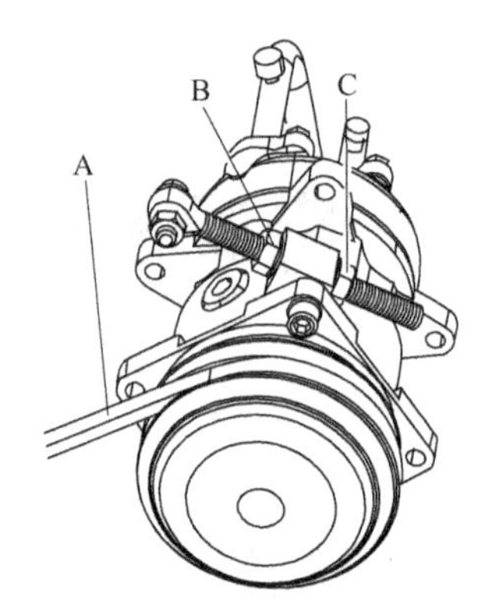


图 6-6-2 空调压缩机皮带张紧度调节
A—空调皮带；B—调节螺母；C—螺母

## 技能操作

| 任务名称 | VOLVO 挖掘机空调维护 |
|---|---|
| 任务载体 | 沃尔沃＿＿＿＿＿挖掘机 |
| 能力目标 | 掌握挖掘机空调的维护操作 |

一、请填写操作对象的基本信息

机型：＿＿＿＿＿＿＿＿＿＿＿＿＿＿＿＿　　组别：＿＿＿＿＿＿＿＿

发动机型号：＿＿＿＿＿＿＿＿＿＿＿＿＿＿　　日期：＿＿＿＿＿＿＿＿

二、决策与计划

根据任务要求确定所需要的仪器与工具，对小组成员进行合理分工，制订实施方案。

1. 请列出需要的仪器与工具：

仪器名称：　　工具名称：

＿＿＿＿＿＿＿＿＿＿＿＿＿＿＿＿　＿＿＿＿＿＿＿＿＿＿＿＿＿＿＿＿

＿＿＿＿＿＿＿＿＿＿＿＿＿＿＿＿　＿＿＿＿＿＿＿＿＿＿＿＿＿＿＿＿

＿＿＿＿＿＿＿＿＿＿＿＿＿＿＿＿　＿＿＿＿＿＿＿＿＿＿＿＿＿＿＿＿

＿＿＿＿＿＿＿＿＿＿＿＿＿＿＿＿　＿＿＿＿＿＿＿＿＿＿＿＿＿＿＿＿

2. 小组成员分工：

＿＿＿＿＿＿＿＿＿＿＿＿＿＿＿＿＿＿＿＿＿＿＿＿＿＿＿＿＿＿＿＿

＿＿＿＿＿＿＿＿＿＿＿＿＿＿＿＿＿＿＿＿＿＿＿＿＿＿＿＿＿＿＿＿

3. 实施方案：

＿＿＿＿＿＿＿＿＿＿＿＿＿＿＿＿＿＿＿＿＿＿＿＿＿＿＿＿＿＿＿＿

＿＿＿＿＿＿＿＿＿＿＿＿＿＿＿＿＿＿＿＿＿＿＿＿＿＿＿＿＿＿＿＿

＿＿＿＿＿＿＿＿＿＿＿＿＿＿＿＿＿＿＿＿＿＿＿＿＿＿＿＿＿＿＿＿

三、实施

记录空调系统保养操作的过程要点：

1. 空调滤清器的清洁：

2. 空调压缩机的皮带张力检查与调整：

3. 空调系统维护作业注意事项：

续表

四、检查与评估

检查

空调维护保养后，进行如下检查：

1. 启动发动机，启动空调制冷功能，检查制冷情况，出风口温度__________℃。

2. 检查空调管路的密封：__________。

3. 启动发动机，检查空调压缩机皮带传动情况：__________。

4. 启动空调制冷功能，检查冷凝器上下温差情况：__________。

其他检查：__________。

评估

1. 自评

| | | | | |
|---|---|---|---|---|
| 工量具使用 | A | B | C | D |
| 技能操作 | A | B | C | D |
| 工单填写 | A | B | C | D |

2. 互评

| | | | | |
|---|---|---|---|---|
| 工量具使用 | A | B | C | D |
| 技能操作 | A | B | C | D |
| 工单填写 | A | B | C | D |

3. 教师评价

| | | | | |
|---|---|---|---|---|
| 工量具使用 | A | B | C | D |
| 技能操作 | A | B | C | D |
| 工单填写 | A | B | C | D |

评语：__________

学生成绩：__________

操作前需认真阅读内容：任务 6 空调系统维护。

# 任务 7　工作装置维护

## 学习目标

**知识目标：**

1. 了解挖掘机工作装置的保养项目及保养周期；
2. 了解挖掘机工作装置各保养项目所需耗材的常识；
3. 掌握挖掘机工作装置维护保养的操作方法；
4. 掌握挖掘机工作装置维护保养的注意事项。

**能力目标：**

能完成挖掘机工作装置维护保养各项作业。

## 相关知识

### 一、铲斗齿的更换

应在适配器磨损完之前就更换铲斗齿。

将铲斗放低到地面，并以方便工作的姿态放置铲斗，更换铲斗齿前应停止发动机。如图6-7-1所示。

1. 标准类型（横向销）

① 水平放低铲斗，将其放在一个限位块上。

② 停止发动机，并向下移动控制锁止杆向下，安全地锁止系统。

③ 用一把锤子和冲头敲出销（B）。小心不要损坏锁定垫圈（C）。使用一个直径比销小的圆棒作为冲头。

④ 清洁配接器（D）的表面并插入一个新锁定垫圈（C）到正确位置，然后安装一个新的齿（A）。

⑤ 将销（B）敲进销槽，直到销和齿平齐。

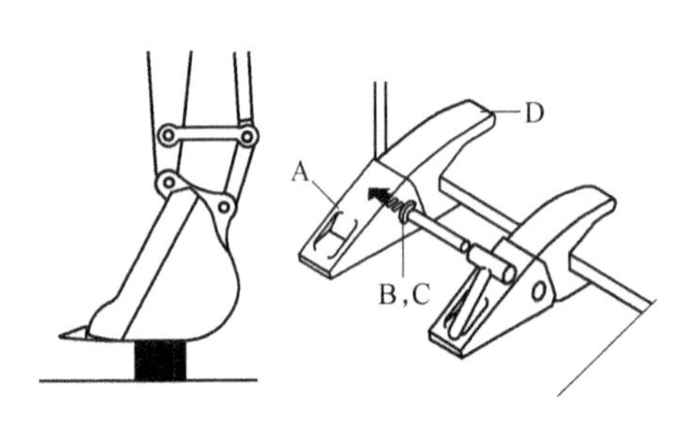


图 6-7-1　铲斗齿的更换

2. 用于 VOLVO 齿系（VTS）

在适配器磨损完之前就更换铲斗齿。

为了使对齿的更换更加方便，可能要求一个专用工具。该工具根据齿的尺寸有不同尺寸。操作如图6-7-2、图6-7-3所示。

拆除齿：

① 水平降低铲斗到一个限位块上并将它轻微地向上弯曲。

② 停止发动机，并向下移动控制锁止杆向下，安全地锁止系统。

③ 清洁齿适配器锁定装置的开口。

④ 用一把锤子和专用工具或其他合适的冲头敲出锁定装置。

⑤ 拆除齿。

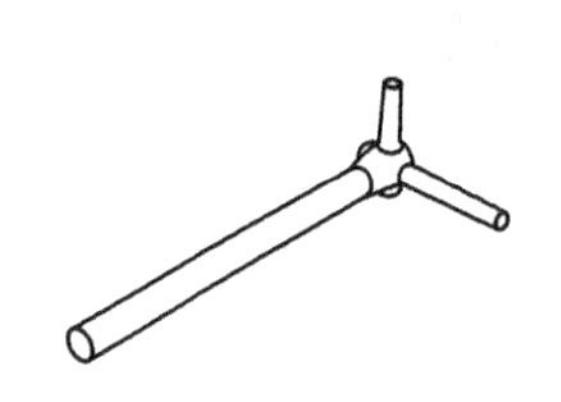

图 6-7-2　斗齿拆装专用工具

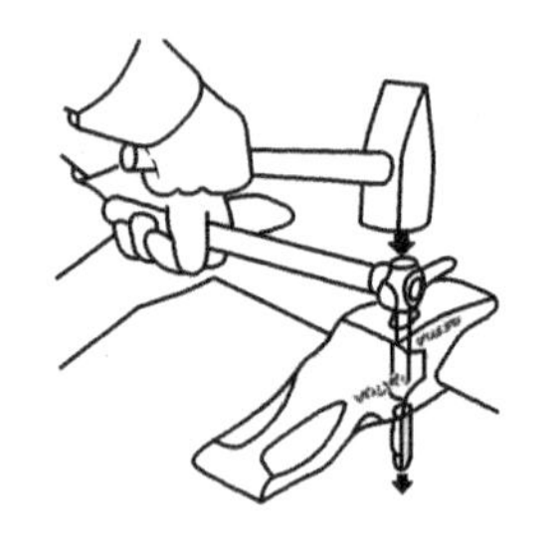

图 6-7-3　敲出锁定装置

如图6-7-4、图6-7-5所示，安装齿：

① 清洁齿适配器的前部和锁定装置的孔。

② 安装齿，使得导耳装配到齿适配器凹槽中。

③ 用一个新元件更换锁定位器（B）。

④ 安装锁定装置，使斜面零件向下并使锁固定器向前。

⑤ 用一把锤子向下敲锁定装置，直到它与齿适配器的上部平齐。

⑥ 用一把锤子和该工具或其他合适的冲头进一步向下敲锁定装置，直到上部恰好在孔中刻线的下面。

注意！更换钢销以及齿适配器。

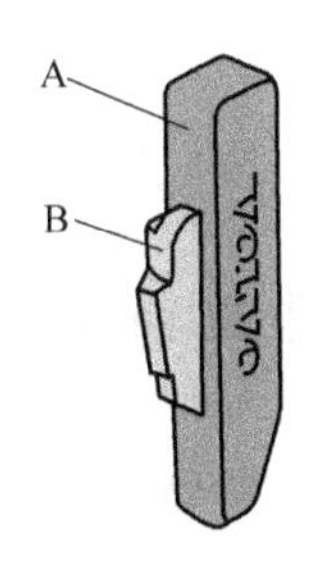


图 6-7-4　斗齿锁定装置

A—钢销；B—锁定位器

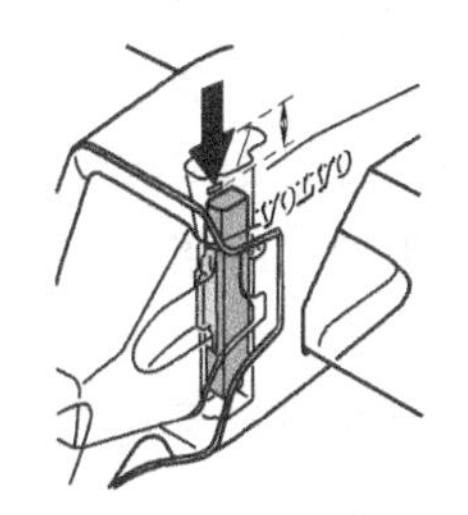


图 6-7-5　锁定装置应当恰好在刻线的下面

## 二、挖掘机的润滑

1. 润滑部位

在开始的 100h 中，每 10h 或者每天给挖掘机单元上润滑脂。

新机操作第一个 100h 后，每 50h 或每周给挖掘机上润滑脂。

注意！在艰苦的操作条件下，在污泥、水和磨碎材料可能进入齿轮轴承时，或在使用液压剪后，每 10 个作业小时就应该润滑挖掘机装置。

用手涂润滑脂时，如图 6-7-6 所示，把附属装置降低到地面，让发动机熄火。

使用一个手动或电动的黄油枪通过黄油嘴来润滑。

挤入润滑脂后，完全清除多余而溢出的油脂。

在水下工作后，要立即润滑浸湿的部件，例如铲斗销，并且去掉旧的润滑脂，而不论润滑间隔时间是否已到。

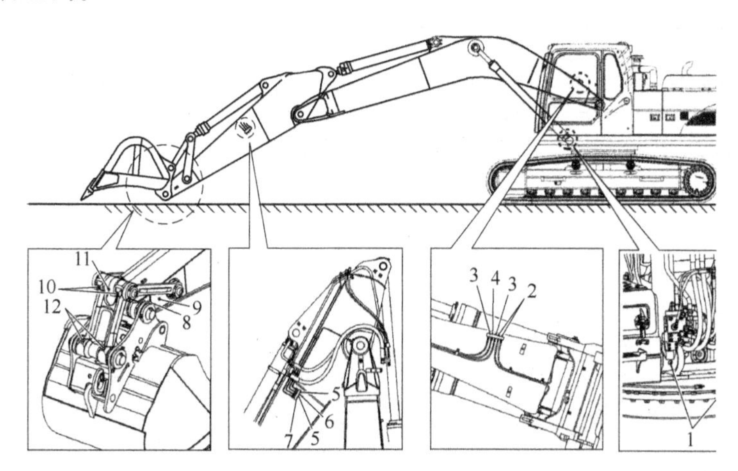


图 6-7-6　挖掘机单元润滑点

1—动臂油缸安装销（2 点）；2—动臂安装销（2 点）；3—动臂油缸杆端销（2 点）；
4—斗杆油缸安装销（1 点）；5—动臂和斗杆之间的销（2 点）；6—斗杆油缸杆端销（1 点）；
7—铲斗油缸装配销（1 点）；8—斗杆和铲斗之间的销（1 点）；
9—斗杆和连接件之间的销（1 点）；10—连接杆和连接件之间的销（2 点）；
11—铲斗油缸杆端销（1 点）；12—铲斗和连杆之间的销（2 点）

2. 润滑

润滑是保养维护工作的重要部分之一。如果机器润滑方式正确，则垫圈、轴承和轴承销的使用寿命可以大大延长。有一个润滑表可使润滑工作更加简便，也减少了遗忘某些润滑点的危险。润滑表与润滑材料可参阅知识拓展部分。

润滑有两个主要目的：

按顺序给轴承上润滑脂，减少销和轴承之间的磨损；

更换旧的脏的润滑脂。在外密封件里面储存的润滑脂可以收集脏物和水，防止它们进入轴承。

在使用润滑脂前，要先擦干净黄油嘴和黄油枪，以免因为润滑油脂引入沙土和脏东西。

## 技能操作

| 任务名称 | VOLVO 挖掘机工作装置维护 |
|---|---|
| 任务载体 | 沃尔沃_________挖掘机 |
| 能力目标 | 掌握挖掘机工作装置的维护操作 |

一、请填写操作对象的基本信息

机型：____________________ 组别：____________

发动机型号：________________ 日期：____________

二、决策与计划

根据任务要求确定所需要的仪器与工具，对小组成员进行合理分工，制订实施方案。

1. 请列出需要的仪器与工具：

仪器名称： 工具名称：

2. 小组成员分工：

3. 实施方案：

三、实施

记录工作装置维护操作的过程要点：

1. 铲斗齿的更换：

2. 挖掘单元润滑：

3. 工作装置维护作业注意事项：

四、检查与评估

检查

工作装置维护保养后，进行如下检查：

1. 启动发动机，通过试挖掘检查斗齿的安装情况：____________________。

2. 启动发动机，活动铲斗及大斗杆，检查挖掘单元润滑点情况：____________________。

其他检查：________________________________________。

续表

评估

1. 自评

| 工量具使用 | A | B | C | D |
|---|---|---|---|---|
| 技能操作 | A | B | C | D |
| 工单填写 | A | B | C | D |

2. 互评

| 工量具使用 | A | B | C | D |
|---|---|---|---|---|
| 技能操作 | A | B | C | D |
| 工单填写 | A | B | C | D |

3. 教师评价

| 工量具使用 | A | B | C | D |
|---|---|---|---|---|
| 技能操作 | A | B | C | D |
| 工单填写 | A | B | C | D |

评语：________________________________________

________________________________________

学生成绩：__________

操作前需认真阅读内容：任务 7 工作装置维护。

## 思考题

1. 挖掘机维护保养的注意事项有哪些?
2. 挖掘机发动机维护的项目有哪些? 请一一列举出来。
3. 挖掘机液压系统维护为什么要释放液压系统压力? 如果不释放会有什么后果?
4. 挖掘机液压系统维护的项目有哪些? 请一一列举出来。
5. 挖掘机电气系统维护的项目有哪些? 请一一列举出来。
6. 挖掘机回转驱动单元维护的项目有哪些? 请一一列举出来。
7. 挖掘机行走驱动单元维护的项目有哪些? 请一一列举出来。
8. 挖掘机空调系统维护的项目有哪些? 请一一列举出来。怎么避免制冷剂对人的伤害?
9. 挖掘机工作装置维护的项目有哪些? 请一一列举出来。
10. 挖掘机防冻液浓度的配比与冰点是什么关系? 有哪些规律?
11. 为什么液压锤使用的频率会影响回油滤清器的更换周期?
12. 挖掘机所用润滑材料与使用的环境温度有什么关系?

# 项目七　工程机械技术状态检测与挖掘机性能检测

## 任务 1　工程机械技术状态检测

### 学习目标

知识目标：

1. 了解工程机械技术状态检测的目的及任务；
2. 了解工程机械技术状态检测的种类及方法；
3. 掌握工程机械技术状态在线监测与故障诊断一体化技术的原理；
4. 掌握工程机械技术状态远程监控与管理信息一体化技术的原理。

### 相关知识

随着现代科学技术在设备上的应用，现代工程机械设备的结构越来越复杂，功能越来越齐全，自动化程度越来越高。由于许多无法避免的因素影响，会导致设备出现各种故障，从而降低或失去预定的功能，甚至会造成严重的事故，带来极大的经济损失和人员伤亡。

因此，在一定的使用周期内，对工程机械进行技术状态的跟踪、检测有着积极的意义。

工程机械技术状态检测是指在设备运行中或基本不拆卸的情况下，掌握设备运行状况，判断产生故障的部位和原因，以及预测预报设备状态的技术。

#### 一、工程机械技术状态检测的目的及任务

通过对工程机械技术状态的检测能监视设备的状态，判断其是否正常，预测和诊断设备的故障并消除故障，指导设备的管理和维修，并做到以下几点：

① 能及时、正确地对各种异常状态或故障诊断做出诊断，预防或消除故障，对设备的运转进行必要的指导，提高设备运行的可靠性、安全性和有效性，以期把故障损失降低到最低水平。

② 保证设备发挥最大的设计能力。制订合理的检测维修制度，以便在允许的条件下充分挖掘设备潜力，延长设备服役期限和使用寿命，降低设备全寿命周期费用。

③ 通过检测监视、故障分析、性能评估等，为设备结构改造、合理制造及生产过程提供数据和信息。

工程机械技术状态检测的发展经历了三个阶段，即早期的事后检测、维修方式，发展到定期预防性检测、维修方式，现在正向视情检测、维修发展。

定期检测维修是按机械运转小时（或公里）或机械技术状态进行的有计划维修，其中预

定维修是按每工作 250h、500h、1000h、2000h、4000h 进行的强制性保养作业为主的预防维修，是目前各工程机械品牌采用得最多的方法。定期检测维修制度可以预防事故的发生，但可能出现过剩维修或不足维修的弊病。

而视情检测维修是按日常点检、参数监测及性能测试结果安排的预防维修。视情检测维修是一种更科学、更合理的维修方式，但要能做到视情维修，其条件是有赖于完善的状态监测和故障诊断技术的发展和实施，这也是国内外近年来对故障诊断技术如此重视的一个原因。

## 二、机械设备诊断技术的分类

按诊断方法可分为简易诊断与精密诊断。

简易诊断是指利用一般的简易测量仪器对工程机械设备进行检测，根据测得的数据分析设备的工作状态，如利用压力表测量挖掘机的液压系统的压力，根据测得的压力对挖掘机的性能进行判别。或利用便携式振动测试仪对机械设备不同的部位及不同的工作状态的振动进行测量，用便携式数据采集器对振动信号采集下来后带回去再进行频谱分析以确定机器设备的性能及故障。

因简易诊断所需设备小，操作简单容易，是目前较常用的工程机械技术状态检测手法，但这种手法受到临场经验、背景资料及对设备的熟悉程度的限制，人为因素影响较大。

精密诊断是指利用较为完善的分析仪器或诊断设备对工程机械设备进行检测诊断，这种装置配有较完善的分析、诊断软件。精密诊断技术一般用于大型、复杂的机械设备，如矿用大型挖掘机、盾构设备等。

## 三、检测信息的获取方法

1. 直接观测法

应用这种方法对机器状态做出判断主要靠人的经验和感官，且限于能观测到的或接触到的机器零部件。

2. 参数测定法

根据设备运动的各种参数的变化来获取故障信息是广泛应用的一种方法。

其他如噪声、温度、速度、压力、变形、胀差、阻值等参数也是故障信息的重要来源。

3. 磨损残渣测定法

测定机器零部件如轴承、齿轮、活塞环等的磨损残渣在润滑油中的含量，也是一种有效的获取故障信息的方法，根据磨损残渣在润滑油中含量及颗粒分布可以掌握零件磨损情况，并可预防机器设备故障的发生。

4. 设备性能指标的测定法

设备性能的测定法包括整机及零部件性能，通过测量机器性能及输入、输出量的变化信息来判断机器的工作状态也是一种重要方法。

例如，柴油机耗油量与功率的变化，机床加工零件精度的变化，风机效率的变化等均包含着故障信息。

对机器零部件性能的测定，主要反映在强度方面，这对预测机器设备的可靠性，预报设备破坏性故障具有重要意义。

各种信息的获取中具体可分为振动和噪声的检测，通过探伤进行材料裂纹及缺陷损伤的检测，温度、压力、流量等参数变化的检测。

在温度测量中除常规使用的装在机器上的热电阻、热电偶等接触式测温仪外，目前在一些特殊场合使用的非接触式测温方法如红外测温仪和红外热像仪，对物体的热辐射进行测量。

本项目任务2中VOLVO-EC210B挖掘机部分性能测试则属于参数测定法与设备性能指标测定法的具体应用，通过测量相应参数与性能指标与标准值的比较，衡量液压泵、液压马达、油缸与阀芯等液压部件的密封、发动机功率等性能的好坏。

## 四、诊断参数的选择和判断标准

1. 诊断的原则

对机械进行状态检测，必须测出与机械状态有关的信息参数，然后与正常值、极限值进行比较，才能确定目前机械的状态。诊断参数是指为达到诊断目的而定的特征量。信息参数是表征检测对象状态的所有参数。选择诊断参数应遵循以下几个原则：

(1) 诊断参数的多能性　一个参数的多能性应理解为它能全面地表征诊断对象状态的能力。机械中的一种劣化或故障可能引起很多状态参数的变化，而这些参数均可以作为诊断的信息参数，最终要从它们当中选出包含最多诊断信息、具有多性能的诊断参数。

(2) 诊断参数的灵敏性　选取的参数在机械发生劣化或故障时随着劣化或故障趋势而变化，该参数的变化较其他参数更为明显。

(3) 诊断参数应呈单值性　随着劣化或故障的发展，诊断参数的变化应该是单值递增或递减，即诊断参数值的大小与劣化或故障的严重程度有较确定的关系。

(4) 诊断参数的稳定性　在相同的测试条件下，所测得的诊断参数值离散度要小，即重复性好。

(5) 诊断参数的物理意义　诊断参数应具有一定的物理意义，且能量化，即可以用数字表示且便于测量。

2. 诊断的周期

诊断工作伴随着机械的整个寿命周期。在使用阶段，根据机械的运行状况可对机械实行正常运行诊断和服务于维修的定期诊断。对定期诊断的机器，需要确定其诊断周期。

此外，根据当前的测定值和过去测定值确定下一次检测时间的“适时检测”是比较好的方法。

3. 诊断标准的确定

在测得检测参数后，就需要判断所测出的值是正常还是异常。其方法是将实测数据与标准值进行比较。判断标准共有三种，需按诊断对象来确定采用哪一种。

(1) 绝对判断标准　是指根据对某类机械长期使用、观察、维修与测试后的经验总结，并由企业、行业协会或国家颁布，作为一标准供工程实践使用。

(2) 相对判断标准　是指对机器的同一部位定期测定，并按时间的先后进行比较，以正常情况下的值为初始值，根据实测值与该值的比值来判断的方法。

(3) 类比判断标准　是指数台同样规格的机械在相同的条件下运行时，通过各台机械的同一部位进行测定和互相比较来掌握其劣化程度的方法。

## 五、在线监测与故障诊断一体化技术

随着工程机械广泛应用电子控制与信息处理技术，安装了大量高可靠性传感器，直接监测各部运行状态的特征参数，同时通过机载电脑处理后显示故障类别或故障部位，供维修人员辅助故障诊断。

1. 内置自诊断系统

在沃尔沃、小松、神钢、大宇、现代等公司的液压挖掘机上，都设计有自诊断系统。利用嵌入式芯片在线监测进行故障诊断的好处是：①能及时发现机电系统隐患和记录故障形成历程；②可自动区分机电液一体化系统的故障类别，判断故障起因于何种子系统（发动机系统、电子系统、液压系统），迅速进行故障定位（故障部位、部件）；③能减少人为诊断时间，及时进行故障处理。

利用自诊断系统以显示故障历程、故障代码。根据故障代码提示的相关电路，进一步诊断传感器、接插件、电磁阀等故障点。

自诊断系统提供的是一种辅助诊断方法，而且主要是与电气电子、系统有关的故障。对于液压系统本身（未显示代码）的大量故障可参照维修手册提示的程序，进一步检查与液压泵、液压阀、液压马达及附件有关的故障。

2. 专用电子诊断装置

（1）卡特彼勒公司的ET　在卡特彼勒3126B型发动机上，采用了HEUT（液压作用电控单体喷油器）燃油系统H13000，配之以ADEM2000电控系统。

当发动机出现功率下降、燃油耗增大、噪声增大或故障指示灯点亮时，就要进行故障诊断。利用卡特彼勒公司提供的ET（电子技师），将其接到电控模块旁的数据连接诊断插座上，就可以进行电磁阀、驱动压力和断缸的测试等，进行故障排查。

（2）日立建机的Dr. EX　现在日立公司提供的故障诊断工具Dr. EX（电脑医生）是一台装有诊断软件的掌上电脑。将Dr. EX接到MC（主控制器）或ICX（信息控制器）的插座上，就可以自诊断，以故障代码形式指示控制器和传感器是否正常。此外，Dr. EX还有3种监控模式，显示设定学习功能的数值，调整发动机转速、泵输出流量及电液比例阀输出的二次油压等。

（3）沃尔沃建筑设备的MATRIS　在沃尔沃装载机上设计有MATRIS（机器跟踪信息系统），在电控单元（ECU）中的油温、水温、制动压力以及发动机转速等数据，都可通过连接到驾驶室内诊断插座上的标准笔记本电脑显示或打印出来。

## 六、远程监控与管理信息一体化技术

工程机械走向“机电液一体化”，而信息化的重要组成部分是应用远程监控系统，实现自动化、集成化的管理。

远程监控系统利用机载终端，对工程机械运行中的技术状态和管理信息（地理位置、施工进度等）进行监测。通过通信网络，由远程监控服务中心向终端用户或技术服务商提供状态检测、故障诊断等服务。下面以沃尔沃的Care Track系统为例说明远程监控系统的工作原理。

Care Track远程信息处理和远程计算机管理系统是由沃尔沃建筑设备制造商开发，应用在沃尔沃建筑设备上的硬件和软件系统，通过移动网络GSM或GPRS来传输数据。Care Track远程访问机器上的信息，可以帮助识别机器，以及机器操作可以改善的地方，帮助提高生产率和降低成本。

通过安装在机器上的终端装置W-ECU2（包括专用天线、传感器、嵌入式微处理器等），利用GPS（全球定位系统），在发送设备地理信息的同时，可将机器的运转小时数、发动机运转参数、液压压力等工况参数，由地面天线发送后经电信数据中心和沃尔沃的网络服务器，传输到相关的计算机或手机终端，供用户或代理店使用。

机载终端装置由嵌入式微处理器、GPS 模块、GPRS 模块等组成。处理器通过 CAN（控制局域网）总线与机器上的多个智能传感器通信。这些传感器采集各种运行参数，如发动机油压、水温、变速箱油压、制动压力及液压油温度等数据。CAN 总线技术，支持分布式控制和实时控制的串行通信网络，抗干扰性强，使用可靠。

GPS 模块用于获得当前的地理位置信息。接口用于在线编程和对内部节点进行测试。GSM（短信通信平台）或 GPRS（手机上网）模块，通过通信网络，“按时”（如每隔 1h 发送 1 次）或“按需”（当监控中心有呼叫请求或有故障报告时）传达到监控服务中心，由监控中心对机器运行状态实现远距离监控。

用于沃尔沃挖掘机上的远程监控终端装置 W-ECU2 外形及安装方案如图 7-1-1 所示。

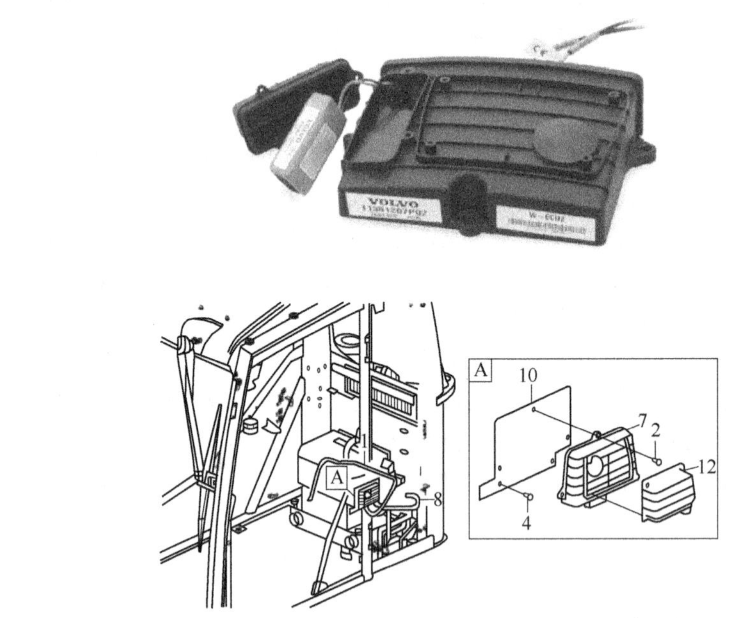


图 7-1-1　沃尔沃 Care Track 系统远程监控终端 W-ECU2 及在挖掘机上的安装方案

Care Track 的信息流如图 7-1-2 所示。

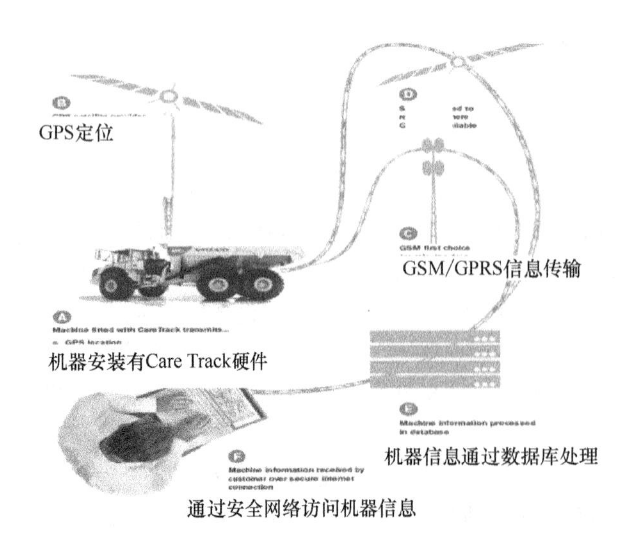


图 7-1-2　沃尔沃 Care Track 系统的信息流

对最终客户（机器的所有者）可以从任何一台计算机或手机与互联网接入远程监控其机器，可以通过 Care Track 访问的信息包括：

（1）小时运营和燃料消耗　Care Track 可以为客户提供一个特定的机器，或整个车队的小时运营和燃料消耗的状态每日更新数据表。

（2）本机的位置　Care Track 可以为客户提供机器的具体地理位置信息。

（3）错误代码和报警　Care Track 可以通过电子邮件和手机信息

立即提醒客户机器仪表板上的报警以及潜在的滥用机器危险。

这些信息都是通过给经销商和客户的 Care Track 门户网站提供。

对于代理商，Care Track 是一个远程信息处理远程计算机管理系统，可以通过 Care Track 访问的信息包括：提出新的和积极的机器管理监控方式，提供服务策划和咨询等领域的业务服务。

对沃尔沃建筑设备制造商，通过 Care Track 访问的信息包括：提出系统的解决方案，以支持机器、零部件和服务的市场份额增长。同时，也通过机器返回数据的分析来确保未来的发展、机器的维护以及机器的改进。

Care Track 的网页系统如图 7-1-3 所示。

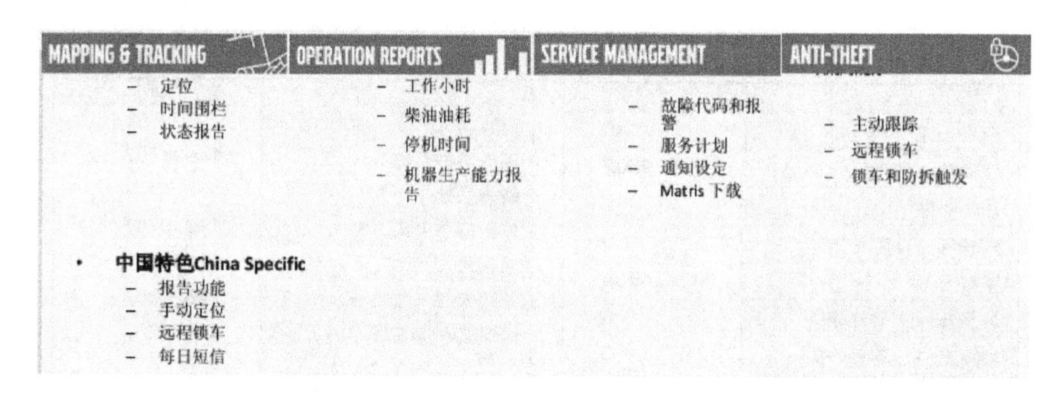


图 7-1-3　沃尔沃 Care Track 系统的网页系统

## 知识与能力拓展

### VOLVO 挖掘机的机器跟踪信息系统——Matris

Matris 是一种以电脑为平台的信息系统，清晰显示沃尔沃设备当前的使用情况及运行状态，Matris 的信息来源于连续注册在车辆控制单元（ECU）中的数据。通过连接驾驶室内的诊断接口，安装有 Matris 软件的标准笔记本电脑就可以轻松快捷地传输信息。Matris 信息一般以易懂的图标方式显示。

以挖掘机为例，通过 Matris 可以了解设备的以下信息：

## 一、机器的一般信息

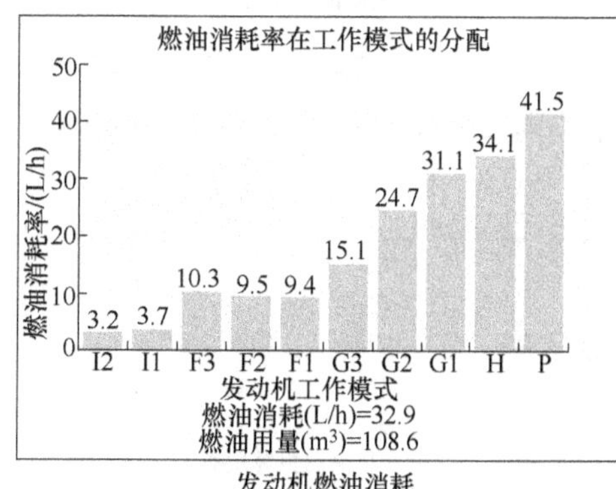


发动机燃油消耗

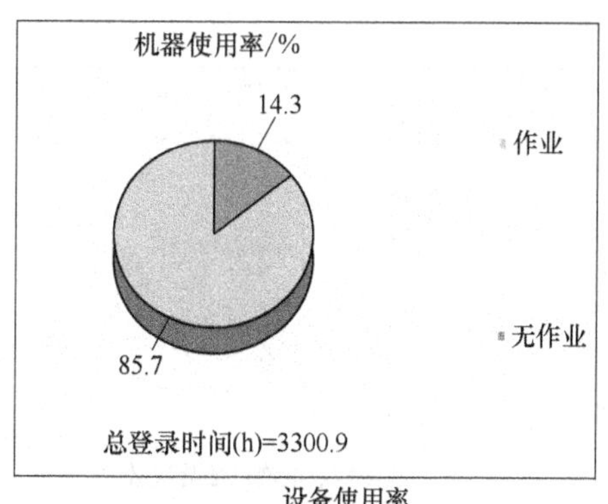


设备使用率

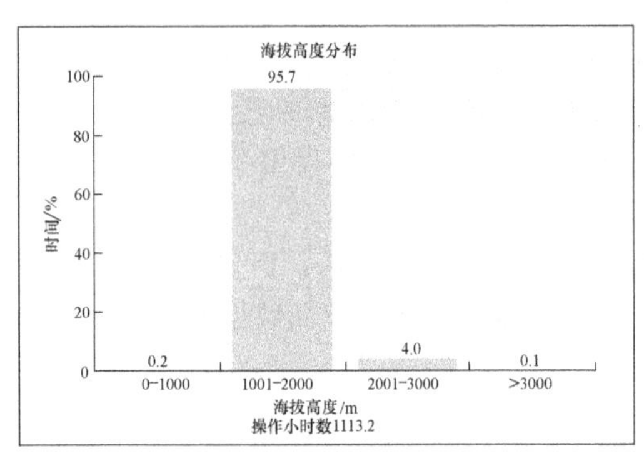


设备作业海拔分布

| | |
|---|---|
| ECU MID | 128 |
| 硬件零件号码 | 21300122 |
| 硬件问题 | 4 |
| 软件零件号码 | 21710484 |
| 软件问题 | 1 |
| 系列号 | 12110934 |
| 数据套件 1 零件号码 | 11449655 |
| 数据套件 1 问题 | 1 |
| 数据套件 2 零件号码 | 11449579 |
| 数据套件 2 问题 | 1 |

发动机控制单元(E-ECU)信息

| | |
|---|---|
| ECU MID | 140 |
| 硬件零件号码 | 14609502 |
| 硬件问题 | 1 |
| 软件零件号码 | 0 |
| 系列号 | 12524004 |
| 数据套件 1 零件号码 | 0 |
| 数据套件 2 零件号码 | 0 |

仪表控制单元(I-ECU)信息

| | |
|---|---|
| ECU MID | 187 |
| 硬件零件号码 | 14594707 |
| 硬件问题 | 1 |
| 软件零件号码 | 14640707 |
| 系列号 | 12183055 |
| 数据套件 1 零件号码 | 14620267 |
| 数据套件 2 零件号码 | 14639200 |

车辆控制单元(V-ECU)信息

## 二、发动机信息：

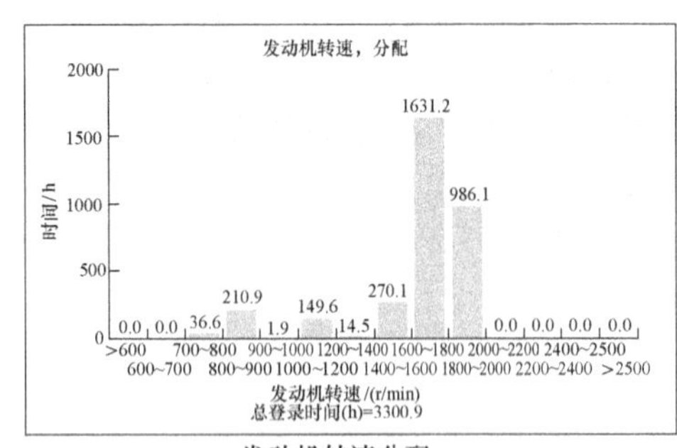


发动机转速分配

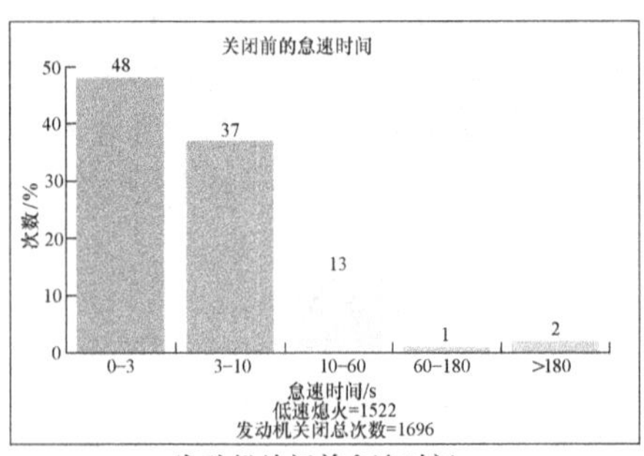


发动机关闭前怠速时间

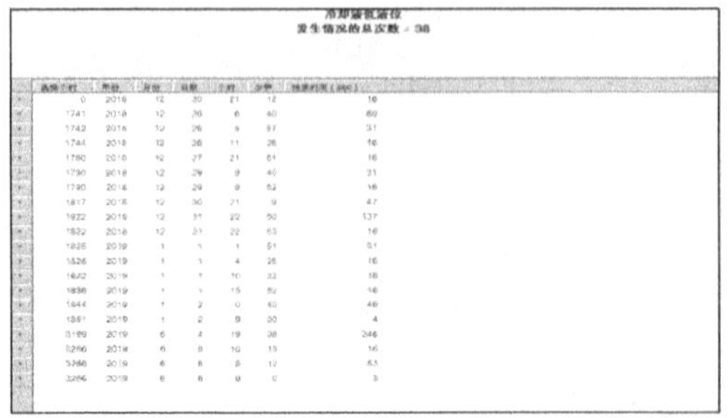

发动机冷却液低液位报警次数

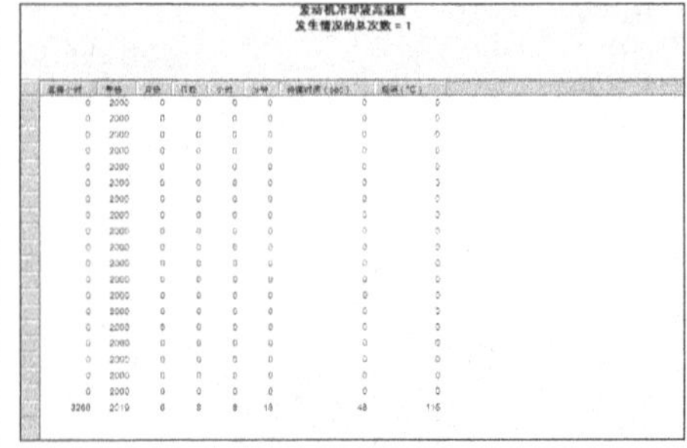

发动机高温报警次数

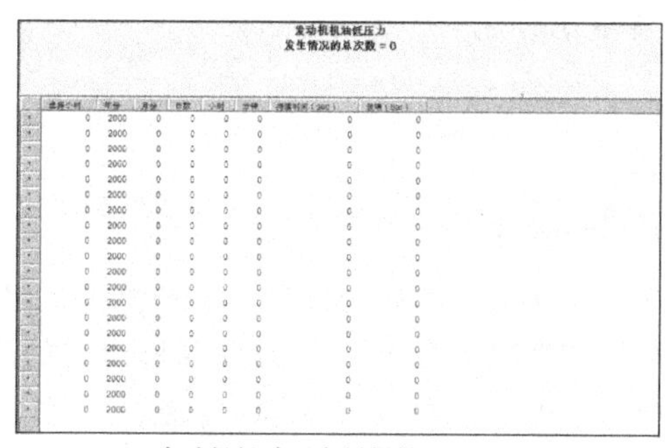


发动机机油压力低报警

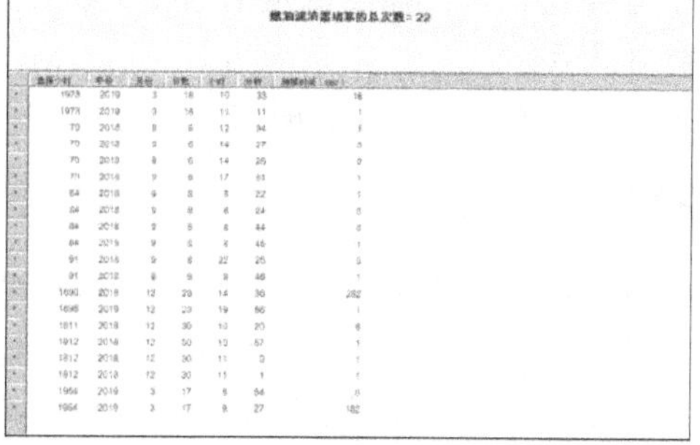


发动机燃油滤清器堵塞次数

## 三、液压系统

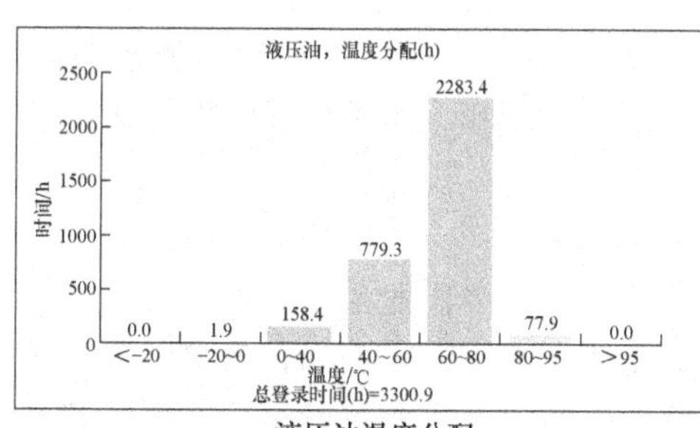


液压油温度分配

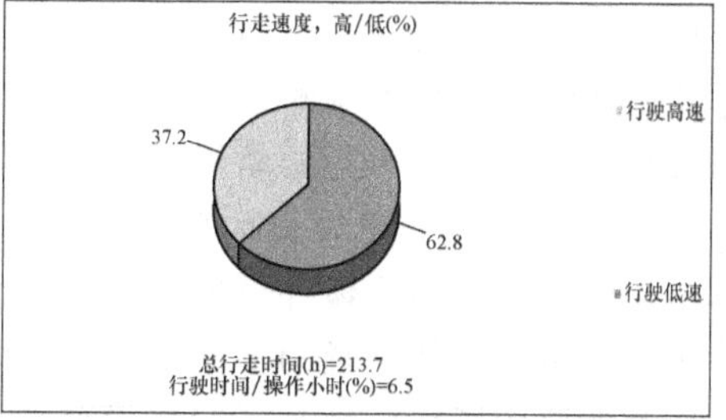


行走时间分配

通过以上一些图片信息，总结 Matris 软件功能如下：

① 从设备上读取设备运转数据。

② 在电脑上分析设备运转数据：

能够分析两个读取数据间不同；

能够在不同设备间比对；

能够分析趋势；

能够打印分析报告；

能够创建警报规则。

③ 输出到中央服务器和其他的 FTP 服务器的输出功能。

可以看出，Matris 软件为驾驶员、机主、机械工、代理商、产品专家、租赁公司、研发等所用，为故障诊断提供信息、是设备驾驶员培训的有效工具、能告诉客户他的设备实际情况是如何使用的、为设备管理部门提供相关数据用于深层次分析，便于管理和故障诊断，降低设备的保养和运行成本。

# 任务 2　挖掘机性能测试

## 学习目标

**知识目标：**

1. 了解挖掘机性能测试的意义；

2. 掌握挖掘机性能测试包括的各个项目及具体方法。

**能力目标：**

能完成挖掘机各项性能测试。

## 相关知识

挖掘机的制造必须要获得国家相关机构的许可及认证，才能允许投放市场销售。因此国家制定了相关挖掘机试验技术及评估方法。挖掘机试验的目的在于检查挖掘机产品的质量，确定各项实际参数，分析挖掘机的技术、经济指标，确定挖掘机在不同工作条件下的工作状况，以及研究采用新材料、新工艺、新结构的实际可能性。

整机性能试验重点检测内容为挖掘机表现出的作业参数、作业效率等整体性能。包括：主机外形尺寸及各项作业参数测定、整机重量及重心位置测定、接地比压测定、稳定性测定、挖掘力测定、回转试验、行走试验、爬坡性能试验、制动性能试验、最小转弯半径测定、作业循环时间和生产率测定、液压系统试验、应力试验、操纵装置操作力测定、驾驶室照明与视野、驾驶室噪声与振动等项目，综述如下：

1. 基本尺寸参数和重量、重心位置的测定

基本尺寸参数是指机体外形尺寸参数和作业参数，其中作业参数对挖掘机工作性能起着决定性影响。由于工作装置的不同，各参数的重要性也不一致，例如，反铲装置的最大挖掘深度是极为重要的指标，而对正铲装置来说，最大挖掘深度只是一般指标。测定基本尺寸参数要注意参数的定义，例如，动臂长度是指动臂下铰销中心到上铰销中心的距离。

整机重量是反映液压挖掘机性能和经济效果的重要指标，整机重量是液压挖掘机的三大主参数之一，反映着挖掘机的级别，通过整机重量指标，可以大致反映挖掘机的功率和斗容量，以及与作业尺寸之间的关系。

重心位置决定挖掘机静态稳定和作业稳定，影响机械工作性能和作业范围。根据国家标准规定，单斗液压挖掘机要根据铲斗最大外伸和最大回缩两种姿态来确定重心位置。

2. 作业性能试验

作业性能试验包括最大挖掘力、工作装置运动速度和作业状态下整机回转速度等的测定，以确定整机工作能力以及经济技术指标。

最大挖掘力按斗杆挖掘力和铲斗挖掘力两种情况进行测定，测定时发动机油门开到最大，根据设计时工作装置最大挖掘力位置进行多次调整动臂、斗杆、铲斗以及对应的三组液压缸之间的夹角，找出实际产生最大作用力的位置，然后利用测力计测定最大挖掘力，挖掘力的测试需要在挖掘力测试专用场地进行。

工作装置的运动速度利用相应液压油缸活塞杆的移动速度来测定，其测定工况时：

① 动臂提升：动臂从最低位置上升到最高位置。

② 动臂下降：动臂从最高位置下降至最低位置。

③ 斗杆单动作：动臂、铲斗均不作业，单独操作斗杆，斗杆以动臂与斗杆的连接销轴中心做全摆角运动，即斗杆液压缸的全行程运动。

④ 铲斗单动作：利用斗杆液压缸条件斗杆与铲斗的连接销轴位置，然后铲斗油缸做全行程运动。

整机回转速度按照挖掘机空斗、半斗和满斗三种状态根据工作装置全缩和全伸两种工况进行回转，当达到稳定转速以后测量回转若干圈所需的时间，再进行回转制动，测量制动时间和转角，据以计算制动减速度。

3. 行走性能试验

挖掘机的行走试验在平坦路面上进行，挖掘机以三种工作液压缸全伸出状态按各挡速度通过测试区，进入测区之前，要有一段适当的助跑距离，使挖掘机获得稳定速度。用光电传感器测定时间和距离，然后计算行走速度，测定直线行走性，一般规定直线行走50m，跑偏量不应大于5%。直线跑道要求平坦、清洁、干燥、坚实，履带式挖掘机应选用碎石土路面，跑道长度不小于50m，宽度不小于6m，纵向坡度不大于1%，横向坡度不大于1.5%。

爬坡性能试验时，挖掘机以最低挡速度在平地上起跑，然后爬上15°、20°、25°升坡，在坡道上仍需助跑一段距离然后进入测区，用光电传感器进行测试，计算爬坡速度和所需功率，履带式挖掘机的履带板带筋时应爬25°坡道，不带筋时应爬20°坡道，对于爬坡能力大于试验坡度的挖掘机，其功率和附着力均有潜力，可利用提高车速或加重物的办法，在该坡道上重复试验，直到发动机功率最大输出或挖掘机滑移为止，最后折算出最大爬坡角度。在最大坡道上，还要进行停车制动性能试验，测量挖掘机沿坡道下滑距离。对于行走性能和爬坡能力测试也可以用简单的秒表与皮尺完成。

平坦地面上，挖掘机以最低速度原地转弯，测量最小转弯半径，测点是外侧履带接地轨迹中点，若是轮式挖掘机，测量外设接地轨迹中心点所描出轨迹的半径。

4. 稳定性能试验

稳定性能试验就是测定挖掘机典型工况下的倾覆力矩。履带式液压挖掘机稳定性典型工况为前倾、后倾、侧倾，一般稳定性测试需要地磅和起吊测力装置。在上述工况下，分别测试力和倾覆点到载荷作用点水平距离，计算出倾覆力矩。

5. 液压试验及工作装置密封性能（沉降量）测定

液压系统试验的目的，在于确定系统的工作能力和系统效率，以评定所设计系统的性能，或通过对比试验分析研究各系统的主要特点，为挖掘机液压系统设计研究提供资料，液压系统试验主要是测定有关部位的压力、流量和温度，必要时，还要测量执行元件的线位移和/或角位移，液压系统试验可以在整机上进行，也可以在专门的试验台上进行，液压系统试验通常需要进行行走试验、回转试验、作业试验和复合动作试验等。

液压系统的行走试验工况，包括平地行走、转向、原地转弯、高速运行突然制动、低速爬坡和下坡制动等工况下的系统压力、流量和稳定变化的测量，测试部位是液压泵的出口和行走马达、工作油缸的进出口。

液压系统的回转试验，以空斗最大挖掘半径和满斗工作装置全缩、平均伸出和全伸出等位置测定启动、匀速和制动减速时的压力和流量变化情况，此时要综合显示泵的出口压力与流量，回转马达进出口的压力和流量，转台的角位移，马达转速以及相应的时间段。

液压系统的作业试验室测定空斗和满斗状态下，动臂、斗杆和铲斗在全摆角范围内（若是满斗，铲斗摆角要限制）启动、匀速和停止操作情况下各液压缸的压力和流量的变化。此外，还要测定实际挖掘作业时，复合动作的系统压力、流量、角度度、角位移和液压缸活塞杆位移等的变化，由于复合动作比较复杂，通常只考虑三种工况：①在平地上，满斗从地面由动臂提升同时进行回转；②满斗在基坑中动臂提升然后回转；③反铲挖掘机在坡地上满斗由动臂提升并回转。

液压系统的试验台试验，可以是液压泵与液压马达的组合或液压泵与液压缸的组合，这样的试验台还可以进行单件试验。

工作装置的密封性能试验是考核各种液压缸在静载持续作用下的密封性，可以反映系统内渗外泄的程度，分为正向和反向沉降量，正向一般是将动臂举升到合适位置，斗杆最大外伸，铲斗装满土壤而最大收回，在持续一定时间内每隔若干分钟测量各个油缸两铰点之间的距离，以及动臂、斗杆和铲斗的掉落尺寸，反向是空载，动臂抬升到合适位置，斗杆、铲斗一般都全伸。

6. 振动和噪声的测定

挖掘机工作时的振动和噪声是一种社会危害，需要采取有效措施。对于液压挖掘机来说，发动机和液压元件与系统是产生振动噪声的主要根源，测试研究工作也大多集中于这两部分的减振和消音。当然，其他传动机件和行走装置也产生噪声。

（1）振动的测定　液压挖掘机的振动测定，主要是测定发动机在作业工况和行走工况下，向机体和周围传播振动的情况，鉴定挖掘机上各种仪表的耐振程度和驾驶室司机的工作舒适性。

机械振动的特性，一般可根据位移、速度和加速度来衡量，根据日本一些挖掘机制造厂和研究单位的推荐，认为振动加速度的极限值不应该超过表 7-2-1 的数据。

**表 7-2-1　挖掘机振动极限值**

| 测定部位 | 极限振动加速度 |
|---|---|
| 司机座周围 | $<1g$ |
| 仪表盘、阀类接点 | $<3g$ |
| 散热器、燃油箱 | $<5g$ |

现场振动测量中，往往是几种振动重合叠加在一起，若无法进行综合测定，则用位移测振仪求低频振动，用加速度测振仪求高频振动，读数容易清楚，易于进行振动分析。如能进行频率分析仪，更为方便。

（2）噪声的测定　噪声对人体有害，工程上，通常将噪声分为司机的耳边噪声和离音源有一定距离（一般为 30m）的环境噪声两种。不少国家对不同条件下的最大容许噪声有所规定，如美国规定在各种噪声下的容许工作时间，见表 7-2-2。

**表 7-2-2　挖掘机噪声容许值**

| 噪声等级/dB | 每天允许工作时间 /h | 噪声等级/dB | 每天允许工作时间/h |
|---|---|---|---|
| 90 | 8 | 102 | 1.5 |
| 92 | 6 | 105 | 1 |
| 95 | 4 | 110 | 0.5 |
| 97 | 3 | 115 | 0.25 或更短 |
| 100 | 2 | | |

一般来说，环境噪声规定为 75dB 以下，耳边噪声规定为 85dB 以下。

液压挖掘机噪声的主要源是发动机，液压系统及元件，常用的噪声测量仪器有声级计、频率分析仪、自动记录仪和磁带记录仪等，其中声级计由于体积小、重量轻、携带方便，不但可以测量声级，而且可以与相应的仪器配套使用，进行频谱分析，在噪声测量中得到广泛的应用。

挖掘机的噪声是根据挖掘机不工作而发动机运转、挖掘机在恶劣路面上开行和挖掘机进行挖掘作业三种情况分别用声级计的传声器放在规定的部位进行测量，测量时，发动机油门开到最大，测量的部位是司机耳朵附近（分驾驶室门开和驾驶室门关两种情况）和以挖掘机回转中心为中心，在 7.5m、15m、30m 为半径的圆周上，测定挖掘机前后左右四方的环境噪声，传声器应放在离地 1.0～1.2m 的高度上。必要时还须测试发动机和主泵附近的噪声。

一般来说，噪声是各种不同频率的声音的混合声压等级，用声级计的网络特性加以修正以后，在可听频率范围以内，把噪声频率和声压等级绘成噪声频谱曲线。

7. 司机安全性和操作舒适性以及视野测试

司机安全性是指挖掘机在运转过程中（包括作业、运行等）能够保障安全，即使在特殊情况下（如溜坡、翻车）也不会导致严重的人身事故，要研究机械翻车时的滚翻保护结构(ROPS)，重物坠落冲击保护装置（FOPS）以及制动、转向和过载保护等司机安全措施。

操作舒适性在于使司机在工作过程中始终保持高度效率，不因振动、噪声或其他原因而影响司机的正常工作状态。

司机视野的测定是根据标准体型的司机，以正常姿态坐在司机座上，上体不倾斜，把可见范围在地面上标定，然后量出尺寸，用一定比例尺作图。测定时，动臂和斗杆提升到最高位置。此外还按同样的司机组态测定反铲作业时上方和下方的可见范围，也一定用比例尺作图。

8. 应力测量

结构件的应力测量大多采用应变片测量高应力区的应力，将导线式或箔式电阻应变片粘贴在所测试部位上进行应力测量是目前普遍采用的方法。根据所测部位的大小选用合适应变片长度是十分重要的。

目前常用应变片按照阻值分有 120Ω 与 350Ω，按照结构形式有直片与花片，其中花片按照夹角主要有 45°、90°、120°几种规格。具体选用原则是在主应力方向确定的部位选用直片，应力复杂部位选用花片。

9. 其他试验

如前所述，整机性能试验中，还包括操纵力与操纵范围测定等。

## 技能操作

# VOLVO-EC210B 挖掘机部分性能测试

下面以 VOLVO-EC210B 挖掘机部分性能测试为例，说明挖掘机技术状态测试的常规方法。

## 一、液压油缸运动速度测量

测试条件：

-发动机转速：高转速“P”模式。

-液压油温度：(50±5)℃。

-测量场所：坚实平坦的地面。

1. 动臂油缸测试（如图 7-2-1 所示）

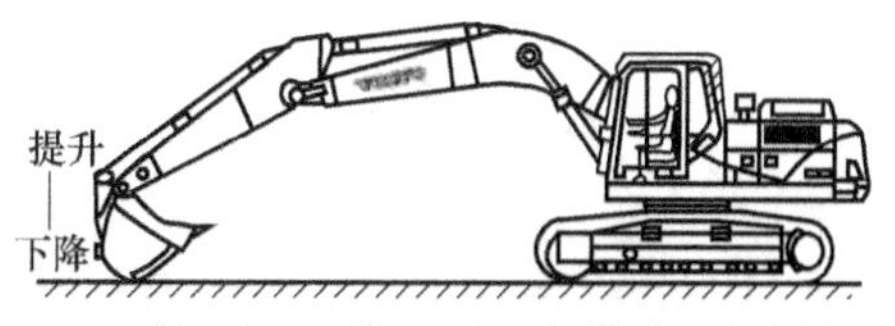


图 7-2-1　动臂油缸测试

-斗杆油缸全缩；

-铲斗油缸全伸。

把油缸全程伸缩，重复 3 次计算所用的平均时间。

2. 斗杆油缸测试（如图 7-2-2 所示）

把油缸全程伸缩，重复 3 次计算所用的平均时间。

3. 铲斗油缸测试（如图 7-2-3 所示）

把油缸全程伸缩，重复 3 次计算所用的平均时间。

相关数据符合表 7-2-3 要求。

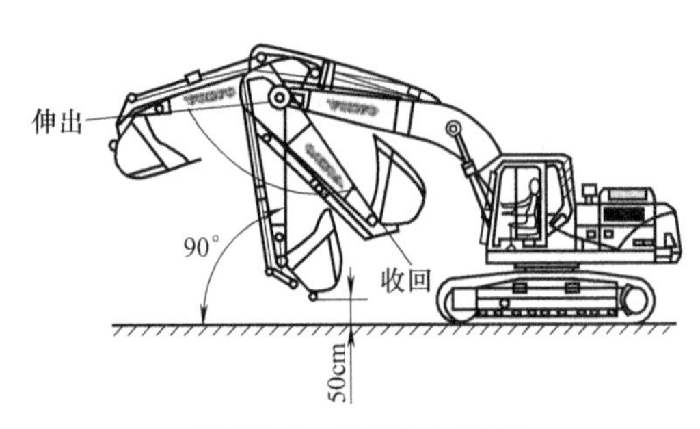


图 7-2-2　斗杆油缸测试

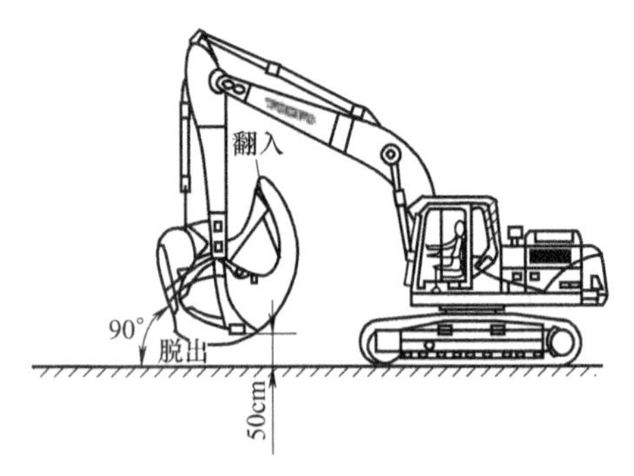


图 7-2-3　铲斗油缸测试

表 7-2-3　油缸速度测试标准　　s

| 项目 | 工作 | 标准值 | 容许值 |
| --- | --- | --- | --- |
| 动臂油缸 | 提升 | 2.9±0.3 | 3.4 |
| | 下降 | 2.5±0.3 | 3.0 |
| 斗杆油缸 | 收回 | 3.5±0.3 | 4.1 |
| | 伸出 | 2.5±0.3 | 3.0 |
| 铲斗油缸 | 翻入 | 3.5±0.3 | 4.1 |
| | 翻出 | 2.1±0.3 | 2.7 |

## 二、液压油缸漂移量测量

将铲斗全部装填满后，调整前端装置，如图 7-2-4 所示。测量油缸沉降量，须符合表7-2-4标准。

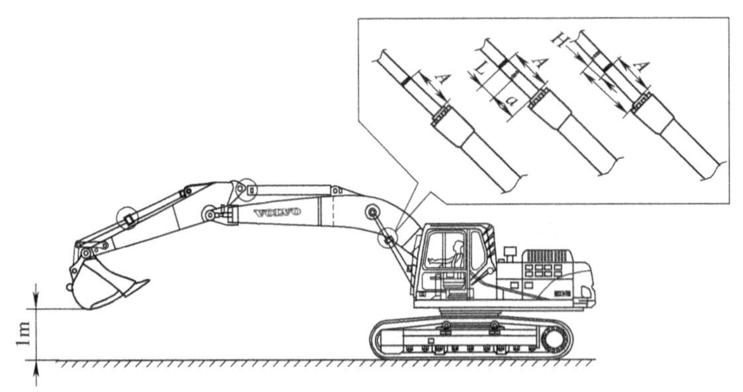


图 7-2-4　液压油缸漂移量测试

表 7-2-4　液压油缸漂移量标准值　　mm/5min

| 项目 | 标准值 | 容许值 | 最大限度 |
| --- | --- | --- | --- |
| 动臂 | <10 | 15 | 20 |
| 斗杆 | <10 | 15 | 2 |
| 铲斗 | <40 | 50 | 70 |

## 三、回转速度测量（如图 7-2-5 所示）

测试条件：

-发动机转速：高转速“P”模式。

-液压油温度：(50±5)℃。

-测量场所：坚实平坦的地面。
-斗杆油缸全缩。
-铲斗油缸全伸。

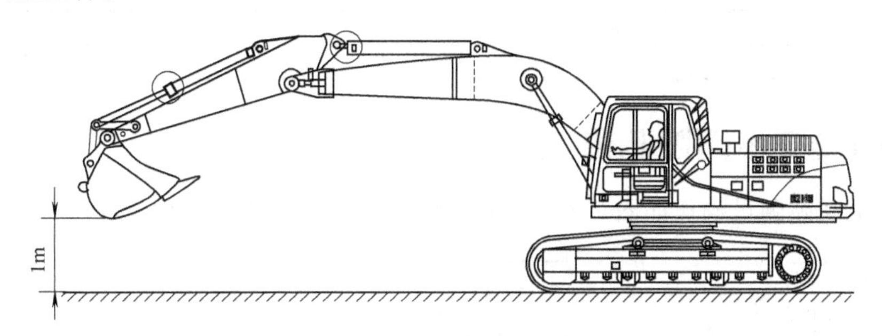


图 7-2-5　回转速度测试

操作回转 3 圈，所需时间须符合表 7-2-5 标准。

表 7-2-5　回转速度标准　s/3r

| 项目 | 标准值 | 容许值 | 最大限度 |
|---|---|---|---|
| 回转速度 | 15.1±1.5 | 17.0 | 18.0 |

## 四、回转漂移量测量

将铲斗全部装填后，调整前端装置，如图 7-2-6 所示。

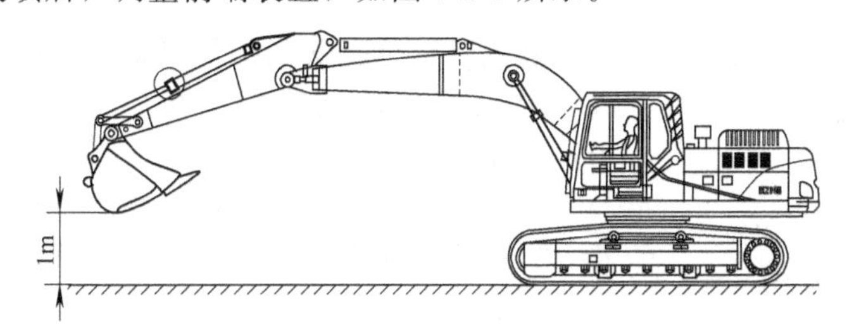


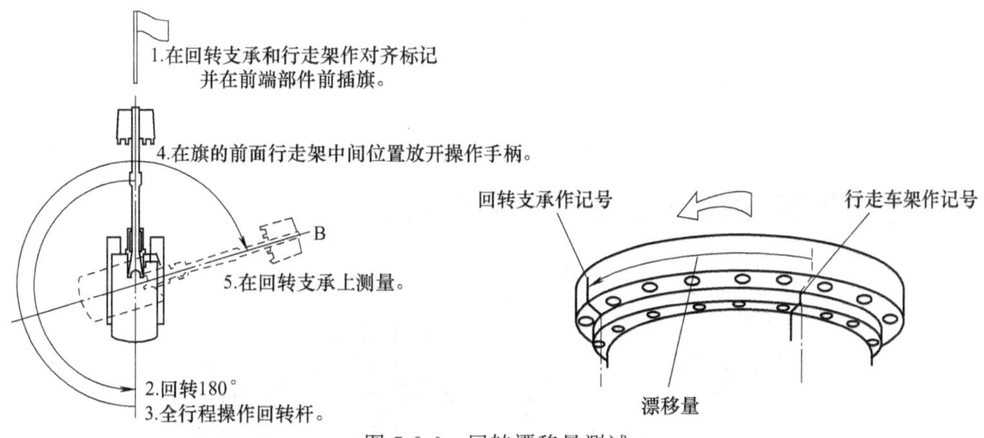


图 7-2-6　回转漂移量测试

-在回转支承和行走架作对齐标记，并在前端部件前插旗。
-回转 180°。
-全行程操作回转操作手柄。

-在旗的前面行走架中间位置放开操作手柄。

-在回转支承上测量。须符合表 7-2-6 标准。

表 7-2-6　回转漂移标准　mm

| 项目 | 标准值 | 容许值 | 最大限度 |
|---|---|---|---|
| 回转漂移量 | ＜1332 | 1465 | 1520 |

## 五、回转支承间隙测量

回转支承间隙测量操作如图 7-2-7 所示，百分表安装参考图 7-2-8。

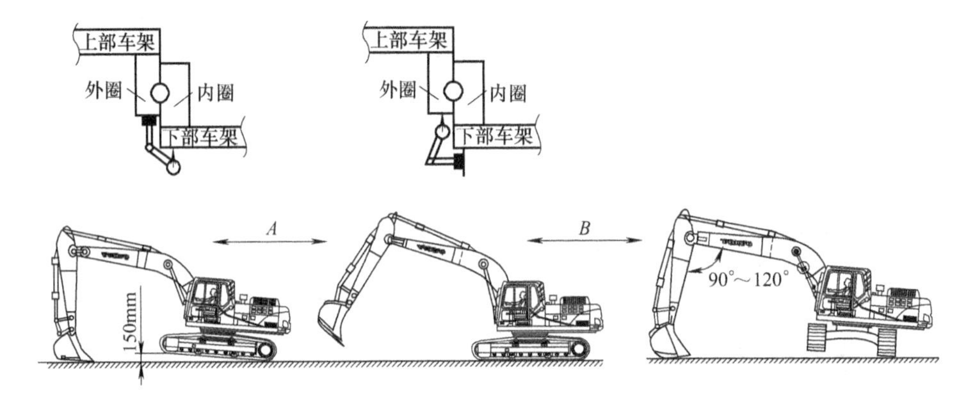


图 7-2-7　回转支承间隙测量

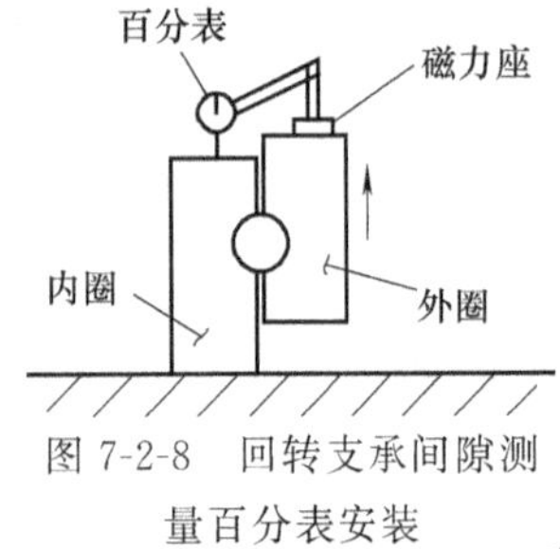


图 7-2-8　回转支承间隙测量百分表安装

首先，百分表安装如图 7-2-7 所示，测头顶住下部车架，通过动臂油缸把挖掘机顶起，履带前端离开地面 150mm，读取百分表读数 $A$。

然后，百分表安装如图 7-2-7 所示，测头顶住上部车架，在挖掘机履带侧面，再一次通过动臂油缸把挖掘机顶起，动臂、斗杆角度在 90°～120°之间，读取百分表读数 $B$，两者平均值须符合表 7-2-7 标准。

表 7-2-7　回转支承间隙标准值 $(A+B)/2$　mm

| 项目 | 标准值 | 容许值 |
|---|---|---|
| 拆卸时 | 0.05～0.2 | 0.4 |
| 安装状态 | 0.2～1.7 | 2.5 |

## 六、行走速度测量（如图 7-2-9 所示）

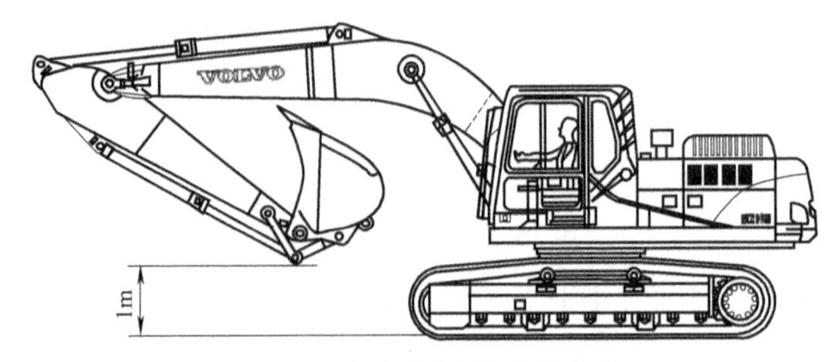


图 7-2-9　行走速度测量机械姿态

测试条件：
-发动机转速：高转速“P”模式。
-液压油温度：(50±5)℃。
-测量场所：坚实平坦的地面。

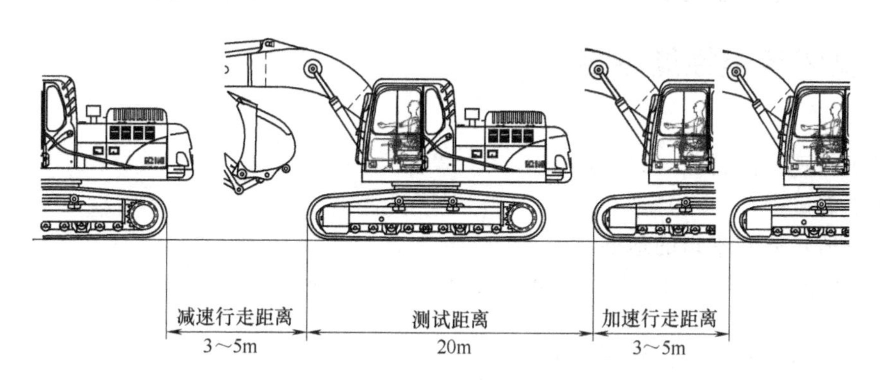


图 7-2-10　行走速度测量

以图 7-2-10 所示距离进行加速减速，以 H 及 L 挡行走，须符合表 7-2-8 标准值。

表 7-2-8　行走速度标准值　　s/20m

| 项目 | 标准值 | 容许值 | 最大限度 |
|---|---|---|---|
| L | 23 | 25 | 27 |
| H | 13 | 15 | 17 |

## 七、单侧履带运转速度测量

测试条件：
-发动机转速：高转速“P”模式。
-液压油温度：(50±5)℃。
-测量场所：坚实平坦的地面。
-在履带板的任何一处作标记以便测试转动圈数。
-单侧撑起履带以便进行测试，如图 7-2-11 所示。标准值如表 7-2-9 所示。

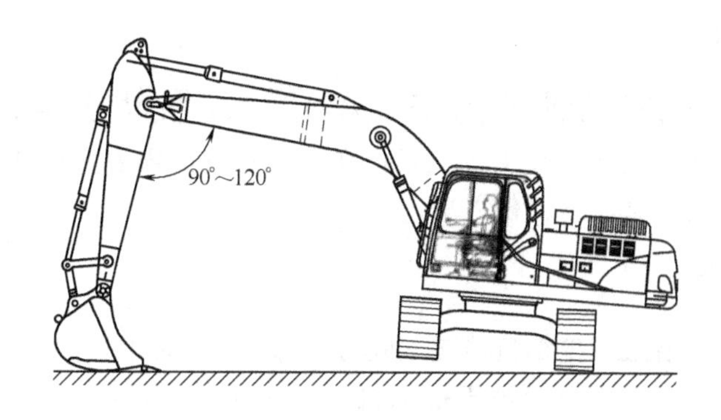


图 7-2-11　单侧履带运转速度测量

表 7-2-9　单侧履带速度　s/3r

| 项目 | 标准值 | 容许值 | 最大限度 |
|---|---|---|---|
| L | 31.3 | 34 | 35 |
| H | 18.3 | 20.1 | 21 |

## 八、直线行走性能测量

测试条件：

-发动机转速：高转速“P”模式。

-液压油温度：(50±5)℃。

-测试场所：坚实平坦的地面。

准备和测量如图 7-2-12 所示，标准值如表 7-2-10 所示。

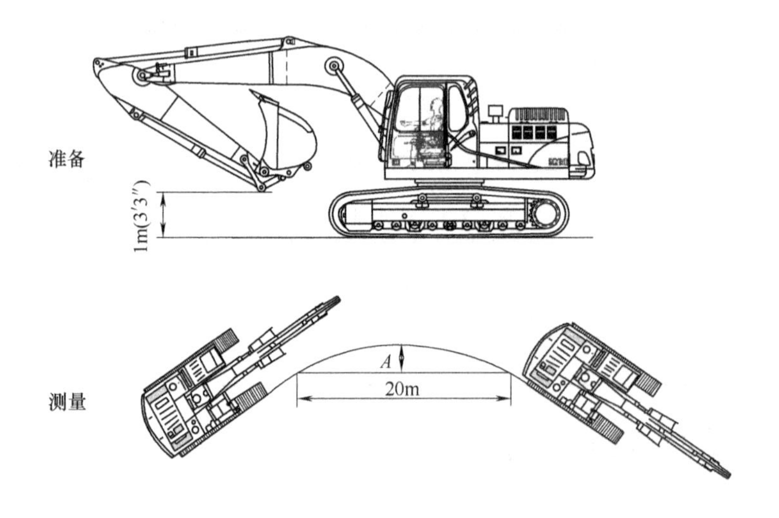


图 7-2-12　直线行走性能测量

表 7-2-10　直线行走性能标准　mm

| 项目 | 标准值 | 容许值 | 最大限度 |
|---|---|---|---|
| 偏离距离 $A$ | <200 | 240 | 300 |

## 知识与能力拓展

## 液压挖掘机能耗试验与评价方法（摘自《工程机械与维修》2009.12）

随着土方机械的快速发展，基于节能减排和保护环境的需要，ISO/TC127 国际标准化组织起草了土方机械能耗试验与评价方法。

### 一、国内现状

在我国和日本已经有液压挖掘机能耗试验与评价方法的标准，但都有明显的缺陷。

我国标准 GB/T 9139—2008《液压挖掘机　技术条件》已将能耗指标（燃油消耗率）取消，而在 GB/T 7586—2008《液压挖掘机　试验方法》当中仍保留了 GB/T 7586—1996 的试验方法。在 GB/T 9139.2—1996《液压挖掘机　技术条件》中能耗的评价指标燃油消耗率的量纲为 g/(h· kW)，上述标准存在诸多不足：

(1) 试验条件

① 在 GB/T 7586—1996 中对规定挖掘Ⅲ级土壤，挖掘深度为最大挖掘深度的 1/2，而土壤的硬度一般为表层硬度，上下一致硬度的土壤很难实现，这就降低了试验的可操作性，并且 1/2 的挖掘深度与实际作业也有一定的差距。

② 在 GB/T 7586—2008 中对规定挖掘密度不低于 1800kg/md 的土壤，在 1/2 挖掘深度中也很难保证达到这一值，况且土壤的密度和硬度不一定完全成正比关系。

由于试验条件的不稳定，势必导致试验结果的真实性。

(2) 作业方式的缺陷　GB/T 7586 仅规定了 90°和 180°回转作业方式，缺少对作业范围是挖沟还是挖槽以及走行的规定。

(3) 评价方法的缺陷　以燃油消耗率 [g/(h · kW)] 作为评价指标，不能真实地反映挖掘机的能耗。一是用额定功率来评价和挖掘机的设计发动机功率模式相悖；二是与发动机的功率与载荷相适应的控制方式不符；三是与生产率脱节。

## 二、国外现状

国外目前只有日本在挖掘机能耗试验方法方面已经形成标准，即 JCMAS H 020：2007《土方机械液压挖掘机燃油消耗量试验方法》。该标准详细地阐述了试验条件、模拟过程、测试方法。其核心是将挖掘机实际挖掘过程分解为：模拟挖掘作业、模拟平整作业、行走、怠速四个步骤。从根本上剔除了试验条件的不稳定因素，用每个循环燃油消耗量和土方量来评价。该标准的缺陷是空载模拟与实际作业差距过大，每个模拟过程的能耗高低不能反映实际作业时的能耗高低，因为挖掘机的控制方式、液压系统的匹配等良莠得不到体现。

## 三、液压挖掘机能耗试验与评价方法确立的基本原则

挖掘机能耗试验方法和评价方法应以实际作业方式为基础，剔除对测试结果影响较大的不利因素，可选择性能参数、状态比较稳定的作业对象，以便能较真实地反映燃油消耗情况，又能保证试验过程的可重复性，提高试验方法的可操作性。

挖掘机能耗的评价更应考虑的要素：

① 发动机自身燃油消耗特性的影响；

② 发动机、液压系统与挖掘机匹配特性的影响；

③ 挖掘机自身的动力分配与传动效率特性的影响；

④ 负荷自动控制系统的影响；

⑤ 工作装置与回转惯性的影响等。

## 四、测量和试验方法

1. 燃油消耗量的测量法

可执行 JCMAS H 020 中规定的附加油箱的测试方法。

(1) 流量计测量法　用流量计测量方法，测定测点燃料温度，将测定燃料消耗容量换成质量。

(2) 燃油消耗量直接测量　燃油消耗量直接测定方法如图 7-2-13 所示。为使回油不产生气泡，应增加一燃料供给泵（为回油管加压)，另外，为保证发动机进油口油温。在发动机设定以下，有必要添加一热交换器。

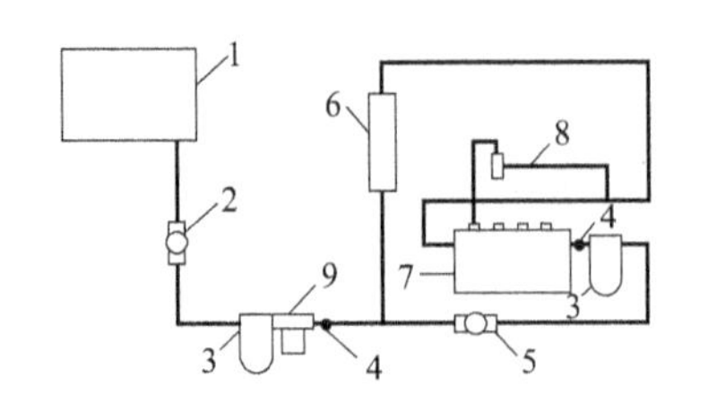


图 7-2-13　燃油消耗量直接测量

1—燃油箱；2—附加燃油泵；3—燃油过滤器；4—温度测量系统；5—支线泵；6—燃油冷却设备；7—喷油泵；8—回油管；9—燃油量测量系统

2. 进油量和回油量分别测量法

用发动机进油量减去发动机回油量得出发动机燃油消耗量的方法如图 7-2-14 所示。本方法同时测定发动机进油量和回油量，两流量计特性（流量和误差特性）应保持一致；同时，确保回油测定管路不产生气泡。

3. 副油箱测量法

用发动机进油副油箱和回油箱来测量试验前后质量差求出燃料消耗量的方法如图 7-2-15 所示。本方法，为保证称量油箱质量的天平的准确度，在称量时要排除风等因素的干扰，同时必须避免拿副油箱时引起的油泄漏和发动机侧气泡的混入。

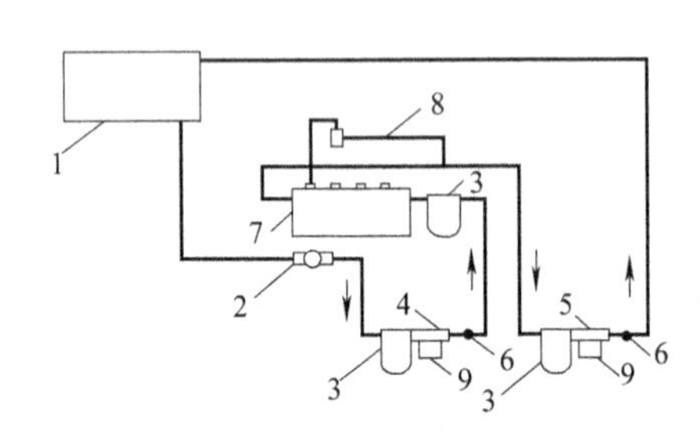


图 7-2-14　燃油消耗量间接测量

1—燃油箱；2—附加燃油泵；3—燃油过滤器；4—温度测量系统；5—支线泵；6—燃油冷却设备；7—喷油泵；8—回油管；9—燃油量测量系统

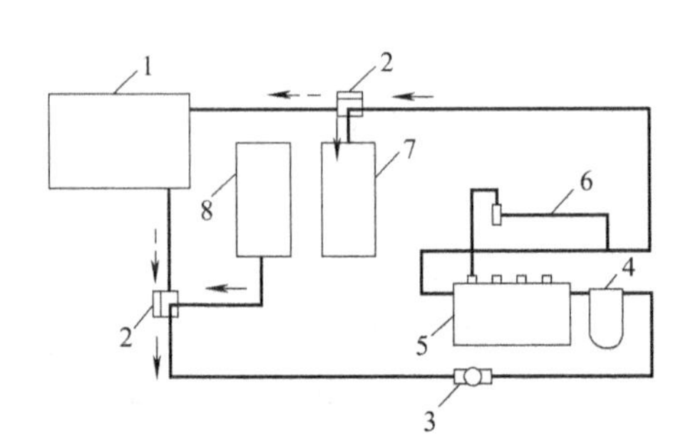


图 7-2-15　副油箱测量法

1—燃油箱；2—电磁控制阀；3—燃油泵；4—燃油过滤器；5—喷油泵；6—喷油泵回油管；7—附加测试箱回燃油；8—附加燃油箱

4. 试验方法——实际挖掘物料的挖掘试验

(1) 试验模式：以实际挖掘模式为基础，试验时，根据挖掘机控制系统的模式及作业载荷，将发动机油门固定于某一位置。

(2) 挖掘物料：由于土壤参数变化较大（受土壤类别以及含水量等因素限制），可采用粒径为 5～25mm 的具有良好级配的砾石为作业对象，挖掘料仓的容量至少应满足 1h 连续挖掘试验时铲斗应有较高的填充率，储料仓应便于测量物料体积。

(3) 作业方式：双料槽倒料，全挖掘深度、全挖掘半径、最大堆积斗容、50%最大卸载高度、全速回转 90°卸料。

(4) 试验应连续作业不小于 0.5h。

(5) 记录挖掘时间、循环次数、燃油消耗量、挖掘的土方量等数据。

## 五、评价方法

能耗的评价指标应能真实地反映出发动机的能耗特性以及动力系统与负载的匹配和机器的生产率特性等。拟将结合生产率的燃料消耗率作为挖掘机能耗的评价准则。即

$$K=G/Qt$$

式中　$K$——燃料消耗率，g/(m³·h)；

　　　$G$——耗油量，g；

$Q$——土方量，m；

$t$——连续作业时间，h。

以仿真作业为基础制定的能耗试验方法和以生产率为基础确立的能耗评价方法经过验证比较真实地反映了挖掘机的能耗，基本上克服了试验条件不稳定性和评价方法的欠科学性，小时油耗、土方量油耗、小时比油耗的单一评价将被综合评价所取代，随着科学技术的进步，我国土方机械的能耗试验方法将会日趋完善。

# 任务3　工程机械故障诊断

## 学习目标

**知识目标：**

1. 熟悉工程机械故障诊断的一般步骤；
2. 掌握工程机械故障现场诊断方法。

**能力目标：**

能排除液压挖掘机典型液压故障。

## 相关知识

工程机械是由机械、液压、电气等装置组合而成的，因此出现的故障也是多种多样的。依据现场经验和科学统计分析可知，在工程机械的故障中，液压系统的故障占总故障率的75%，其余为机械系统和电气系统故障。在机械、液压、电气诸多复杂的关系中找出故障原因和部位并及时、准确加以排除，对加快工程进度、减少经济损失有十分重要的意义。

### 一、工程机械故障诊断时应遵循的一般原则

1. 故障诊断的顺序

当发生故障时要根据不同机型的特点，充分利用设备自身的监控系统，具体问题具体分析，掌握有效的故障分析方法。在诊断时应遵循由外到内、由易到难、由简单到复杂的原则进行。挖掘机故障诊断的顺序是：查问资料（挖掘机使用说明书及运行、维修记录等）—向操作人员了解故障发生的全部情况—外部检查—试车观察（故障现象）—仪器检查系统参数—内部系统检查（参照系统结构原理图）—逻辑分析判断—调整、拆检、修理—试车—故障总结记录。

2. 故障排除中应注意的问题

① 在没有认真分析、确定故障产生的位置和范围时，不要盲目拆卸、自行调整元件，以免造成故障范围的扩大和产生新的故障。

② 由于故障的多样性、复杂性，在排除故障的过程中应考虑各种因素，如机械、电气、液压故障的作用。

③ 在对元件进行调整时要注意调整的数量和幅度，每次调整变量应仅有一个，以免其他变量干扰。如果调整后故障无变化，应复位；调整幅度应控制在一定范围内，防止过大。

④ 统计表明，液压系统70%以上故障是由于液压油的污染所致，因此在检修、拆卸时要特别注意液压元件及系统的清洁，诊断时注意观察油质、油温的情况。

## 二、工程机械故障现场诊断方法

由于工程机械施工时，其施工现场一般远离修理厂所，如在施工现场出现故障，往往不具备利用设备诊断的条件，这就需要维修人员凭借丰富的经验或借助于简单工具、仪器，以听、看、闻、试、摸、测、问等方法来检查寻找故障。

（1）听　根据响声的特征来判断故障。辨别故障时应注意到异响与转速、温度、载荷以及发出响声位置的关系，同时也应注意异响与伴随现象。这样判断故障准确率较高。例如，发动机连杆轴承响（俗称小瓦响），它与听诊位置、转速、负荷有关，伴随有机油压力下降，但与温度变化关系不大，如发动机活塞敲缸与转速、负荷、温度有关。转速、温度均低时，响声清晰，负荷大时，响声明显，气门敲击声与温度、负载无关异响表征着工程机械技术状况变化的情况，异响声越大，机械技术状况越差。老化的工程机械往往发出的异响多而嘈杂，一时不易辨出故障。这就需要我们平时多听，以训练听觉，不断地熟悉工程机械各机件运动规律、零件材料、所在环境，只有这样才能较准确地判断出故障。

（2）看　直接观察工程机械的异常现象。例如，漏油、漏水、发动机排气的烟色，以及机件松脱或断裂等，均可通过察看来判别故障。

（3）闻　通过用鼻子闻气味判断故障。例如，电线烧坏时会发出一种焦煳臭味，从而根据闻到不同的异常气味判别故障。

（4）试　试就是试验，有两个含义：一是通过试验使故障再现，以便判别故障；二是通过置换怀疑有故障的零部件（将怀疑有故障的零部件拆下换上同型号好的零部件），再进行试验，检查故障是否消除。若故障消除说明被置换的零部件有故障。应该注意的是，有些部位出现严重的异响时，不应再做故障再现试验（例如，发动机曲轴部分有严重异响时，不应再做故障再现试验），以免发生更大的机械事故。

（5）摸　用手触摸怀疑有故障或与故障相关的部位，以便找出故障所在。例如，用手触摸制动鼓，查看温度是否过高，如果温度过高，烫手难忍，便证明车轮制动器有制动拖滞故障，又如，通过用手摸液压油管的振动、再结合听液压系统的噪声便可判断系统内有空气等。

（6）测　是用简单仪器测量，根据测得结果来判别故障。例如，用万用表测量电路中的电阻、电压值等，以此来判断电路或电气元件的故障。又如，用汽缸表测量汽缸压力来判断汽缸的故障。

（7）问　通过访问驾驶员来了解工程机械使用条件和时间，以及故障发生时的现象和病史等，以便判断故障或为判断故障提供参考资料。例如，发动机机油压力过低，判断此类故障时应先了解出现机油压力过低是渐变还是突变，同时还应了解发动机的使用时间、维护情况以及机油压力随温度变化情况等。如果维护正常，但发动机使用过久，并伴随有异响，说明是曲柄连杆机构磨损过甚，各部配合间隙过大而使机油的泄漏量增大，引起机油压力过低；如果平时维护不善，说明机油滤清器堵塞的可能性很大；如果机油压力突然降低，说明发动机润滑系统油路可能出现了大量的漏油现象。

## 技能操作

下面就液压挖掘机典型液压故障做如下分析，供大家参考。

### 一、所有动作都慢或无力故障

**故障现象：**

现场检查试机，发现启动设备、打开液压安全锁后，做动臂提升、斗杆伸出缩回、回转、行走等动作均出现动作滞缓；做铲斗动作试机，发现整个工作无力，无法在正常施工环境下操作。

**故障分析：**

由于是操纵阀控制的所有动作均不正常，所以故障点应处于操纵阀以前的部分。根据液压系统工作原理图，整机全部动作故障的原因有：

① 液压油不足，吸油油路不畅（如吸油滤芯堵塞），油路吸空等造成液压泵吸油不足或吸不到油，使得整机全部动作发生故障。检查油面和油质。

② 控制油路故障。正常情况下，减压阀能够将主泵的输出油压降低并稳定在3.3MPa，形成控制油压。如果因油质太脏而使减压阀上的锥形阀芯关闭不严，就会导致减压阀的输出压力低于3.3MPa。这时，无论操作手柄怎样动作，控制油压始终偏低，各种工作装置的主控制阀的阀芯移动量偏小，从而导致流向工作装置的流量也偏小，造成所有动作都慢。

③ 液压泵是否正常工作。挖掘机一般有两个或两个以上的主泵向系统供油。如果不是机械故障造成油泵主轴不能转动，一般来说几台泵同时出现故障概率很低。必要时可以在各油泵的测压口安装量程合适的油压表测定供油压力，来判断是否为油泵故障。

挖掘机采用双联斜盘式轴向变量柱塞泵。如果主泵的柱塞与缸体之间或者缸体的端面与配流盘之间的磨损量超过标准（柱塞与缸体之间的间隙应小于0.02mm，缸体端面与配流盘之间的接触面积应不低于90%），就会造成主泵输出流量、压力不足，反映到机械的工作装置，就会出现整机工作无力的现象。

④ 液压泵的调节系统故障。

⑤ 主溢流阀故障。主溢流阀将限定整个液压系统的最高压力，对于超过此值的高压，主溢流阀将开启卸压，以保护系统不受损坏。如果因油质不良而将主溢流阀阀芯上的小孔堵塞而导致阀芯常开，或者该阀弹簧断裂或调定压力过低，都会造成实际溢流压力偏低，即系统压力偏低。

⑥ 卸荷阀有故障。当启动发动机并将操作杆置于空挡时，主泵输出液压油通过卸荷阀直接返回油箱，卸荷压力为3MPa。如果因油质太脏而使卸荷阀阀芯关闭不严，当机器作业时，主泵的输出油会经过卸荷阀直通油箱，致使系统建立不起高压。

### 二、单个动作故障

**故障现象：**

现场检查试机，举升、挖掘、回转、行走等动作中的某一动作缓慢无力或完全没有动作（包括来回动作中一个方向的动作故障）。具体特征是：

① 动臂举升缓慢无力，而其他动作正常；

② 动臂工作正常，斗杆（或铲斗）工作缓慢无力；

③ 动臂举升缓慢无力，回转缓慢无力等等。

**故障分析：**

从液压系统结构上分析，既然是单个动作故障，就可排除多个动作公共部分故障的可能性，所以可能的故障点就在该动作的操纵控制部分与执行元件之间。具体包括此动作的操作手柄及先导阀、先导油路、操纵阀芯与阀体（通常阀体出现故障的可能性很小），分支油路过载阀，执行元件和其他相关部分。其中先导油路、分支油路过载阀和部分操纵阀故障可用换件对比法加以判断。换件对比法的本质是：将有故障的元件与无故障的、功能相同或相近的元件进行位置互换后，观察故障现象是否会改变，从而确定故障点。

根据故障检查先易后难的原则，先检查先导油路、分支油路过载阀；如果未发生改变，检查操纵阀，看相应的阀芯是否卡死；如果仍未发生改变，则进一步检查执行元件和与之相关的其他部分。

## 知识与能力拓展

### 工程机械故障诊断技术的发展趋势（摘自《机床与液压》2011.7）

随着当前计算机技术、信息技术、传感器技术的迅速发展，各种信号分析手段的增多，工程机械故障诊断技术由单一参数阈值比较向全息化、智能化方向发展，由依靠人的感官和简单仪器向精密电子仪器以及以计算机为核心的故障监测系统发展，具体有以下几个方面。

1. 多传感器数据融合技术

由于工程机械逐步大型化、自动化、复杂化，要求对工程机械进行全方位、多角度的监测与维护，以便对工程机械的运行状态有整体的、全方面的了解。因此，在进行故障诊断时，可采用多个传感器同时在各个位置进行监测，然后按照一定的方法对这些信息进行处理，并且与当代最新传感技术融合，研究开发新型传感器和监测仪器，对工程机械运行过程中的几何量、物理量快速准确地检测，以提高故障诊断的效率和准确率。

2. 混合智能故障诊断技术

由于工程机械故障的多样性、突发性、成因复杂性和进行故障诊断所需要的知识对领域专家实践经验和诊断策略的依赖，智能的故障诊断系统对工程机械尤为重要。将多种不同的智能技术结合起来的混合诊断系统，是智能故障诊断研究的一个发展趋势。结合方式主要有基于规则的专家系统与神经网络的结合，实例推理与神经网络的结合，模糊逻辑、神经网络与专家系统的结合等。其中，模糊逻辑、神经网络与专家系统结合的诊断模型是最具发展前景的，也是目前人工智能领域的研究热点之一。

3. 结合最新信号处理方法的故障诊断技术

工程机械运行过程中由于转速不稳、负荷变化、故障等原因导致产生的振动信号具有非平稳性、非线性、不确定性等特征，传统的信号处理方法难以客观准确地描述，近年来出现的小波分析、数学形态滤波、几何分形、混沌等新的信号处理方法，对非平稳信号和非线性信号的分析具有独特优点。

小波分析能够将任何信号分解到一个由小波伸缩而成的基函数族上，在通频范围内得到不同频道的分解序列，在时域和频域均具有局部化的分析功能。因此，可根据故障诊断的需要选取包含所需故障信息的频道序列进行深层信息处理以查找故障源。小波分析方法具有良好的时频定位特性，特别适合于分析时变、瞬态及非线性信号，具有一般谱分析所不具备的时域和频域同时定位的能力，为设备故障诊断检测提供了新的强有力的分析手段，已日益引起国内外学者的研究兴趣。几何分形和混沌则模拟自然界的方式来处理信息，为工程机械故障诊断中非线性问题的分析提供了一种新的思路和方法，使故障诊断技术跃入一个更加广阔的天地。将小波分析与分形理论、神经网络等有机结合是提高故障诊断可靠性的重要方法之一。

4. 远程故障诊断技术

现代工程机械结构复杂，现场故障诊断与维护工作难度大，另外，工程机械工作在各工地上，分散性大，流动性强，给故障的及时排除带来了很大困难。因此，建立工程机械的远程监测与故障诊断系统将成为故障诊断技术的主流发展方向。

远程故障诊断技术是将故障诊断技术与计算机网络技术相结合，在现场工作的工程机械上安装传感器，建立状态监测点，采集设备状态数据，作为远程故障诊断的依据，而在技术力量较强的科研单位或企业建立远程故障诊断中心，对设备运行进行分析诊断，为企业提供远程技术支持和保障，实现资源利用充分、生产效率高、成本低的综合目标。

## 思考题

1. 工程机械技术状态检测信息的获取方法有哪些？

2. 以小松 KOMTRAX（康查士）系统为例简述远程测试与管理信息一体化技术在挖掘机上的应用。

3. 以 VOLVO-EC210B 挖掘机为例简述挖掘机性能测试的项目内容及方法。

4. 如何用简易诊断技术诊断工程机械液压系统故障？

# 参考文献


[1] 沃尔沃挖掘机操作员手册．沃尔沃建筑设备投资（中国）有限公司．

[2] 沃尔沃挖掘机维修手册．沃尔沃建筑设备投资（中国）有限公司．

[3] 李培根．机械基础［M］．北京：机械工业出版社，2005．

[4] 邰茜，吴笑伟．汽车机械基础［M］．北京：北京大学出版社，2008．

[5] VOLVO-EC210B挖掘机操作与维护手册．沃尔沃建筑设备投资（中国）有限公司．

[6] 机器定检指导手册．沃尔沃建筑设备投资（中国）有限公司．

[7] GB 25684．5—2010．

[8] 沃尔沃 Care Track 系统．沃尔沃建筑设备投资（中国）有限公司．

[9] 张春阳．工程机械液压与液力传动技术［M］．北京：人民交通出版社，2009．

[10] 陈晓明．volvo挖掘机的机器跟踪信息系统——Matris［J］．工程机械与维修，2007（5）：120-122．

[11] 谭本忠．汽车维护与保养图解教程［M］．北京：机械工业出版社，2012．

[12] 马庆丰．叉车维修图解手册［M］．南京：江苏科学技术出版社，2009．

[13] 陈焕江．汽车检测与诊断：上册［M］．北京：机械工业出版社，2012．

[14] 沃尔沃机器交付指导手册．沃尔沃建筑设备投资（中国）有限公司．

[15] 龚雪．工程机械智能故障诊断技术的研究现状及发展趋势［J］．机床与液压，2011（7）：124-126．

[16] 张爱山．工程机械管理［M］．北京：人民交通出版社，2008．

[17] 许安．工程机械运用技术［M］．北京：人民交通出版社，2009．

[18] 杨继刚，韩志强，卜润怀．路基施工及组织管理［M］．北京：人民交通出版社，1991．

[19] 徐国杰．挖掘机械日常使用与维护［M］．北京：机械工业出版社，2010．